トランス
ヒューマニズム

To Be a Machine

Adventures Among Cyborgs, Utopians, Hackers, and the Futurists Solving the Modest Problem of Death

人間強化の欲望から不死の夢まで

Mark O'Connell

マーク・オコネル

松浦俊輔 訳

作品社

トランスヒューマニズム＊目次

トランスヒューマニズム——人間強化の欲望から不死の夢まで

エイミーとマイクに、あらゆることについてテクノロジーとはこういうことだ。一方では不死への欲求を生み出す。他方ではみんな滅ぶと脅す。テクノロジーは自然から切り離された欲だ。

——ドン・デリーロ『ホワイト・ノイズ』

システムクラッシュ

すべての物語はわれわれの終わりから始まる。われわれが物語を考え出すのは、自分が死ぬからだ。物語が語られるようになってこのかた、語られるのは、人間の生身の体から抜け出し、今の動物の形をした自分とは別の何かになりたいという欲求をめぐる話だった。人類最古の書かれた物語では、シュメールの王、ギルガメシュが、友人の死に狼狽《ろうばい》し、自分にも同じ運命が待ち受けていることを受け入れたがらず、死からの救済を求めて世界の果てまで旅をした。その間の長い話をはしょれば、結局何も得られなかった。後の時代になると、アキレウスの母が、アキレウスをステュクスの川〔この世の地下を流れる霊力のある川〕に浸して不死身にしようとした。これも、よく知られているように、結局は失敗に終わる〔母は踵《かかと》を持って浸したので、その部分＝今で言うアキレス腱《けん》は手で覆われて浸されなかった。そのため、そこは不死とならず弱点となった〕。

翼を発明したダイダロスもそう。

神の火を盗んだプロメテウスもそう。

われわれ人類は、数々の偉業を想像し、それが失敗した跡に存在している。そうなるとは思われていなかった。無力感に囚われて苦しみ死ぬ弱いものだとは思われていなかった。われわれはずっと自分のことをもっと高等だと思ってきた。設定全体——楽園、蛇、果実、追放——が、致命的エラー、システムクラッシュだった。われわれは堕落という天罰を通じて今の姿になった。ともあれ、キリスト教の物語、西洋の物語の形ではそうなっている。その要点は、ある水準で言えば、自分のことを自分に対して説明するということ、つまりなぜわれわれは、自然状態が不自然だという、こんなひどいことになっているのかを物語るということだ。

エマーソンは「人は崩れた神である」と書いた。

宗教もおおむね、この神の残骸から生じる。科学——宗教の疎遠になった腹違いのきょうだい——も、そのような動物的不満を取り上げる。ハンナ・アーレントは、ソ連が初の人工衛星を打ち上げた余波で書いた『人間の条件《ザ・ヒューマン・コンディション》』で、人間は、「人々の地球への投獄」とある新聞記事が呼んだ状態を脱出できるという、打ち上げの結果生まれたおめでたい感覚について考察した。同じ脱出への希求が、実験室での細菌の細胞操作や、もっと優れた人間を生み出し、自然の寿命を今の限界をはるかに超えて延ばそうとする試みに表れているとアーレントは書いた。「科学者があとわずか一〇〇年で生み出せると言うこの未来の人間は、与えられているがままの人間の存在のしかたに対して反抗することに取り憑《つ》かれており、どこからともなく降って湧いた（俗っぽく言えば）ただで与えられた贈り物を自らが造ったものと交換したいと願っているように見える」

与えられているがままの人間の存在のしかたに対する反抗。これは、これから書くことを何よりもうまくまとめ、私が本書を書く中で知るようになった人々の動機をうまく規定している。こうした人々はたいてい、人間を超える《トランスヒューマニズム》と呼ばれる運動、つまりわれわれは技術を用いて人類の未来の進化を制御することができるしそうすべきだという確信に依拠する運動に一体化する。われわれは死因としての老化を根絶できるしそうすべきだ、技術を使って心身ともに増強できるしそうすべきだ、マシンと融合して最終的に自らをもっと高い理想像に改造できるしそうすべきだ、という信念だ。こうした人々は、与えられているものを、もっと良い、人間が作ったものと交換できればと思っている。それがうまくいくかどうかはまだ見えていない。

私はトランスヒューマニストではない。それだけのことなら、おそらくもうすでに明らかだろう。しかし私がこの運動に、つまりその思想やその目標に魅了されるのは、その前提、つまり人間の存在は、これまで得られているところでは、システムとして最適とは言えないということには基本的に共感するからだ。

言わば抽象的なレベルでは私はずっとそのように思ってきたが、息子が生まれた直後、実感のレベルでそう思うようになった。三年前、初めて息子を抱いたとき、私はその小さな体のか弱さの感覚に圧倒された――生まれ出たばかりの、うめき、震える、黒っぽい血がついた、母親から出て来た体だ。しかもこの子をこの世に産み出すために、何時間もの狂乱の苦しみと力みが必要だった。「あなたは、苦しんで子を産まなければならない」〔「創世記」3‐16、新改訳聖書　第三版〕。もっとよくできたシステムがあってもいいのに、と思わざるをえなかった。もうここまで来ているのだから、こういうことは超えるべきだと思わざるをえなかった。

眠っている赤ん坊と眠っている母親の横で、産科病棟のレザーの椅子にもぞもぞと座っているときに、新米の父親としてはすべきではないことがある。新聞を読んではいけない。私は読んでしまい、後悔した。ダブリンにある国立産科病院の産後病棟で腰を下ろし、『アイリッシュ・タイムズ』のだんだん恐怖が増すような紙面をめくり、人間による逸脱行為のカタログ——殺人、レイプ、偶発的／組織的残虐行為、要するに崩れた世界から届く破片のような一報の群れ——に目を通していると、この混乱した人類の世界に子を送り出すのははたして分別があることなのかと考えてしまう（どうやらそのとき、軽い鼻風邪を引いて頭が重かったらしい。だからといって問題が片づくわけではなかったろうが）。

親になるということには多くの効果があるが、とりわけ親は問題の本質《ネイチャー》について考えざるをえなくなる——それはいろいろな意味で自然《ネイチャー》の問題だ。そうでなくても人間が置かれている状況にある他のいろいろな恐怖やいやなことととともに、突然、老化や病気や死の現実から逃れられなくなる。ともあれ、私にとってはそうなった。そして妻もそうだった。その生は、生まれたばかりの子の生ともっとからみ合っていて、そのとき妻が言ったことを、私は決して忘れないだろう。「この子をどれほど愛することになるかわかってたら、この子を産んだかどうかわからないわ」。問題ははかなさ、脆弱性《ぜいじゃく》だ。うまい言葉がないのだが、私と妻は、この弱さ、そこからの回復の疑わしさを、人間の病状《コンディション》と見ている。病状、つまり疾患などの医学的な問題を表す言葉だ。

「あなたはちりだから、ちりに帰らなければならない」〔「創世記」3‐19、新改訳聖書 第三版〕

後から見れば、そのときが私がそれまでの一〇年近くで遭遇してきた、そして今や私の思考を呑み込むようになりつつあったある考え——この病状は逃れられない運命ではないのかもしれないぞ——に取り憑かれた時期になったのは、ただの偶然以上のことに見える。この病状は近視や天然痘のようなもので、人間の手が介入することによって正すことができるかもしれない。つまり私は、ずっと聖書の堕落の話や原罪の概念に取り憑かれてきたのと同じ理由で取り憑かれたのだ。その考えは、人間であることに奥底でなじめておらず、人間が自らを受け入れられず、自分のあり方をやり直せるのではないかと信じられるということについての根本的な真実を表しているからだ。

この強迫観念を追い始めた頃——その時点ではまだインターネットばかりを見ていて、その外の漠然と「リアルな世界」と呼ばれるところへは探求が及んでいなかった頃——「母なる自然への手紙」と題する、変わった、それでも刺激的な文章に出会った。これは、「母なる自然」という名の、自然界の創造や管理を司るとされることの多い擬人化された存在に宛てられた書簡体の宣言という形を取っている。文章は、軽い受動的攻撃〔積極的な、あるいはあからさまに攻撃するのではなく、消極的な、あるいは本音を隠した姿勢を取ることで反抗すること〕が最初に取るような調子で、母なる自然に対し、これまでの人類に至る事業についての実に堅実な仕事ぶり、単純な自己複製する化学物質から、自己理解と思いやりの能力を具えた一兆個の細胞からなる哺乳類へと育てあげたことについての感謝で始まった。そこで書簡はスムーズに「私は弾劾する」モードに移行し、ホモ・サピエンスのできばえとしては明らかに不十分な方の結果、たとえば病気やけがや死に弱いところ、高度に制限された環境条件でしか機能できない能力、限られた記憶力、衝動の制御能力がひどく乏しいところなどの概略を簡単に描く。

書き手は——母なる自然にその「人間という野心的な子」の集合的な声として話しかけて——「人間の体質」に対する全部で七つの改善点を提案した。われわれはもう老化や死の専制の下で暮らすことに納得せず、バイオテクノロジーを道具として「長続きする生命力を自分に与え、自分たちの失効時期をなくす」。われわれは知覚や認知の力を、自分の感覚器官や自然な能力を技術で強化することによって増強する。われわれは行き当たりばったりの進化の産物であることに身を委ねず、「体の形や機能を完全に選べるようになって、自分たちの身体的・知的能力を歴史上のどの人間の能力をも超えて仕上げ、増強することを求めます」。炭素型生物の形態にとどまり続けることによって、肉体的、知的、情緒的能力を限定することにはもう同意しない。

この「母なる自然への手紙」は、私が出会った中でも最も明瞭で最も刺激的なトランスヒューマニズム原理の表明だったし、その書簡の体裁は、この運動を私にとって奇妙かつ説得力があるものにするうえで決定的なところを捉えていた――それは直接的で大胆で、人間本位の啓蒙のプロジェクトを過激な極論にまで推し進め、そのプロジェクトを全面的に抹殺してしまいかねなかった。この企て全体については狂気の気配も感じたが、その狂気はわれわれが理性と思うものの根本的な部分を明らかにしていた。この手紙は、主題に適ったマックス・モア〔「最大をもっと」といった意味になる〕という名で通っていた――オックスフォードで哲学を勉強し、トランスヒューマニズム運動の中心人物の一人となった――人物によるものだった。

この運動には、公認の、あるいは規範的な形のものはないことがわかってきたが、この運動について知れば知るほど、また、その支持者の見方を理解すればするほど、それが人間の生命を機械論的に見ることの上に成り立っていることがわかってきた――人間は装置で、われわれという装置を、もっと効率的に、もっと強力に、もっと有効にした改良版にすることは、われわれの義務であり運命だという見方だ。

私は、自分について、もっと広く言えば自分の属する種について、そのような道具主義的観点で考えるとはどういうことかを知りたかった。また、もっと具体的なことも知りたかった。たとえば、サイボーグになることをどう思うかとか。永遠に生きることを狙って、コンピュータなど、何らかのハードウェアにプログラムやデータとして自分の心の内容《マインド》をアップロードすること〔マインド・アップローディング〕をどう思うか知りたかった。自分のことを情報の複雑なパターン以上でも以下でもない、要するにコードだと考えるということの意味を知りたかった。自身や自身の体の理解について、ロボットが明らかにしそうなことも知りたかった。人工知能が人類を救ったり滅ぼしたりする可能性がどのくらいあるかを知りたかった。自分自身の不死が見込めると信じられるほど技術を信頼することがどういうことか知りたかった。マシンであるとは、あるいは自分をそういうものと考えるとはどういうことかを知りたかった。

　そして私はその途上で、確かにそうした問題に対するいくらかの答えに達したことは断言できる。しかしマシンであるとはどういうことかを調べるときには、人間であるとはどういうことかについて、もともと混乱していたよりもさらにひどく混乱するはめになったことも言わなければならない。したがって、どこへ向かうか知りたい読者には、本書はそうして学んだことの分析であるだけでなく、その混乱の調査でもあることを言っておくべきだろう。

　おおまかに定義すると、トランスヒューマニズムは一種の解放運動で、他でもない生物学から全面的に解放されることを唱えている。他方、それには別の見方、大きさは等しくて向きは正反対の解釈もある。それはこの解放に見えるものが、実は技術への最終的、全面的な隷従に他ならなくなるということだ。この先の話では、この二つの解釈の両方を念頭に置くことになる。

　トランスヒューマニズムの目標——たとえば技術と肉体の一体化、マシンへのマインド・アップローディングなど——が極端であるにもかかわらず、私にはその二分割が、われわれのいる特定の時期、つまり、技術がすべてをどう改善しているかを考えたり、特定のアプリでもプラットフォームでも装置でも、それがどれほど世界を改善しているかを評価したりする必要にかられているこの特定の時期について、根本的なことを表しているように見えた。われわれが未来に期待を抱くなら——自分たちに未来のようなものがあると思うなら——それは大部分、われわれが自分たちのマシンを通じて達成するものに依拠している。その意味でトランスヒューマニズムとは、われわれが主流の文化と考えているものの大部分に、さらに言うなら資本主義と呼べそうなものに、すでに内在している傾向を強化することなのだ。

それでも、先にも触れた歴史のこの時期、絶滅という、われわれがわがものと考えるようになった世界をかつてないほどに破壊しつくすという巨大な展望の中心に、われわれとわれわれが造ったマシンがあるという事実からは逃れがたい。この惑星は、第六の絶滅期、次の堕落、次の楽園追放に入ろうとしていると言われる。未来について語るのは、この手足を奪われた世界では遅きに失しているように見える。

つまり、この運動に私が引き寄せられた理由の一つは、時代錯誤的であることの逆説的な力だった。トランスヒューマニズムは、きっぱりとこれからの世界の光景に向かっているように見えているが、私には、人類が未来については徹底した楽観論をとりうると思っていた過去を思わせるように感じられて、ほとんど懐かしくもあった。トランスヒューマニズムは前を向いているぶん、どこか、ずっと後ろを向いているように見えた。

トランスヒューマニズムについて学ぶほど、それは見かけの極端さや奇妙さにもかかわらず、シリコンバレーの風土に、またそれによってもっと広い範囲にある技術の文化的想像力に、一定の形成的圧力を及ぼしていると私は見るようになった。トランスヒューマニズムの影響力は、多くの技術系《テック》起業家が徹底的《ラディカル》に生命延長《ライフ・エクステンション》という理想に熱烈に入れあげるところに——たとえば、ペイパルの創立者の一人でフェイスブックの投資家ピーター・ティールの様々な生命延長の試みへの資金提供や、グーグルのバイオテクノロジー子会社で人間の老化の問題への答えを生み出すことを目指したキャリコの設立に——見られるようだった。そしてこの運動の影響力は、イーロン・マスクやビル・ゲイツやスティーヴン・ホーキングが、人類が人工超知能によって滅ぼされるという予想についてますます熱を込めて警告するところにも表れている。もちろん、グーグルが技術的特異点《シンギュラリティ》の主唱者、レイ・カーツワイルを技術部門の長に迎えたことにも。私はトランスヒューマニズムの刻印を、グーグルのCEO、エリック・シュミットの、「いずれ、ある事実について考えるだけで答えを教えてくれるインプラントができる」という主張に見た。こうした人々《メン》は——結局全員が男《メン》だった——みな人間がマシンと融合する未来について語った。みな、様々な形で、人間以後《ポストヒューマン》の未来を語った——テクノ資本主義が自らを生み出した者よりも長生きする未来、自らを永続化させ、その約束を達成する新たな形式を見いだす未来だ。

　私がマックス・モアの「母なる自然への手紙」を読んでさほど時間も経っていない頃、ユーチューブで『*TechnoCalyps*〔技術の黙示録〕』という映画に出会った。二〇〇六年のトランスヒューマニズムに関するドキュメンタリーで、ベルギーの映画作家、フランク・テイスによる。私がこの運動について見つけることができたごく少数の映画の一つだ。映画の中程に、ある金髪で眼鏡をかけた黒ずくめの青年が、一人で部屋に立って、奇妙な儀式を行なっている場面がある。この場面は照明が暗く、ウェブカメラらしきもので撮影されていて、そのためどこにいるかがわかりにくい。寝室らしいが背景のデスクにはコンピュータが何台かあり、オフィスと言ってもおかしくはなかった。このコンピュータは、ベージュのタワー型デスクトップで、ずんぐりした立方体のようなモニターがあり、撮影は二一世紀に変わる頃のものらしい。この背景の前で、青年がわれわれに向かって立ち、両腕を頭上に挙げて、変わった聖職者のような身振りをしていた。弾むようなスカンジナビア的スタッカートで、声は機械的な質を帯びる中、青年は話し始めた。

「データ、コード、通信よ、永遠に、アーメン」

こうした呪文とともに、青年は腕を下げ、それから両側の外に向かって伸ばし、さらに両手を胸の前で組んだ。青年は部屋を歩き回り、東西南北のそれぞれの角で秘儀のような礼拝の身振りをし、そのそれぞれの位置でコンピュータ時代の預言者の名を唱えた。アラン・チューリング、ジョン・フォン・ノイマン、チャールズ・バベッジ、エーダ・ラヴレース。それから立ち姿で完全に静止し、腕を伸ばして十字架の姿勢になった。

「私のまわりでビットが輝き、私の中にはバイトがある。データ、コード、通信よ、永遠に、アーメン」

この青年は、スウェーデンの学者でアンダース・サンドバーグという名だということを私は知った。私はサンドバーグがトランスヒューマニズムの宗教的な含みをカルト的に演じた奇妙な儀式に魅了されたが、どれほどまともにとっていいのかを正確には測りかねていた——このパフォーマンスはふざけているようでもあり、パロディのようでもあった。それでも私はこの場面が奇妙にも感動的で、心に残るとさえ思った。

そのドキュメンタリーを見たすぐ後で、私はサンドバーグがロンドン大学バークベック・カレッジで、認知能力強化というテーマで講演を行なう予定であることを知った。私はロンドンへ行く予定を立てた。出発点としては他のどこよりも良い場所に思えた。

出会い

バークベック・カレッジのすし詰めの講義室の後列に席を確保して、集まった人々をさっと品定めしているとき思いついた。未来がこういうものなら、それは過去のように見える。アンダース・サンドバーグ博士の講演は「ロンドン未来主義者《フューチャリスツ》」と呼ばれる団体が主催したものだった。一種のトランスヒューマニストのサロンで、二〇〇九年以来、定期的に会合を開き、野心的なポストヒューマンの人々が関心を抱くテーマを論じていた。徹底的な寿命の延長、マインド・アップローディング、薬物や技術を使った心的《メンタル》能力の増大、人工知能、補綴《ほてつ》装具〔義肢など〕や遺伝子改造による人体の増強。私たちはここに、深甚な社会的変動、来たるべき人間の境遇《コンディション》の変貌について考えるために集まっていたが、そこにいるのが圧倒されるほど男性集団だという事実は無視しようがなかった。ほとんどすべての人々の顔が、スマホ画面の青白い蛍光に照らされていたことは別にしても、こういうことは過去二〇〇年のほとんどどの時点に起きてもおかしくなかった。主として男で構成される、このブルームズベリーの一郭にある階段教室の席に並んだ集団が、未来について、これまた男が語る話に耳を傾けている。

元気そうな赤い眉の中年の紳士が教卓に進み出て、部屋を見渡した。これはロンドン・フューチャリスツを主宰するデーヴィッド・ウッド——著名なトランスヒューマニストで、テック起業家——だった。ウッドはシンビアンという、初の大規模市場向けスマートフォン用オペレーティングシステムの創始者で、その会社サイオンは携帯型コンピュータ市場の先駆者だった。一分の隙もないスコットランドなまりで、今後一〇年で「人間の経験に対する歴史上のどの一〇年よりも根本的で深甚な変化」を見ることになると説き、技術による脳の改造、認知そのものの精錬、強化について話した。

「私たちは、すべてを生物学的なものから受け継いでいるという論法の偏見や間違いを、あるいはアフリカのサバンナを歩き回っているときには大いに役に立ったでしょうが、今はそんなに私たちの利益にはなっていない本能をいくらかでも取り除けるでしょうか」とウッドは問うた。

その問いはトランスヒューマニズムの世界観、つまりわれわれの心《マインド》と身は技術的に古くなっていて、そのフォーマットは時代遅れで全面的に解体修理を必要とするという考え方を込めているようだった。

そしてウッドはアンダース・サンドバーグを紹介した。当代きっての未来主義者で、オックスフォードの人類未来研究所——二〇〇五年、テック起業家のジェームズ・マーティンの寄贈によって設立され、哲学者などの学者が人類の未来について様々な筋書きを考え、検討することを任務とする——の研究員だった。サンドバーグがまだ聖職者くさい青年の頃の、変わった孤独な儀式を私はユーチューブで見ていて、見覚えがあったが、このときはもう四十代の初めで、肉づきの良いがっしりした体つきで、学者によくある乱雑な格好——しわくちゃのスーツ、どこか上の空の愛想の良さそうなところ——が好みらしかった。

二時間の話の大部分は、知能が個体のレベル、種のレベルのそれぞれでどう増大しうるかというテーマだった。認知力増強のための既存の、あるいはまもなく登場しそうな方法――教育、スマートドラッグ、遺伝子選別、脳インプラント技術――について語られた。また、人間が年を取るにつれて、情報を取り込んで保持する能力を失う経緯についても語った。生命延長技術は、この状況を処理する方向にいくらか進むだろうとサンドバーグは認めたが、年を経る間のわれわれの脳の機能の進み方を改善する必要もあるだろうという。頭脳の性能が最適ではないことの社会的経済的コスト、たとえば家の鍵の置き場所を忘れただけでも――それを探すための時間とエネルギーで――イギリスのＧＤＰに毎年二億五〇〇〇万ポンドの損失をもたらしたという話もした。

「社会には、こうした馬鹿げた間違いや忘れっぽさなどによる小さな損が大量にあります」とサンドバーグは言った。

それは私には極端な実証主義宣言のように映った。サンドバーグは知能が基本的に問題解決用ツールであり、生産性と利回りを生む機能――他のいかにも人間的などんな質よりも、測定可能なコンピュータの処理能力に近いもの――だと言った。総論的に考えれば、私は根本的にこの心の捉え方には反対だ。それでも一身上のことを考えると、私自身が自分のうっかりによってその朝一五〇ポンドほど浪費したことを考えざるをえなかった。どういうわけか、ロンドンに到着する前の晩の宿を予約してしまい、もう一晩分を払わなければならなくなっていたのだ。私はもともと、ある程度は散らかし屋で忘れっぽかったが、父親になってから――そして少なくとも一部は、睡眠を邪魔されるとか、いつも気を散らされているとか、ユーチューブで『きかんしゃトーマス』を見るのに時間を取られるとかの、親になりたての頃の現象の結果として——私の処理能力、記憶力は、明らかに減退し始めていた。サンドバーグが講演で押し出している人間の知能のとことん道具主義的な見方に気持ちとしては抵抗がありながら、おそらく少しばかりの強化なら自分でも許容できるのではないかと思わざるをえなかった。

その講演が前面に出していたのは、生物医学的認知力増強は、心的能力、サンドバーグの言う「人的資本」の獲得や維持を改善しやすくして、この世界での思考や機能を向上させるということだった。そこから生じる社会的公平という問題——本人は「脳の公平な分配」の問題と言う——にも取り組む。強化された脳を得られる立場にある人々は、すでに社会の中でエリートの立場を占める人々である可能性が高いのをふまえてのことだ。しかしその説によれば、知能が高くない人々の方が、もともと知能が非常に高い人々よりも、強化技術から恩恵を受けられて、一般的な知能の増大による全体的な効果は必然的に社会全体に利益をもたらす——知能のトリクルダウン経済といったところ——ことになる。

こうしたこと——設定、状況——すべてが、私にはとことんおなじみでありながら、とことん見慣れぬものに見えた。私はその頃、研究者の道を進む船に見切りをつけて、劣らず不安定なフリーライターという船に乗り換えたところだった。私は人生の中の何年かを使って英文学の博士号を取ったが、結局、英文学の学位では実際の就職という約束の地には導いてくれないのでは?という疑念を確かめることにしかならなかった。私はかつて二十代と三十代の大部分を、教壇で何かを言っている人々に注目することに費やしていた。しかしアンダース・サンドバーグが言っているようなことは、私がかつて教壇に立っていた人々から聴いていたこととはずいぶん違っていた。確かに私は講義室の後ろの方に座って、当面の問題に、かつて深く、自分の身に体験したことがあった活動に集中しようとしていた。しかし私はまったく「私の民」〔信徒〕の中にはいなかった。ここはまったく私の世界ではなかった。

　講演の後、その場にいた様々な未来主義者は、夕方前から飲もうと、ブルームズベリー界隈の、壁がオーク材で赤茶色のパブに移動した。私が苦いビールの大ジョッキとともにテーブルに落ち着く頃には、私がトランスヒューマニズムやそれに関連することについて本を書いているという話が一同に広まっていた。

「本を書いておられるんですか」とサンドバーグが言った。本のアイデアに喜んでいるらしい。サンドバーグは私の前のテーブルに載ったハードカバーの本を指さした。私がその日手に入れてからずっと持ち歩いていた首狩りの文化史の本だった。「そういう本を書いておられるんですか」

「え、これですか」と、私は自分が頭の冷凍保存とか、もしかして時間旅行とか、何かややこしいトランスヒューマニスト流の冗談を捉えそこねたのではないかと心配しながら言った。

「いや、これはもう誰かが書いた本ですよ」と私は言わずもがなのことを言った。「私が書いているのはトランスヒューマニズムやら何やらの本です」

「ああ、それはすごい」とサンドバーグ。

　私はどう言っていいかわからなかった。自分が書こうとしている本は、サンドバーグやトランスヒューマニスト一般にすごいと信じてもらえるような本ではないと言いかけた。私は突如、自分がこうした合理主義者や未来主義者の中ではもぐりであることを意識した。古色蒼然《そうぜん》たるノートとペンを持ち、0と1の世界に文字を伝えようとするかのような、半端で、もしかすると少々あわれむべき人物だ。

　サンドバーグの首にペンダントがあることに気づいた。とくに信仰の篤《あつ》いカトリック教徒が与えられるメダルを大きくしたようなものがついていた。私がそのことを尋ねようとしたとき、サンドバーグの関心は、脳アップロードについて話したがっている魅力的なフランス人女性に捕らえられた。

今度は私の左側に座っていたある貴族的な青年が、私の書いている本について尋ねてきた。エレガントな身なりで髪も念入りに整えられていた。アルベルト・リッツォーリと申しますと名乗り、イタリアから来たという（話の中で、私の本のことから、自分の一族はかつて出版業界にいたと言った。その夜の後になって、メモを眺めわたすまで、このアルベルトが確かにメディア王リッツォーリ家の末裔《まつえい》であることに思いが及ばなかった。アルベルトはフェリーニの『甘い生活』や『8½』のプロデューサーだったアンジェロ・リッツォーリの孫だったのだ）。本人はロンドン大学のカス・ビジネス・スクールで勉強中だったが、小学校に3Dプリンティングの教材を提供する、ベータ段階にあるテック新興企業《スタートアップ》の仕事もしていた。二一歳のリッツォーリは、自分ではティーンの頃からトランスヒューマニストだと考えていたという。

「自分が三〇歳になったときに何かの強化をしないでいるなんて想像できません」とリッツォーリは言った。

私の方は三五歳で、ダンテが幻視を得たときの年頃——人生の道のりの中程——だった。それに良いのか悪いのか、未強化だった。私はサンドバーグが講演で語った認知力増強という考えに困惑していたが、それでも、そのような技術が自分のためにしてくれそうなことを考えて好奇心をそそられていた。そのような技術があれば、たとえばトランスヒューマニストと話しながらメモを取る面倒から解放してくれて、体内のナノチップを通じてすべてを記録して後で完璧に思い出せるし、この話し相手の青年の祖父がフェリーニ映画のプロデューサーだったという補足情報も——言わばリアルタイムで——与えてもらっていたかもしれない。

スポーツジャケットと高価そうなシャツを着た銀髪の男がリッツォーリと私の向かいに座っていた。こちらはサンドバーグの横に場所を確保して、サンドバーグとフランス人女性との会話が途切れるのを待っていた。その間、この男はサンドバーグのおつまみ容器から勝手にピスタチオを一つ二つ取り、一つは口へ運ぶ途中で取り落としてシャツの、起業家と言えばこうというふうに三つか四つのボタンを外した襟元に落とした。私は男が下の二つのボタンの間へ指をつっこんで一瞬探ると、逃げたピスタチオを捕らえ、慎重に口に入れるのを見ていた。そうしているときに目が合って、お互いに相手に向かって穏やかに笑みを浮かべた。男は名刺をくれて、そこから相手が未来主義業界の専門家であることがわかった（名刺というのは、この名刺のように魅力的でも、プロの未来主義者が自分の立場を知らせる方法としてはちょっと旧式な方法ではないか？　私は軽い冗談でそんなことを言おうかと思ったが、考え直して、名刺を財布の中の、この手の小さな印刷物がひしめく最後の安息場所となるところに押し込んだ）。

この人物は、最初は人工知能研究をしていたが、今はビジネス関連の会合で基調講演をして、企業や経営者に当人たちの分野をつぶしてしまいそうなトレンドや技術について情報提供をして生活していると言った。まるでＴＥＤトークの威勢の良い、少し散漫な通し稽古をしているような話し方をしていた。身振りは力強く、ゆったりしていて、大規模な恐ろしい変動の地平に対して断固とした楽観的姿勢を示していた。私に話してくれたのは迫り来る変化や機会のこと、ＡＩが金融界に革命を起こし、多くの弁護士と会計士が文字どおり余剰になり、その高価な労働はもっと高性能なコンピュータによって不必要になる近未来のことだった。また法そのものがわれわれが暮らし活動するときに使う仕掛の中に書き込まれるような未来のこと、自動車が違反した運転手に自動的に罰金を科す未来、あるいは運転手とか自動車製造工場のようなものが結局いらなくなる未来のことも話してくれた。何せ自動車と言えばまもなく、買い手の正確な仕様に基づいて、その人の自宅や仕事場に向かうようにセットされて3Dプリンタから出て来たばかりの新車が、幽霊船のように静かに動き始めて販売店から出て来るようになるのだ。

私は相手に、自分のライターという仕事の安心できるところは、さしあたりまだマシンに置き換えられそうにないということですよと言った。大儲けはできないかもしれませんが、と認めたが、少なくとも、まさしく私がすることを安く効率的に行なう新製品によってあっさりと排除される危険が差し迫っているわけではないと。

相手は首を一方から他方に傾けて、口をすぼめた。まるでこの考えの足りない自己慰藉《いしゃ》を許してよいものかどうか考えているみたいに。

相手は「確かに」と認めた。「つまり、ジャーナリズムの一定の分野はおそらくAIには置き換わらないということです。社説を書くとかがとくにそうですね。人はおそらく、実際の人間が生み出した論説を読みたいとずっと思うでしょう」

扇情的な記事はたちまち脅かされるわけではないとしても、芝居や映画、散文の小説などはいくつか、すでにコンピュータプログラムによって注文に応じて書かれていると相手は言った。こうした芝居や映画や小説はあまりうまいとは言えないのは確かだが、あるいはそのように言われているが、コンピュータが、当初はうまいとは思われていなかった方面で急速に上達する傾向にあるのも確かだという。要するに、私や私のような人々は、他の何とも同じく置き換え可能で、未来は暗いと言いたいのだと私は思った。私は相手に、コンピュータはいずれ講演家にも置き換わるかとか、これから一〇年の思想的リーダーの座は私たち人間が押さえているのかと聞こうかとも思ったが、この問いに相手がどう答えようと、相手の言いたいことをいくらかでも証明することになると気づいて、落としたピスタチオを高価なシャツの内側から取り出す話を本に入れることにした――けちで仮そめの反撃行為であり、沽券《こけん》にかかわるとか職業規範にもとるとか、AIによる自動化された執筆にとっては、ばかばかしい、どうでもよいことだった。

サンドバーグと魅力的なフランス人女性は私の右側で、マインド・アップローディングに関する研究の進み具合について、私には手出しできない専門的な話をしていた。会話は、レイ・カーツワイルに向かっていた。発明家にして起業家で、グーグルの技術部門の長も務め、技術的特異点の概念、つまりAIの到来によって、新しい人間が不要になり、人とマシンが融合し、最終的には死も根絶されるといったことになるという終末的な預言を広めた人物でもある。サンドバーグはカーツワイルのとくに「脳異機種動作《エミュレーション》」という見方は素朴すぎて、自分の言う「皮質の奥の雑多なモチベーション」をまったく見ていないと言った。

「情緒《エモーション》ね！」と、フランス人女性は情緒的に言った。「あの人には情緒は要らないでしょう。だからよ！」

リッツォーリは「そうかもしれませんね」と言う。

「あの人はマシンになりたいのよ」とフランス人女性。「本当になりたいのはそれよ」

「そうですねえ」とサンドバーグは殻だけになった器を考え深そうにつつき、まだ残っているピスタチオを空しく探した。「私もマシンになりたいですね。でも私は情緒的なマシンになりたい」

私がやっとまとまってサンドバーグと話したとき、この自分もマシンになりたいという欲求、ハードウエアの境遇《コンディション》になることへの文字どおりの希求のことをさらに語ってくれた。サンドバーグはトランスヒューマニズム運動の中でも最先端にいる思想家の一人として、何よりもマインド・アップローディング、つまりその世界の人々の間では、「全脳《ホール・ブレイン》エミュレーション」〔脳全体を仮想化して別の媒体で動かすこと〕という考え方を唱え、理論化していることで知られていた。

すぐにそうなってほしいというのではないとサンドバーグは言った。そのようなことが近い将来に可能になったとしても——それほど近いわけではないとも強調しつつ——人類がいっぺんにマシンにアップロードを始めるのは望ましくないだろうという。サンドバーグは、カーツワイルのようなテクノ至福千年信者《ミレニアン》〔技術の発達で至福の時代が到来すると考える人々〕が特異点《シンギュラリティ》と呼ぶ、急激な収斂《しゅうれん》のようなものの潜在的な危険について語った。

「好ましい筋書きは、まずスマートドラッグとウェアラブル技術を手に入れることでしょう。その次に生命延長技術です。それから最後に、われわれはアップロードされ、宇宙に移住するなどのことになります」。われわれが滅びない、あるいは滅ぼされないですませられれば、われわれが今人間と思っているものが宇宙全体に広がり、「大量の物質とエネルギーを組織された形に転換して、一般化された意味での生命に変える」という、もっとはるかに広大で輝かしい現象の核になるだろうとサンドバーグは信じていた。

この見方を抱いたのは、子どもの頃、ストックホルムの公立図書館のSFコーナーの本をすべて貪り読んだときからだとサンドバーグは言った。高校生の頃は、純粋に気晴らしのために科学書を読み、とくに刺激的だと思った式をスクラップブックに書き留めていた。ロジックの進行、思考のゆるぎない進み方に

——つまり抽象的な記号が実際に意味することよりもその記号そのものに——刺激を受けたという。

　そのような式がとくに豊富だった本は、ジョン・D・バロウとフランク・J・ティプラーの『*The Anthropic Cosmological Principle*〔人間宇宙論原理〕』だったという。最初、サンドバーグは主としてこうした好奇心をかきたてる計算——本人の言う「水素原子のまわりで高次元の軌道を描く電子などについての奇怪な式」——を求めて読んでいたのだが、計算の周囲にある文章の方に関心が向いた。まるで『プレイボーイ』誌を一冊手に入れて、その後関心が、掲載されていたナボコフの小説に向かう少年のようなものだった。バロウとティプラーが提示した宇宙観は、基本的には機械論と同じく決定論的で、「知的情報処理は生まれざるをえない」し、時間とともに指数関数的に増大するということだった。ティプラーは、この目的論的な前提に導かれて、その新しい著書では、「オメガポイント」という、それによって知的生命が宇宙にあるすべての物質を支配下に置き、宇宙論的特異点《シンギュラリティ》に至るという見通しを抱くようになった。それで未来社会は死者を甦《よみがえ》らせることができるようになるとティプラーは説く。

　サンドバーグは私に、「この考え方は私には啓示でした。生命がいずれすべての物質、エネルギーを制御して、無限の量の情報を計算するという理論です——情報に捕らわれたティーンエイジャーにとっては、まあ畏るべきことでした。それこそ研究しなければ、と思い当たるようなことでした」と言った。

　そしてそう思い当たったときが、自分がトランスヒューマニストになる瞬間だったという。目標が宇宙の生命の量、ひいてはそれによって処理される情報の量を最大にすることなら、当然、人間は宇宙の彼方へと広がって行って、きわめて長い間生きる必要があることになるとサンドバーグは言った。そして、そうしたことが現実になるには、地元の図書館のＳＦで読んだ、ＡＩやロボットやスペースコロニーや、その他もろもろが必要になるということでもあった。

「星の価値とは何でしょう」と問うたかと思うと、間を措《お》かずに自分で答えた。「星一つでも手に入れるとなれば興味深いことですが、何兆もあったらどうでしょう。まあ、星は実際にはどれも同じようなものでしょう。構造的に複雑なところはほとんどありません。が、生命は、とくに個人の生命は――ひどく偶発的なものです。あなたにも私にも人生の物語があります。宇宙の物語をやり直したら、あなたも私も別の人間になるでしょう。私たちの独自性は私たちが蓄積するものです。だから人が失われるのはとても悪いことなんです」

サンドバーグの「アップロードされる」、つまり人間の心がソフトウェアに変換されるという展望は、人間の限界を超え、宇宙全体に広がる純粋な知性になるという理想の核心だった。多くの点で、私がかつて動画で見た、技術の儀式を司祭のように行なう、ちょっとぞくっとする人物とは非常に違って見えた。そこからただ年を取っただけでなく、マシンのようなところが少なくなり、マシンになりたいという欲求を抱く点で魅力的なほど人間的に見えた。

しかしサンドバーグが描く未来の光景は、私には圧倒的に奇妙で落ち着かないように見えた――私が信じられなかった既成の宗教的概念のどれと比べても、なじみがなく、無縁のものに思えた。それはまさしく、それを実現するための技術的手段が少なくとも理論的には手の届くところにあったからだ。私の中の根幹をなす要素が、マシンになるという展望に、本能的な嫌悪、さらには恐怖で反応していた。私には、宇宙に移住する――われわれの目的に沿って宇宙に手を加える――という話が、無意味な空虚に、意味についてのわれわれ人間による主張のもっと深い無意味さを押しつけることに見えた。私はそれ以上の、つまりすべては何かを意味させられているのだという主張以上の不条理を想像できなかった。

　くだんの首につけていたペンダント――カトリック教会が与える記章のように見えて、サンドバーグが醸し出す聖職者風の印象を増すメダル――は、実は、自分が死んだときに現身《うつしみ》を冷凍保存するという意思を刻んだものだった。私の理解では、これは多くのトランスヒューマニストと共通に抱く願いだった。自分の体が死後も液体窒素の中で、未来の技術によって解凍され甦るようになるときまで、あるいは頭蓋の中にある重さ一キロ半ほどの神経でできたウェットウェア〔脳のこと。生身で水気《ウェット》が多いことを捉えた言い方〕が取り出され、蓄えられた情報をスキャンされ、コードに置き換えられ、何らかの新しい、老化や死などの人間的な欠陥に左右されない機械的な体にアップロードできるようになるときまで保存される。

　サンドバーグの現身が送られる場所は、メダルに刻まれた指示によれば、アリゾナ州スコッツデールにある、「アルコー生命延長財団」と呼ばれる施設だった〔アルコー（アルコル）は北斗七星の一つミザールのすぐそばにある暗い星。そっと隠れているものという意味あいで、それが見えるかどうかで視力の目安にする場合もある〕。そしてこの冷凍施設を運営する人物がマックス・モアだった。「母なる自然への手紙」を書いたあのマックス・モアだ。アルコーはトランスヒューマニストが死んだときに、その死が不可逆にならないようにするために行くところ――不死という抽象的な概念が物理的な領域に持ち込まれたところ――だった。そして私自身、一時停止中の不死、あるいはいずれにせよ冷凍された遺体のあるところへ行ってみたくなった。

訪問

フェニックスへ飛行機で行き、それから車で北へ、ソノラ砂漠のぎらぎらとした照り返しの何もない土地に造成した光景の中を三〇分ほど行くと、建物が一棟ある、平べったいグレーの区画に達する。誰のものとも変わらない遺体をいずれ生き返らせるために、処置して保存する目的で建てられた施設だ。ブザーを押し、誰かが中に入れてくれれば、一九九〇年代半ばのオリジナルビデオのSF映画かと思うように装飾された――きらめく金属的な壁にクローム処理した調度、すべてが柔らかい青い光沢で覆われている――玄関から入り、長い、角張ったソファに座るよう促され、そこで死後への案内人を待つことになる。

座った目の前には、ガラス製のコーヒーテーブルに、待っている間にぱらぱらめくりたくなりそうな薄い本がある。『しにがみはまちがっている《デス・イズ・ロング》』という子ども向けの絵本で、表紙には、題にもなっている、フードつきの長い衣をまとい、鎌を持ち、引導を渡す笑みを浮かべた髑髏《どくろ》の顔で誰のところにもやって来る死神に、顔をしかめて人差し指を向けている小さな男の子が描かれている。待っている間に、この場の静けさに気づく。携帯のパイプの音や、うなるプリンターや、職員のおしゃべりがなく、たいていの事業所にはありがちの、小耳にはさむような話がまったくない。長い間、耳にする音と言えば、スコッツデール市営空港を離着陸する小型機の低いうなり声だけかもしれない。この建物、アルコー生命延長財団の本部はその空港の脇にあって、亡くなったばかりの人を効率よく受け取れるところに位置している。

アルコーは世界に四つある冷凍保存施設のうち——三つは合衆国にあり、一つはロシアにある——最大の施設だ（両国は近年の歴史の大半にわたり、国運に関する言説が宇宙開発と密接に結びついていて、正反対のイデオロギーが科学的進歩の概念によって推し進められていた。そんな二つの国に施設があるのは偶然の一致ではない）。今生きている何百という人々が、臨床的に死亡を宣告されたらできるだけ早く体をここへ運ぶよう、手はずを整えている。しかるべき手順——往々にして胴体から頭部を切り離すなど——が行なわれて、科学がそれを生き返らせる方法をつきとめるまで冷凍保存ができるように。

アルコーの依頼人の中には、少数の、現時点で一一七人を数える一団がいる。こちらはもう生きているとはみなされず、「患者」——身体でも、遺体でも、切断された頭部でもなく——と呼ばれる。亡くなったのではなく、一時停止していると考えられているからだ。この世と、その後に続くのか続かないのか知らないが、何か別の世界との間の中有《ちゅうう》の状態に置かれているのだ。そうした一時停止状態の魂の集まりに交じろうと、私はこの砂漠の一郭に自らやって来たのだ。

また、私はマックス・モアにも会いに来た。この運動の創始者を名乗る人物でもあり、アルコーの理事長でCEOでもある。自分の一生を、紛れもなく人間のか弱さを乗り越えることに、つまりエントロピーの法則に断固逆らうことに捧げた人物が、企業団地の中の、タイルのショールームと「ビッグD敷物販売」の間の建物で遺体に囲まれて日々を過ごすようになったいきさつを知りたかった。

しかしまず、ここでいったい何が起きているのか、アルコーの依頼人の体がいずれ時間に敗れて崩壊するのを防ぐために何が行なわれているのかを知りたかった。がっちりした体軀《たいく》でぴっちりした黒いTシャツ姿のマックス・モアが私を案内して、狭い廊下を患者が処置される部屋へと向かい、この処置は、主に二通りの値段から選んだいずれかの方法で行なわれると教えてくれた。二〇万ドル払うと、アルコーは体全体を一時停止させて、また何らかの形で使えるようになるまで保存する。八万ドルなら、「神経プラン患者」と呼ばれるものになれる。こちらは頭部だけが――切断され、硬くされ、スチールの筒に収められて――後に脳、つまりその人の心の内容《マインド》が、何らかの人工的な体にアップロードされることを見込んで冷凍される。

かつてなら、その費用は依頼人の遺産で、あるいは本人が亡くなった後、親族が分割払いで支払ったりしていたが、これはまもなく具合が悪いということになった。親族が支払えなくなったり、支払うための納得できる理由が見つからずそれを止めたりする場合があったからだ――そうなると基本的に、一時停止とその後の覚醒の費用をまかなう人のいない、行き場のない遺体が残ることになる。そこで最近は、アルコーの依頼人はふつう、その料金を、天寿をまっとうするまでの間、年会費を掛け金にして、生命保険で支払う。

モア自身は神経プラン患者だということを教えられた。長年にわたり、相当の資金をつぎ込んで自分の四肢や胴体を大きくし、手入れしてきたというのに(モアは自身の理想を肉体として具現したような存在だった。運動で鍛えられ、活力があり、管理されていた。赤い髪は細くなり、頭頂部に向かって後退しており、これが半球形に出っぱった額、眉の精力的な伸び方、淡い読みとりにくい目の効果を増幅している)。そうする理屈は、自分はあと四〇年ほどこの世にいる予定だが、その頃までには、バーベルを上げて過ごしたその間の時間がどれだけあろうと、その体は保存するに値しそうにないということだと本人は言った。神経プランで見込んでいることの一部は、解凍した脳に、どんな形であろうと新たな体を与える方法を未来の科学者が見つけることだからだ。

アルコーが主として関心を向けるのは患者の脳だが、脳を骨でできた筐体《きょうたい》や、皮膚や筋肉による覆いから取り除くということはこの団体は行なわない——頭蓋は脳にとってはできあいの有効な筐体として機能し、冷凍保存期間中、保護機能を強めるからであり、技術的に言えば、脳を頭蓋骨の中につなげている組織や結合部分などすべてひっくるめて取り除くのは手間だからでもある。

モアの態度はこなれた臨床医風だった。総合診療医というのは手順を患者に徹底して教え込む。穏やかに、胸の前で指先と指先を合わせて利点と、副作用を数え上げる。かかりつけの医者に、自分は不死になるのがいいかどうかと尋ねてみるとよい。

そうなる科学的根拠は乏しい——というか、基本的に存在しない。冷凍保存が約束するのは、純粋に理論的なことだった。科学はいつか、この体、この頭部を解凍して、何らかの形でそれを生き返らせる、あるいはそこに収まっている心の内容をデジタルで複製できるようになるまで進むのではないかということだ。これはすべて机上の理論で、実現できそうなことからは遠く離れているので、科学者社会は全体としては、それはわざわざ否定するのにも値しないと見ている。このことについて意見を言う人々は、あからさまに馬鹿にした意見を言うことが多い。たとえばマッギル大学の神経生物学者マイケル・ヘンドリクスは、『MITテクノロジー・レビュー』誌に記事を書いて、「復活あるいはシミュレーションは技術で約束できる範囲を超える、卑しいほど誤った希望である」と言い、また「この希望から利益を得る人々には、われわれは怒りと侮蔑を向けて当然である」と言う。

収容室《インテイクルーム》の入り口近くに、蓋が開けられ、中にプラスチック製の模造角氷が敷き詰められた、棺のような形の軽いカンバス地の容器に、まだ若い白人男性のなめらかな体を模したものが収められていた――働き盛りの姿で横たえられたマネキンで、表情のない顔は大部分が酸素マスクで覆われている。この穏やかな姿は将来の患者、つまり、まだ生きていて、正式に会員になることにした場合、臨床的な死を宣告されて何分か何時間か後に自分の体に対して行なわれることの説明を受けに来た人々の将来の姿を示す代役だ。

依頼人が比較的予測がつく形で臨床的死を迎えられて、フェニックスまで空輸か陸送かで最後の旅をする前、体の冷却処理を始めるときに、アルコーの付添いの職員がその場にいられるようになっているのが好ましいと、モアは私に言った。

処置が成功するかどうかは、大部分、死が予測できるかどうかによっている。だから、がんは総体的に言えば好都合だ。寿命を延ばす可能性を高めたいなら、末期がんは絶好の出発点となる。心臓の発作はさほど良くない。いつ襲われるかを予測するのはきわめて難しいからだ。動脈瘤《りゅう》や卒中はさらに悪い。死ぬほど重いものなら脳の損傷が残るだろうし、後々の扱いもやっかいになる――もちろん、未来の科学を想定しているので、不可能ではないが。事故などの不慮の死は階梯《かいてい》の最下段にある。たとえば、二〇〇一年九月一一日の世界貿易センタービルで亡くなったアルコーの依頼人の遺体については、できることはあまりなかった。もっと新しいところでは、アラスカで飛行機事故により会員が亡くなった。

「これは理想的とは言えませんでした」と教えてくれたモアの顔は、想定外の運命のデスマスクのようだった。

全身プランの患者なら、その人は、あるいは遺体全体は、四方を透明なアクリル樹脂のシートで囲まれた傾いた手術台に載せられる。それから頭蓋骨に小さな穴が開けられ、冷凍保存チームが脳の状態を判断して、膨張しているか収縮しているかを観察できるようにする。心臓を処置するために胸が切り開かれ、主要な動脈と静脈が灌流《かんりゅう》装置〔組織に液体を流し込んでもともとある液体と入れ替える装置〕につながれ、血液や体液が排出されて、できるだけ早く冷凍保存防腐剤――「医療レベルの不凍液といったところですね、言わば」――と置き換わるようにする。それが氷の結晶ができるのを防ぐ。未来の科学が甦らせてくれるまでの長い間、そこそこの形を保っておきたいなら、細胞に氷の結晶ができるのは望ましくない。氷の結晶は、復活後の生活の質の展望を大きく損なうものの上位にランクされる。

モアは言った。「つまり、ここでやってもらうことは、冷凍するというよりガラス化することです。ガラス化は樹脂の塊のようなものを作って、すべてをただあるとおりに維持します。尖《とが》った角《かど》や縁《ふち》もありませんよ」

神経プランの患者なら、頭部切断の問題を処理しなければならない。この処置は手術台で行なわれる。冷凍保存術の世界の専門用語では、切り離された頭部は「セファロン」と呼ばれる（後で知ったのだが、これはもともと動物学用語で、海に棲《す》んでいた三葉虫のような体節のある節足動物の頭部を指す言葉だった。この用語が「頭《ヘッド》」よりも好ましいと思われた理由は、自分たちが言っているのが切断された頭部だという事実から目をそらせるということ以外には思い当たらなかった——そらしきれるとは言えないと私は思ったが）。そしてこのセファロンは、体から切り離されると、「セファロン・ボックス」と呼ばれるアクリルの容器に入れられる。いずれ冷凍保存を可能にするような処置が行なわれるまで、その容器の中で逆さまにして、円形に並んだ留め具で保持される。

こうして案内してもらう間、モアは自分が語っていることの奇妙さを認めるようなことをまったく言わなかった。B級映画で手足を切断するような恐ろしい儀式が、単純な医療上の便法——冷凍保存術の希望に満ちた死の考え方では、まさしくそのとおりのこと——の問題であるかのように述べられる。

アルコーで今保存されている一一七人の患者は「患者看護区画《ペイシェント・ケア・ベイ》」というところに置かれている。これは広くて天井の高い倉庫で、高さ二・五メートルのステンレス製の筒《シリンダー》が並んでいて、それぞれにアルコーの青と白のロゴが捺《お》されている。このロゴはAの文字を図案化したものだった。前のロゴは、腕を掲げた人の白い形が、不死鳥《フェニックス》の青い大きな図の中に収まった、もっと装飾豊かな紋章のような図像だった（この話の間に、この未来での復活を企てる企業が、自らを犠牲に捧げては復活するのを何度も繰り返して生きる神話上の砂漠の鳥の名がついた都市の郊外に本部を置いていることの、小説のような奇妙さについてよく考えてみよう。読者諸氏が小説ででもそんなディテールに遭遇すれば、おそらく繊細で敏感な顔をしかめることだろう。もちろんそうなっておかしくない。これが少々やり過ぎなのは明らかだ）。

シリンダーは「デュワー瓶」と呼ばれる。これは要するに液体窒素で満たされた巨大な魔法瓶で、それぞれには四人の全身プランの患者が入るだけのスペースがある。区画が円形に並び、中央の柱にはセファロンがいくつか上下に並べられて収められる。個々の患者はアルミのポッドに入った寝袋で保管される。

セファロンのみのデュワー瓶は、切断した頭部を四五個収められるとモアは私に言った。それぞれが小さな金属製のシリンダーの中に収められる。イケアのバスルームコーナーで見るようなステンレスの屑《くず》かごに似ている（神経プラン患者が全身プラン患者よりも安い理由は、主に保存費用による）。

そびえ立つデュワー瓶の陰をモアと一緒に歩きながら、私は中に保存されている遺体や頭部を、来たるべき世界に与《あずか》る機会を待ち受けるこわばった死者の一団を、想像しようとしてみた。このデュワー瓶の一つに、一九七〇年代のテレビドラマ『ザ・ファクツ・オヴ・ライフ』を製作したディック・クレアという名の人物の体が、一九八八年に本人がエイズで亡くなって以来収められていることを私は知った。野球の往年の名選手テッド・ウィリアムズも。そして私は、FM‐2030というライター——フェレイドゥン・M・エスファンディアリという旧名を、人間の死の問題は二〇三〇年までに解決されるだろうという確信を反映した名に変更することを法的に認められたイランの未来主義者——の遺体を前にしていることも知った。もっとも、どのデュワー瓶にそうした人々の体が収められているかは正確には言えない。警備上の理由で、個々の被冷凍保存者の安置された具体的な場所は公開されていなかった。モアから、自身の妻ナターシャが、二人が最初に出会ったときにFM‐2030とかかわりがあったことを知らされていたので、その看護区画で、自分の妻の元恋人にして、自身の死からの解放を信じるテクノユートピア論者の体を保存することを引き受けた人物の何と豊かにゴシック風なことかという考えで頭がいっぱいになった。

しかし繰り返して言おう。モアにとっても、冷凍保存術とそのプランの契約をした誰にとっても、これは決して遺体ではない。

モアの言い方では、「冷凍保存術といっても、実は救急医療の延長にすぎません」

正統的な臨床医療をあからさまに否定しているようなところからすると、この冷凍保存術を一種のカルトとみなすこと、あるいはこの場を現代科学主義とその悲喜劇的な行きすぎを主題とする風刺的なジオラマと見ることは簡単だろう。しかしここにいる人は誰も、単に契約すれば自分の復活が保証されるものとは思っていない。モア自身、この設定全体が、タイムアップ目前に未来のエンドゾーンへ投げ込むロングパス〔いちかばちかの賭け〕だということを認めている。しかしここでの要となるセールスポイントは、少なくとも投げてみる価値はあるにちがいないということだ。契約しても復活は保証されていないかもしれないが、しなければその可能性は大きく下がるのだ（ここでパスカルの賭け〔信じても損にはならないが、信じないと大きな損になる可能性があるから、信じる方に賭けるということ〕を思い浮かべるのは決してあなただけではない）。

モアは患者看護区域を出口に向かって歩きながら言った。「個人的には、私は保存されなければならない事態が避けられればと思います。私の理想の筋書きは、健康で自立したままで、生命延長研究にもっと

アルコー生命延長財団のデュワー瓶　Photo courtesy of Alcor Life Extension Foundation

資金が注がれて、われわれが実際に寿命脱出速度〔地球が引力で引き戻そうとしても、それを上回る速さで飛べば振り切って圏外に脱出できるという地球脱出速度、あるいはそれに類する脱出速度をふまえた言葉〕を達成することです」。モアはここで、生命延長の大立て者、オーブリー・デ・グレイというアルコーの科学顧問が見通した、長寿研究の進歩は一年経過するごとに人類の平均寿命を一年以上延ばすという想定に言及した——理論的にはわれわれは実質的に死に追いつかれないことになる状況だ。

モアは言った。「もちろん、トラックに轢《ひ》かれることもありえます。誰かが私を殺すかもしれません。それにしても、あの容器の中に収まると自分の運命が自分の手中にはなくなると思うと、実は私にはあまりぞっとしません。他の案より明らかにましというだけのことです」

患者看護区画への入り口そばの床に、他よりずっと小さく古いデュワー瓶が一つ横に寝かされていた。一方の端が開いていたので、狭い内側の管が見えた。反対側にはプレートがついていて、これはジェームズ・H・ベドフォード博士なる人物が、一九九一年、南カリフォルニアからこちらへ移送されてもっと新しい容器に移されるまで、最初に収められていたデュワー瓶だと謳《うた》っていた。ベドフォードはカリフォルニア大学の心理学教授で、冷凍保存された最初の人物だった（あるいは今もそうだ）。その保存処置が行なわれたのは一九六六年のことで、行なったのは、ロサンゼルスの化学者、医師、テレビ修理業者で、カリフォルニア冷凍保存術協会会長という資格でかかわっていた、ロバート・ネルソンという人物だった。

モアはあたりまえのように、ベドフォードは一八九三年生まれだったので、これによって原理的には世界最年長の人物になったと言った。その人が生きているというのは少々こじつけではないかと私が言うと、モアはそんなことはないと言った。

要するに、ここにいる患者は、法的に死亡した時点の直後に復活させられて、体がまだ腐敗しないうちに冷凍保存されたのだとモアは私に念を押した。本当の死、実際の死が起きるのは心臓が鼓動をやめたときではなく、その何分か後に体の細胞や化学的構造物が、いかなる技術をもってしても元の状態に戻せないほどに分解し始めるときだというのが、冷凍保存術の中核をなす前提だった。したがって、こうした冷凍保存された遺体は、慣習的な基準で死亡しているのではなく——言わば遺体ではなく——生きた状態と死んだ状態の間に保存され、時間そのものの外にある何らかの状態に落ち着いている人間なのだ。

そして看護区画の冷気の中に立って、テクノユートピア論者のここからは見えない体や切断された頭部に囲まれていると、私はリンボというカトリックの概念が思い浮かんだ。天国でも地獄でもなく、どっちつかずの状態、キリスト降臨によって適切に救われる前に亡くなり、存在論的な地位については一時棚上げにして救済の日を待たなければならない正しい魂に用意された、着陸待ちの飛行機がたどる待機コースのようなところのことだ。

このソノラ砂漠で、ステンレス容器とケブラー〔防弾チョッキなどに用いられる丈夫な合成繊維〕の壁と防弾ガラスに保護されたこの患者たちの魂は、希望を残した猶予状態に保持され、自身の死から解放してくれる未来がやって来るのを待っているのだと私は思った。ここにいる人々、ここにある遺体や頭部が生き返ることがないのはほぼ確実だろうが、それでもその一時停止、待ち受け状態には、はかりしれない神聖なところがあった。この倉庫は——現代的な妄想による霊廟《れいびょう》なのだが——同時に太古の原始的なものの遺跡でもあった。私はこの世でもあの世でもない、聖地になった土地に立っているのだと感じた。

しかし違う、まったくそうではない、自分はアメリカという特定の場所にいるのだから、と私は思った。

私はこの、植民地のフロンティアに開けた古い大地にいる。アメリカのかぎりない国家的ポテンシャルと個人的達成――明白な運命《マニフェスト・デスティニー》〔アメリカの領土的拡大を自国の責務として正当な行為とする思想〕という広大な血と金の幻想曲――のドラマが最初に上演された、西へと広がる舞台だ。私が巨大な銀色の容器と新奇な器具類の入り組んだディスプレイとともに立っていた場面は、突然解体されて運び去られてしまい、ずっと死の光景だったかつてのアメリカ西部の砂漠以外は何も残さないかもしれない、SF映画のセットのような、技術的な技巧と制御の華々しい狂乱に見え始めた。

私はどこか遠い未来文明の調査団が、このデュワー瓶を砂漠の地下深くから発掘し、中の中途半端に保存された遺物、つまり遺体やセファロンに魅入られて、他人事のようにそれを眺め、こうした人々がどういう人で、何を信じていたのかと悩んでいるところを想像した。そして、私がその未来の調査団の問いに答えることができるとしたらどう答えるだろうと思っていた。この人たちは科学を信じていたんですよ、と言うだろうか。未来を信じていたんですよ、か？　決して年を取らないと信じていたんですよ、か？　自分が掛けた保険を信じていたんですよ、か？　掛けられた金額の謎の力を信じていたんですよ、か？　自分を信じていたんですよ、か？　いずれにせよアメリカ人だったんですよ、か？

アルコーの使命は人道主義的なものだと紹介される。どんな事業とも同じく、ここの人々も顧客層を広げたいと思っているが、この目的は、理論的に、死を打ち破るという全体の目的に沿ったものにもなっている。「上げ潮はすべての船を波に乗せる」という考えだ。同団体のウェブサイトには、この団体が、冷凍保存術による保存を通じて、今生きているすべての人の未来の復活を保証するために、現場レベルで実際にどういうことをしようとしているのかを述べる長い記事がある。その「すべての人を冷凍保存する方法」という記事は、公開鍵暗号を考案した計算機科学者のラルフ・マークルによる。マークルはアルコーを動かす原理を「すべての人々にとって物質的に豊かな世界で、今日生きている誰もが健康と長寿を享受できる未来の展望」と述べる。マークルは、われわれが確かなこととして知っているのは、「技術の進歩によって、いずれこの未来は現実になる」ことだと断言する。

しかし、解いておくべき縺《もつ》れはまったくないと言われているわけではなさそうだ。こうした患者を保存するための金銭的費用は確かに問題の一つだろう。保管場所の幾何学からして考えなければならない。どこに全員を、つまりこの「生命の書」に名が載っている人々の体を置くのだろう。実際には、体よりも頭ということになるだろう。生きている人全員の全身を保存しようとすれば、維持管理体制は、単に問題があるどころか、実に悪夢のようなことになるからだ。マークルの記事は、この難点を解決できるかもしれないものとして、「本当に大きなデュワー瓶《リアリー・ビッグ・デュワー》」（RBD）を唱える。

世界中での毎年の死者数は、五五〇〇万人あたりだとマークルは書く。そこで、半径三〇メートルという巨大な球形のデュワー瓶を建造するとしよう。人間の平均的な頭部の大きさからすると、これにはゆうに五五〇〇万人分のセファロンを収められる。だからこのようなRBDを毎年一〇基建造し、予定どおりに進めば、その死から回復できるような時代まで、世界中で亡くなる人々全員の頭部を保存できる。

当然、こうしたことには相当な費用の問題が付随する。RBDそれぞれの体積は一億一三〇〇万リットルで、これは液体窒素――一リットル当たり一〇セントほど――の費用が、RBD一つにつき一一〇〇万ドルばかりかかるということだ。さらに吹きこぼれるぶんの費用や、断熱などデュワー瓶の維持全体の費用がいくらかあるが、つまるところ、地球の全人口を冷凍保存する費用は、元をとるために文字どおり一人あたま二四ドルから三二ドルと、意外に安くすむことになるだろう（全身プランの患者についてはこの数字の末尾に一つゼロがつくことになる）。

大事なのは、冷凍保存術はビジネスとしても、われわれ全員を待ち受ける運命を避ける戦術としても、少なくとも理論的には比例的に伸縮可能《スケーラブル》なモデルだということだ。

アルコーは楽観論者の遺体を収容するために建てられた場所だった。そこでの沈黙は濃密なアイロニーに満ちていた。私が最も直接的に気にかかったアイロニーは、マックス・モア自身の状況だった。あるいは私がどうしても思い描いてしまう、その状況の構図だった。

この人物は、われわれの自然なありようの限界を超え出て人間の経験や可能性の幅を大きく広げるという思想に、自分の生涯を捧げていた。二十代のときイギリスからアメリカに移る前に、生命無限拡張運動《エクストロピアン》を始めた。これは、存在するものはすべて、中心という考え方が成り立たない宇宙の中で崩壊して無秩序になり終末に向かうものだという、エントロピーの原理に対抗して名づけられた。自身では「われわれの個人として、組織として、種としての進歩と可能性に対する制約を恒久的に乗り越える」と言っていることに身を捧げた人物だ。自らを根本から変えるという若者らしい意思表示として、名をマックス・オコナーからマックス・モアに変えた人物だ。『ワイアード』誌によるインタビューでかつて言ったところでは、これが「つねに向上し、じっとしていないという私の目標の本質をちゃんと要約しているように見えた」名前だったからだ。「私はすべてについて向上しようとしていました。頭が良くなり、体が引き締まり、健康になるように。この名はいつも前に進み続けるよう言ってくれるでしょう」*。明示的に、また持続的に、ニーチェ流の自己超克の課題を引き受けた人物だった。

それでもこの人物は、フェニックス郊外にある事業用邸宅といったところの小さな一室で、死者に囲まれて過ごしていた。モアは希望を涵養《かんよう》する人で、それは確かなのだが、遺体を加工し、管理する、最高幹部レベルの死の技術官僚《ネクロクラート》でもあった。

最近刊行された、妻のナターシャ・ヴィータ＝モアとの共編による『トランスヒューマニズム読本』という論集につけた序論で、モアは次のように述べている。「ポストヒューマンになるということは、『人間の境遇《コンディション》』の望ましくない側の面を定める限界を超えるということである。ポストヒューマンの存在は、もはや病、老化、避けられない死に苦しむことはない」

未来のテクノロジーはわれわれを人間的欠陥から解放するというモアの確信は、生まれついての楽天性に見えるものから育った（母親は、マックス・モアが生まれたとき、産科棟でいちばん体重の重い子だったため、「最大の」という意味のマクシミリアンという名をつけたのだと、モア自身は説いた）。まるで何らかのトランスヒュー

＊どうでもいいことかもしれないが、エクストロピアン運動の自前の刊行物『エクストロピー』誌の一九九〇年夏号で改名を発表したときには、そのことについて少し違う理由をつけていた。「私はもう『マックス・オコナー』ではありません。私は名を『マックス・モア』に変えました。アイルランドとの文化的つながり（未来志向より後ろ向きな意味がつきまとう）を取り除き（オコナーはアイルランド系の名」、『もっと生命《モア》を、もっと知能を、もっと自由を』というエクストロピーの欲求を反映させるためです」

マニズム遺伝子をもって生まれたようだと自分で思っていた。思い出せるかぎりさかのぼっても、それはつねにモアの中にあった――この超越の渇望、乗り越えたいという願いが。

イングランド南西部のブリストルという港町で育ち、宇宙に魅せられ、他の惑星に移住するという考えに魅せられた。モアは私に「五歳のとき、アポロの月着陸を見ました。私はいつまでもそれから離れられなかった少数の側にいました。その後の着陸もすべて見ました。地球を離れるという考え方そのものが好きだったんです」と言った。子どもの頃の一九七〇年代ずっと、イギリスのテレビで続いた『明日の人々《トゥモロー・ピープル》』に夢中になった。超能力――精神感応《テレパシー》、念動《テレキネシス》、瞬間移動《テレポーテーション》――を持つティーンの一団を主人公にして、未来の人間の進化を先取りする前衛として描いたドラマだった。登場するティーンたちは、世界を救う冒険を、ロンドン地下鉄の廃駅に収容されていたTIMという名の人工知能に支援してもらっていた。モアはブリストルの本屋や図書館のSFコーナーに入り浸った。数々のスーパーヒーローの漫画も読み、これが人間の未来の可能性についての感覚を育む形成的圧力となった（スタン・リーの『アイアンマン』シリーズは、技術で強化した人体という魅惑の世界を描いていて、とくに影響を受けた）。

一〇歳か一一歳になる頃には、人間強化に対する早熟な関心から、薔薇《ばら》十字のオカルトの神秘に手を出すことになった。一三歳になる頃には、ユダヤ神秘思想のカバラに関心が移った。モアが入学した寄宿学校は、他のことでは非常に保守的だったのだが、ラテン語の教師が超越瞑想《めいそう》〔インドのヒンドゥー教に由来する瞑想法〕の授業をしていて、モアはそれを受講した二人の生徒のうちの一人となった。しかしまもなく、自分には瞑想向きの気質、つまりそのためにじっとしていたり辛抱したりといった厳格さに欠けていると思った。

ミドルティーンにもなると、本人の言うところでは、批判的思考の技能が高くなり、思春期前期に魅了された秘儀的なことからは遠ざかったという。出会ったのが自由至上主義《リバタリアニズム》——以後モアの思考の中心をなしつづけていること——で、ロバート・シェイとロバート・アントン・ウィルソンによる『イルミナティ』三部作〔小川隆訳、集英社文庫（二〇〇七）〕を読んでのことだった〔実際には、この小説がリバタリアン思想やランディアン思想〔小説家アイン・ランドによる自由放任主義〕を描いたのは、ただこけにするためだったのだが〕。またウィルソンを通じて、初めて冷凍保存術のことも知った。ウィルソンは、『コズミック・トリガー——イリュミナティ最後の秘密』〔武邑光裕監訳、八幡書店（一九九四）〕という本で、サンフランシスコの衣料品店に勤めていた娘ルナがそこで強盗に遭って亡くなり、その頭部を冷凍保存する決断をしたことについて書いていた。

モアは、『イルミナティ』シリーズを読んでから加盟した「リバタリアン同盟」というグループを通じて、宇宙への移住や人間の知能の強化に関心を広げる人々と仲良くなった。冷凍保存術はこの新たに知り合った仲間内では人気の話題で、モアはこの思想を広める先頭に立つ存在になり始めた。一九八六年、まだオックスフォード大学で経済学の学生だった頃、カリフォルニア州リバーサイドにあったアルコーの元の本部で六週間過ごし、一種の実情調査をした。イギリスに戻ると、アメリカ以外では初めての冷凍保存術の会の設立を手伝った。

一九八七年、オックスフォードを卒業すると、ロサンゼルスに移り、そこで南カリフォルニア大学の博士課程に入った。博士論文では、死の本質と、時間を通じての自己の連続性を探った。この論文は明らかに冷凍保存術と生命延長に対する関心に拠っていたが、指導教授にこの論点を直接に取り上げようとするたびに、その女性教授は明らかに不快そうになったという。

「先生はこれが成り立たないと思うのですかと何度も尋ねました」とモアは言った。

このときのモアと私は、会議室の長円形のテーブルの、患者看護区画を見渡せる大きな防弾ガラスの窓の向かい側に座っていた。

モアは言った。「先生には哲学的な異論があるのか、つまり生き返らせられたら、あるいは自分の心《マイ》の内容《ンド》をアップロードしたら、もう元の自分ではないと思うのかが知りたかったんです。先生は『ノー』と言い、私は『すると何が問題なのですか』と言いました。先生はいつも『そういうことがすべて気持ち悪いのよ』と言っていました」

そう言いながらモアはレザーの会議室用椅子で前かがみになり、緊張する筋肉質の顔には、かつての不満がどっと表に現れていた。

「まあ、そう言われるとどう言えばいいか、ちょっとわかりません。気持ち悪いって、いったい何に対してですかね。体を地中に埋めて、ゆっくりと虫や細菌に消化されるのはどうなんですか」とモアは言った。首を振り、ストイックな辛抱の仕草で両手を広げて、この反射的な不快感こそが本当の問題だと言う。

大統領生命倫理評議会の元議長、レオン・カースが書いた『治療を超えて』〔倉持武監訳、青木書店（二〇〇五）〕は、要するに長々とトランスヒューマニズムを否定した本なのだそうだ。

「カースは、『嫌悪の知恵』というアイデアを思いつきました。これは基本的に、自分にとって間違いと感じることは間違っているということです。人はこの種の本能的反応を抱きます。それは私たちに限界を超えることを恐れるよう教える、いろんな伝説に根ざしています。ほら、『バベルの塔』とか、神々から火を盗んで鷲に肝臓を食べられる罰を受けたプロメテウスとか。でも人が何かを恐ろしいと思っていても、未来には必ずそうなるんですよ。そうなってしまえば、みんなそれを受け入れるんです」

モアは、南カリフォルニア大学に入学してまもない頃、トム・ベルという法科の若い学生と出会った。生命延長、知能増強、ナノテクノロジーのような主題に関するモアの舞い上がった楽観論を共有するリバタリアン仲間だった。二人は『エクストロピー――トランスヒューマニズム思想ジャーナル』という雑誌を編集し始め、その後まもなく、エクストロピー協会という非営利団体を設立した。モアは、一般にトランスヒューマニズム運動の初期形態と見られる、エクストロピアニズムと最も密接に関連する人物だが、モアが言うには、この名を考えたのはベルだという。その頃ベルはT・O・モロー〔tomorrow＝「明日」の綴《つづ》りを分けたもの〕と名乗っていたが、一九九〇年代の末以来、それほどあからさまにダイナミックではない、トム・W・ベルに戻している。

モアは、自分が一九九〇年に書いた「エクストロピーの原理」という文書――「無制限の拡張」、「自己変容」、「ダイナミックな楽観論」、「知的技術」、「自然発生的秩序」など、この運動の理想が披瀝《ひれき》される――が「最初の包括的で明示的なトランスヒューマニズム宣言」をなすと主張する。エクストロピー協会は二〇〇〇年代半ばまで続き、その頃、それよりも広い概念のトランスヒューマニズム運動にほぼ吸収されるようになった。この運動は少なくとも概念的には、「ヒューマニティ・プラス」という、モアの妻、ナターシャ・ヴィータ＝モアが主宰する団体の公式の組織的傘下にある。

マックス・モアとナターシャ・ヴィータ＝モアは一九九〇年代初めのあるディナーパーティで出会った。そのパーティは一九六〇年代のＬＳＤの導師、ティモシー・リアリーの主催で、リアリーは、晩年のその頃には冷凍保存と生命延長を熱心に説いていた。* ナターシャはマックスより一五歳年上だったが、すぐに惹かれるものや知的なつながりがあったが、その頃ナターシャはまだFM-2030と関係があった。六か月後、その関係がとうとう終わったとき、ナターシャはマックスを、自分が司会をするロサンゼルスのケーブルテレビの番組にゲストとして出演するよう招き、すぐにデートするようになった。

私は二人が、少々人なつこすぎるゴールデンドゥードゥル犬のオスカーと住む、簡素にシックな家にナターシャを訪ねた。オスカーは長年一緒にいるが、最近、ペット用の冷凍保存術を受ける会員になっていた。私が着いたとき、ナターシャはシリアルと果物という間に合わせの遅い朝食を摂っていた。テンピーにある私立のカレッジ、アドバンシング・テクノロジー大学で朝早くに未来主義の授業をして帰宅したばかりだった。

ナターシャは六五歳、暖かさと用心深さが交錯するふるまいの、落ち着いていて峻厳なほどエレガントな人物で、厳格な器量の良さは、時の歩みに逆らって見事に維持されていた。マックスとの結婚については、相補的に対立するもの、つまり、分析的なものと芸術的なもの、学術的なものと社交的なものを総合したものだと言った。ナターシャはマックスがイギリス人であること、オックスフォード大学を卒業していること、自分より一五歳年下であることを重視していた。

「私たちは世代も違いますし、出身も全然違います」とナターシャは言った。

自身は一九七〇年代から八〇年代を、前衛芸術と自主映画の世界を行ったり来たりして過ごした。サンセット大通りでパフォーマンスアートのナイトクラブを経営し、『ハリウッド・リポーター』誌に寄稿し、しばらくフランシス・フォード・コッポラのところに勤め、その頃、ヴェルナー・ヘルツォークやベルナルド・ベルトルッチのような著名人とも知り合いになったという。

ナターシャは、人生の、長く自由に人とかかわった紆余《うよ》曲折の中で、ありとあらゆる人々、ありとあらゆる哲学とつながって濃密だったこの時期のことを語り、脳のバックアップ、体のバックアップのことを語り、肉体の弱さと技術の威力のことを語った。そこには、すでに遠い未来から語っているかのような、強烈でありかつその場にはいないという、神秘的な、水晶を覗《のぞ》き込んでいるようなところがあった。

その姓は、マックスの場合と同じく、自分が参加するもの、自身への約束を告げる装置だった。Vita-More《ヴィータ＝モア》とは、もっと命《モアライフ》をということだ。

ナターシャが私に言うには、自身が技術と死について真剣に考えるようになったのは、三十代の頃、自身の体の弱さをまのあたりにして怖くなったことからだったという。一九八一年、ナターシャは子宮外妊娠に陥り、身ごもっていた子どもを亡くした。血の海にまみれて病院に運ばれたときは、あと何分かすれば自分も死ぬところだった。今になってもトランスヒューマニズムへの道を語るナターシャは、人生のこ

＊リアリーは、一九七〇年代にいろいろな違法薬物で投獄されている間、$\mathrm{SMI^2LE}$（宇宙移住《スペース・ミグレーション》、知能増《インテリジェンス・イン》大《クリース》、生命延長《ライフ・エクステンション》）という頭文字の名で未来主義的原理を展開していた。アルコーの長年のメンバーでもあり、何度かは財団の年中行事となっている七面鳥ローストを自宅で主催するほど活動的だった。しかしその後、必要な契約をしようかという段階になると、火葬にした遺灰を大砲で宇宙に射出してもらうというもっと人目を惹く選択肢を選んだ。これは冷凍保存術の世界では今も痛ましいことで、相当の悲劇と見られている——考えてみれば、不死論者の世界観とも整合する立場なのだが。一九九六年の『エクストロピー』誌では、マックスとナターシャはリアリーの決断を「死自然主義《デスイズム》」イデオロギーに囚われた悲しいことと批判した。

のときの話に何度も戻って来る。それは、本能的なレベルで、人間の体はか弱くて当てにならない仕組であり、われわれはそれぞれが囚われ、血を流し、死ぬものという印がついているということに気づいた瞬間だった。

ナターシャは言う。「北朝鮮のような、政府がすべてを厳しく制限しているところで暮らしていれば、どうして自由に考えることが可能かと言われますが、私たちだって、人であるからには、この秘密が多くてよくわかっていない体というものに拘束されています。私は病気の後、ものごとの見方を変えるようになりました。人間の強化、つまり病気や死からの圧政のような襲撃からどうすれば自分を守れるかに関心を抱くようになりました」

マックスは、マインド・アップローディングに関する文章で、自分の意志は、十分に長生きしたときには、「私の肉体を、物理的な体でも仮想的な体でもどちらでもいいから選んで交換する」ことだと書いている。この未来の船がどう見えるか、それがどう機能するかという問いには答えは出ていないが、ありうる答えの一つはナターシャの「プリモ・ポストヒューマン」プロジェクトという形を取った。これはナターシャが「多様基盤身体《プラットフォーム・ダイバース・ボディ》」と呼ぶものの青写真だった。ウェアラブル技術の論理を推し進めてひっくり返したようなものであり、それによって人間の形態そのものが、すべすべした人間型装置——「もっと強力で、もっとうまく一時停止され、もっと柔軟な……拡張された性能と現代的なスタイルを提供する体」——に置き換わってしまう。そこにはアップロードされた、基板非依存《サブストレート・インディペンデント》「コンピュータ製造元ごとのチップ構成＝基板にかかわらず動作することを表す言葉を転用したもの」な心の内容が収まり、それが支配することになる。

これは肉体を持たない未来のためのナターシャによる素案であり、いつか人間の心の内容――ナターシャ自身やマックスのものも含む――というアップロードされる内容《コンテンツ》を収容することになる形式についての構想だった。アルコーのデュワー瓶に入った分離された頭部の内容、冷たい貯蔵庫に収まった人間の生命が復活を待っている。これがナターシャによる、二人が再び生きる方法の案だった。この輝く人間型ロボ《アンスロボ》ット《ット》の中で、ナノテクの保存システムや、瞬間的なデータ再生とフィードバックや、埋め込み式高速矛盾検出装置によって。

全面的に機械化された体、技術による鉄壁の殻というナターシャの構想は、夢の自画像でもあったのではないか――自身のもろさと死を創造的に否定することだ。

ナターシャは言った。「この体が成り立たなくなったら、別の体を手に入れなければなりません。いつでも死ぬ可能性がありますし、それは不必要で、受け入れられないことです。私はトランスヒューマニストとして、死を重んじる気はまったくありません。私は死には耐えられないし、困っています。私たちは神経症的な種です――自分が死ぬからだし、死がいつもつきまとっているからです」

私は反対できなかった。この境遇はずっと受け入れがたく、われわれの疎外感の原因だった。ナターシャと話したことで、私は自分がずっとトランスヒューマニズムに対して違和感を抱くところを思い出した。前提には真実があった。われわれは誰もが囚われ、血を流し、死ぬよう印がついているということだ。しかも、技術がわれわれをその状態から救い出し、解放するという約束には奇妙なところがあった。両者はつながっていて、かつ、つながっていなかった。

こうした案――冷凍保存による生命の一時停止とか、保存した心の内容で駆動される分身《アバター》とか――は、技術的な希望と死の恐怖との間の非現実的な境目のところに浮かんでいるようだった。私には自分がそれに信を置いているところは想像できなかった。そうかといって、私は自分の人生を過ごしてきたこの世界、いわゆる現実の世界に信を置くこともできなかった。それは、ありえないような技術を伴う世界であり、経済や制度が、集団的幻想と、舞い上がってしまいこういうものだと思ってしまう不信の中断と、想像しがたいイノベーションと、野蛮な行為に基づいている世界だった。そのいずれも、私自身はそういうことにはなりそうにないと思っていたが、それでも今はこうなっている。

ともあれ、私がフェニックス空港の出発ゲートでサンフランシスコ行きの便への搭乗を待ちながら思ったのはそういうことだった。ダブリンからやって来たときの時差ぼけはまだ残っていたし、半分非現実の、半分追放されたような感じがしていた。技術はもともと、体から離れるための方策だったではないか、と私は思った。そもそもの起こりは——ソーシャルメディア、インターネット、旅客機、宇宙開発競争、電信、鉄道、車輪の発明などすべてのことは——自分の外に出たい、体の外に、時間と空間の中の自分のいる位置から出たいという古くからの希求だったではないか。

こうした考えは私がマックスとナターシャと交わした会話の結果だったし、私が冷凍保存術で保存された人々の体に囲まれて過ごした時間の結果だったが、私がサンフランシスコで、自然状態そのものの最終的な取り替えを目標としていたある人物と会おうとしていたという事実の結果でもあった。私は、アルコーにいるセファロンにとってはまだ一時停止中の希望にとどまるが、まさしくその希望の未来になるような、人の心の内容をマシンにアップロードすることを長期的に研究している神経科学者に会うところだった。

ひとたび自然から出てしまえば

どういうことが起きるかというと……あなたは手術台に載せられる。意識ははっきりしているが、それ以外は無感覚だし、意識はあっても動けない。人間型ロボットが傍らに現れ、儀式的な形式にのっとり、うつむいて作業する。ロボットはきびきびとした動作で、あなたの頭蓋骨の後部から骨を大きく取り除き、クモの脚のように細く繊細な指を、あなたの脳のねばねばした表面に置く。この時点であなたは処置に心許なさを感じているかもしれない。できるなら、それは脇に押しやろう。今やすっかり事態の深みにはまっていて、もう戻る術はない。

ロボットの指は、そこに内蔵されている高解像の受容器によって、あなたの脳の化学的構造をスキャンし、データを手術台の反対側にある高性能のコンピュータに転送する。指はさらに脳本体に潜り込み、どんどん奥の神経細胞の層をスキャンし、どこまでも複雑になる相互関係の三次元マップを構成し、一方ではこの活動をコンピュータのハードウェアでモデル化するためのコードを生み出している。作業が進むと、別の——それほど繊細でもなく、それほど注意深くもない——機械的付属装置が、スキャンされた物質を取り除いて生物廃棄物容器に移す。後で処分するためだ。

それはもうあなたには必要ない。

あるところで、あなたは自分がもう自分の体の中にはいないことに気づく。あなたは——悲しみ、または恐怖、または他人事のような好奇心を抱きつつ——手術台に載せられた体の、だんだん弱くなる震えを見ている。機能を停止した肉の最後の無益な痙攣《けいれん》だ。

今や動物としての生は終わり、マシンとしての生が始まった。

これがおおよそ、カーネギーメロン大学の認知ロボット工学教授、ハンス・モラヴェックが、著書の『電脳生物たち』〔原題は『頭脳の子《マインド・チルドレン》——ロボットと人間の知能の未来』〕で展望した筋書きだ。モラヴェックは、ヒトという種の未来には、この種の処置で、生物学的な身体の大規模な放棄が必要となると確信している。それは多くのトランスヒューマニストが共通に信じることだ。たとえばレイ・カーツワイルはマインド・アップローディングという考え方を先頭に立って唱える。カーツワイルは『シンギュラリティは近い』〔当初の邦題は『ポスト・ヒューマン誕生』〕にこう書いている。「電子システム上で動作する人間の脳のエミュレーションなら、生物学的な脳よりもずっと高速に動作する。ヒトの脳は大量の並行処理の恩恵を得ている〔ニューロン間の接続が一〇〇兆規模あり、それがすべて、同時に動作している〕が、この接続の積分時間〔計測値の一定の時間平均をとるための時間、裏返すとそれだけの時間が経過しないと測定値は決まらない〕は、現代のエレクトロニクスと比べるときわめて低速である」。そのようなエミュレーションを行なうのに必要な技術——十分な処理速度と容量があるコンピュータと、十分に進んだ脳スキャン手法——は、二〇三〇年代初めまでは使えるようになるとカーツワイルは予告する。

そしてこれは、明らかに、あだやおろそかな説ではない。われわれが語っているのは徹底的に延長された寿命だけでなく、徹底的に拡張された認知能力のことでもある。果てしない自己の複製と反復のことなのだ。そのような進行を経てしまうと、無制約の可能性のある存在として生きることになる——それでともかくも生きていると言えるとすれば。

身体を伴わない心というこの概念が、トランスヒューマニズムの中心にあるということは、私は知っていた。この自然からの最終的分離の行為が、実はこの運動の最高の理想であり、未来そのものであり、アルコーの巨大なデュワー瓶で遺体や頭部が保存されているのもそのためだということを知っていた。しかしこの構想はまだ机上の理論の領域にあり、純粋にSF小説の話であり、テクノ未来主義的論争の的であり、哲学的な思考実験だと理解していた。

そんなとき、私はランダル・クーネという名の人物に出会った。

私はベイエリアで開かれたトランスヒューマニストの集会でクーネと初めて会った。クーネは集会で演壇に立つわけではなかったが、個人的な関心からやって来ていた。本人は四十代初めの元気で控えめな人物で、ずっと前から英語を習得している非ネイティブによくあるきちょうめんなスタッカートで話した。二人で話したのはちょっとだけで、そのときにはクーネが何をしているのか、まったく知らなかったと言わなければならない。別れるとき、クーネは名刺をくれたが、それを財布から引き出してちゃんと見たのは、その夜、ずっと後になって、サンフランシスコのミッション地区に借りていた宿に戻ってからだった。名刺にはノートパソコンの絵が添えられていて、その画面には様式化された脳の画像が表示されていた。

下の方に、私には魅力的に謎めいて見える文が印刷してある。「カーボンコピーズ。基板非依存マインドへの現実的な道筋。創立者、ランダル・A・クーネ」

私はノートパソコンを取り出して、カーボンコピーズなるウェブサイトに向かい、そこで私は「神経組織と完全な脳のリバースエンジニアリング、全脳エミュレーション、心《マインド》の機能を再生する神経補綴の開発を進め、基板非依存マインドと呼ぶものを生み出すことを目標とする非営利団体」であることを知った。基板非依存《サブストレート・インディペンデント》マインドとは、「人間固有の心の機能を維持し、生物学的脳以外の様々な動作基板を経験できるようにすることを目標とする」という。さらにこれは、「プラットフォーム非依存のプログラムが、異なるコンピュータ基盤《プラットフォーム》上でもコンパイルして実行できることになぞらえられる」過程だということも知った。

私がそうと気づかずに出会っていたのは、アンダース・サンドバーグや、マックス・モアとナターシャ・ヴィータ＝モアが語っていて、レイ・カーツワイルが『シンギュラリティは近い』で展望した、脳アップロードのような筋書きに向かって活発に作業している人物だったらしい。そして、私が知っておかなければならない人物だった。

ランダル・クーネは気さくで、まさしく雄弁な人物だった。またその会話はこれほど近寄りがたいほど知的な、また計算論的神経科学のような高度な分野に携わる人物としては、例外的に愛嬌《あいきょう》があった。そのためクーネと一緒にいると、その仕事の考えられないような意味、つまり私に説明してくれていることの根本的な形而上学的奇怪さについて、自分が一時的に忘れていることが多かった。クーネがとりとめのない話――たとえば元妻との幸せな温かい関係だとか、ヨーロッパとアメリカの科学界の違いとか――をしている間、私の方は、クーネの仕事が狙いどおりの結果を生むとしたら、ホモ・サピエンスが進化して以来、最も重要な出来事になることを、徐々にわき上がる心許なさや不気味さとともに思い出していた。確かに、私の立場からすれば、見込みはまったくなさそうだったが、それでも科学の歴史は、やはり多くの点できわめてありそうにない勝利の歴史でもあったとも思っていた。

初春のある夜、クーネは、ウサギに囲まれた賃貸のランチハウス〔「牧場主の家」の意味〕で暮らして仕事もしている対岸のノースベイからサンフランシスコに車でやって来た。私と会って、コロンバス通りにある小さなアルゼンチン料理店で夕食をとるためだった〔メニューにはたまたま、「半ウサギ《ハーフラビット》」という名の料理が載っていて、クーネは心をそそられたが、後で家に帰って、土地をともにしている、半分にはなっていないウサギの群れの視線に出会わなければならないことがわかっていながらそのような料理は楽しめないと、後ろめたく思った。そこでクーネは鶏料理にした〕。クーネは全身黒ずくめ――黒いシャツ、黒いだぶだぶのズボン、黒い靴――で、葉の模様がついた、緑のネール・ジャケット〔立襟の丈の長い上着〕だけが派手な例外だった。すべてがクーネに、サバイバリズム〔どんな事態にも生き残ろうと備える生き方〕の神秘家の、いささか自己矛盾し、誤解を招く外見を与えていた。

微かななまりはオランダなまりだった。クーネはフローニンゲン生まれで、幼少期はほとんどハールレムで過ごした。父親は素粒子物理学者で、実験用核施設を転々とする仕事で頻繁に引越しをしていた。中にはカナダのウィニペグでの二年任期の職のときもあった。

少年のような四三歳になった今、カリフォルニア州で過ごしているのは五年前からのことにすぎなかったが、そこが自分の故郷、あるいは自分のノマド生活の中で遭遇した中では最も故郷に近いものと思うようになっていた。そう思う大部分は、シリコンバレーを中心にして広がり、歴史的に急進的な思想の入れ替わりが激しいベイエリア全体を覆うようになるテクノ進歩主義の風土に関係があった。クーネは、自分の仕事について人に話すようになってからもうしばらくになりますが、相手の人は私が下手な冗談を言っているかのような反応をするか、会話の途中であっさり立ち去るかです、と言った。

それは決して冗談ではなかった。そのときまで三〇年、個人の心を、従来閉じ込められていた物質——肉、血、神経組織——から抽出するという理想に自分の人生を賭けていた。そしてこれは、自身の神経科学研究を介して出会った関心ではなかった。それは一三歳のときから人生を形成してきた執着だったのだ。

マインド・アップローディングという企てが最終的に成功したら、デジタルで複製された自己は実質的な不死となるという事実は、この机上の理論に基づく分野全体の主要な領域にあることは明らかだったが、それはクーネがとくに試みていることではなかった——少なくともそれ自体が目的ではなかった。アップロードへの関心は、創造性に制約がかかっていることを心配して、つまり、自分がしたかったり、経験したかったりすることがいかに多いか、そうした企ての追求に充てられる時間がいかに少ないかを、早熟に自覚したことで生まれていた。

クーネはビールを上品にすすりながら言った。「私は自分の頭では、コンピュータにできるような形で問題を最適化することはできませんでした。何かの問題を一〇〇〇年も調べることはできませんし、近くの別の太陽系へも行けません。そのときにはとっくに死んでいるからです。制約はたくさんあって、私はそれがすべて脳に行き着くことに気づきました。私にとっては、明らかに人間の脳には強化が必要だということでした」

クーネはティーンになりたての頃、人間の脳を計算機と見た場合の主要な問題点に思い当たるようになった。人間の脳は、コンピュータのように、読み取り可能で書き込み可能ではなかった。そこに立ち入って強化したり、もっと効率的に走らせたりすることは、プログラムを書き換えれば良いというふうにはできないだろうし、神経細胞の速度を上げるといっても、コンピュータのプロセッサの速度を上げれば良いというようにはいかないだろう。

その頃クーネは、アーサー・C・クラークの『都市と星』という、今から一〇億年後の未来を舞台にした小説を読んだ。閉ざされた都市、ダイアスパーは、超高知能の中央コンピュータに支配され、このコンピュータは、人類以後の都市民の体を生み出し、市民が生涯を終えるときには、その心《マインド》の内容を、未来の復活のときのためにメモリに記憶する。クーネ自身は、人間とは要するにデータだという、この考え方をありえないだろうとは思わなかったし、その実現を妨げそうなものが自身の中にあるとは感じなかった。両親はその変わった関心を後押しし、人間の心の内容をハードウェアに保存するという科学的な展望は、食事の際にかわす会話の定番の話題となった。

計算論的神経科学という生まれつつあった分野は、生物学系よりも数学・物理学系の人々のほうが参加しており、心をマッピングしてアップロードするという問題に最も見込みのある方式をもたらしそうに見えた。しかし、クーネが自分と同じ領域に関心を抱く人々が緩くつながった集団を発見するのは、一九九〇年代の半ば、インターネットを使うようになってからだった。

クーネはモントリオールのマッギル大学で計算論的神経科学の博士課程の学生だったとき、当初は自分の研究の根底にある動機を明らかにすることに慎重だった。妄想を抱いているとか奇矯と思われるのを恐れてのことだった。

「隠していたわけではありませんが、研究室に行って、自分が人間の心の内容をコンピュータにアップロードしたいんだとわざわざ人に言ったりするようなこともしませんでした。たとえばメモリのプログラムのような、関連する領域の人々と一緒に研究することはありました。全脳エミュレーションのための計画全体にどう収まるかを明らかにしたいと思っていたんです」

ピーター・ティールが出資した、シリコンバレーの遺伝子配列決定とナノテクノロジー関連のスタートアップ、ハルシオン・モレキュラー社にしばらく勤めた後、ベイエリアにとどまり、自分がずっとのめり込んでいた大義を進めることを狙った非営利団体を自ら始めることにした。クーネはその団体、カーボンコピーズを一種の中心となる集合地点のように考えていた。基板非依存マインドを開発するのに決め手となる様々な分野――ナノテクノロジー、人工知能、脳画像化、認知心理学、バイオテクノロジー――の研究者が集まって、自分の研究のことを伝え、この大義に貢献できそうなことを話し合えるような場だった。クーネは、そこでの自分の役割は基本的に管理職的なものだと言った。ただその立場はトップダウン構造の権威のようなものではなかった。

本人が言うところでは、「たくさん電話をかけます。ポスドクも研究助手もいませんから。いるのは共同作業する人々、私に様々な出どころからの情報を与えてくれる人々です」

クーネが学界の外で仕事をすることにしたのは、その仕事を追いかけ始めたそもそもの理由に根ざしていた。自分に残っている時間が少なく、減っていっているという不安な自覚だった。大学に残っていたら、少なくとも定年まで勤められる職を確保するまでは、せいぜい自分の中心的な企てに掠《かす》るかな、というくらいの関連しかない研究に、自分の時間を充てなければならなかっただろう。クーネが選んだ道は科学者にとっては困難な道で、民間のわずかな資金援助を渡り歩いて生活と仕事を維持してきた。しかしシリコンバレーの徹底したテクノ楽観主義の風土は、クーネにとって独自の支えとなったし、その風土での、とことん上昇志向の気性に収まる研究にとっては金銭的支援の元にもなった。シリコンバレーやその周辺には、富裕で影響力のある人々がいた。そういう人々にとって、人間の心の内容がコンピュータにアップロードされるかもしれない未来は能動的に求めるべき未来だった——資金を投下することによって、解決されてがらりと革新されるはずの問題だった。

そのような人々の中に、ドミトリー・イツコフという、三四歳のロシア人のテック系資産家で、「個人の人格をもっと進んだ非生物学的搬送体《キャリア》に転送できるようにし、不死に達する場合も含めて寿命を延ばす技術を生み出す」ことを目標として明言する団体、「2045構想《イニシアティブ》」の創始者がいた。イツコフが企てていたことの一つが、「アバター」の創造だった——人工の人型の体のことで、脳とマシンの接続を通じて制御されるという、マインド・アップローディングを補完する技術だった。イツコフはカーボンコピーズでのクーネの研究に資金を出していて、二〇一四年には、二人の共同で、ニューヨーク・リンカーン・センターでの「全地球的未来《グローバル・フューチャー》2045」という集会を主催した。宣伝文句によれば、「人類にとっての新たな進化戦略を議論する」ことを狙うものだった。

私と二人で話したとき、クーネは、ブライアン・ジョンソンという別のテック起業家とも組んでいた。ジョンソンは自分で興した自動支払いサービス会社を二年前にペイパルに八億ドルで売却していて、そのときはOSファンドと呼ばれるベンチャーキャピタル事業を支配下に置いていた。そこはウェブサイトによれば、「生命のオペレーティングシステム（OS）を書き換えることを謳う、飛躍的発見を目指す研究を行なう起業家に投資する」のだという。この言葉遣いを聞いて、私は、それがベイエリアを中心に広がる、人間の経験に対する姿勢についての重大な点を明らかにしているという意味で、奇妙な落ち着かない感じがした――人間であることの意味についての考え方に、一群のソフトウェアに見立てた比喩が転移しているという感じだ（このファンドのウェブサイトに掲げたマニフェストで、ジョンソンはこう述べている。「コンピュータの核心にオペレーティングシステム――コンピュータの動き方を定め、すべてのアプリケーションが築かれる土台となる――があるのと同じように、生命のすべてにもオペレーティングシステム（OS）があります。われわれが進歩で大飛躍を経験するのは往々にしてOSレベルでのことです」）。

クーネのエミュレーション計画の核心にあるのも、同じ基本的な見立てだった。心は一つのソフトウェアであり、肉体という基盤《プラットフォーム》の上で動作するアプリケーションだ。クーネが「異機種実行《エミュレーション》」という言葉を用いるときには明らかに、ウィンドウズのOSをマックでエミュレートできるというような、自身で言う「プラットフォーム非依存コード」のことだった。

全脳エミュレーションにとって大事な科学は、予想されるようにひどく複雑だし、その解釈はとことん曖昧だが、ここであえて大ざっぱな単純化をさせてもらうなら、このアイデアをこんなふうに考えることができるのではないか。まず、人の脳――神経細胞や、その間で果てしなく分岐した接続や、意識が副産物として生じるような情報処理活動――の中にあるしかるべき情報を、何らかの技術、あるいはいくつかの技術の組合せで実行可能なこと（ナノボット、電子顕微鏡など）を通じて、スキャンする。そのスキャン結果が、被験者の脳の神経ネットワークを再現するための青写真となり、それがまた計算機モデルに変換される。最後に、こうしたことのすべてを、肉体に依拠しないサードパーティの基板、つまり肉体での経験を再生し、拡張するよう設計された一種のスーパーコンピュータあるいは人型マシンの上でエミュレートする――たぶん、ナターシャ・ヴィータ＝モアの「プリモ・ポストヒューマン」のようなものだ。

人体の外で存在するとはどのようなことかと私がクーネに問うたとき――それに私はいろいろな問い方で何度も尋ねたが――いつも言われるところでは、基板は一つではないし、存在の媒体も一つではないので、基板非依存と言っても何か一つのようなことではないというところが肝心だという。

これはトランスヒューマニストが「形態的自由《モルフォロジック・フリーダム》」と呼ぶ概念で、技術でどんな体の形でもとれるようになるという自由のことだ。

「何でも好きなものになれる」と、一九九〇年代に『エクストロピー』誌に載ったアップロードに関する記事は言っている。「大きくもなれるし小さくもなれる。空気より軽くなって飛ぶこともできるし、テレポーテーションも、壁を通り抜けることもできる。ライオンにもカモシカにも、カエルにもハエにも、木にも、プールにも、天井の塗料の被膜にもなれる」

この考え方で本当に私の関心を惹いたのは、それがどれほど奇妙でこじつけに見えるかということではなく（そう思うだけの条件は断然、十分に満たしているが）、むしろそれがいつでも到るところにあってどこでも見られるということだった。私がクーネと話しているときには、たいてい、この企ての実現可能性と、本人が何を望ましい結果として思い描いているかを把握しようとしていた。しかしそれから私たちが別れると――電話を切るか、別れの挨拶をして手近の地下鉄の駅に向かって歩き始めるかすると――私は奇妙にもこの企画全体に影響され、奇妙にも感動している。

結局、この人間の形からの解放を求める欲求には、逆説的に、また明瞭に、人間的なところがあったからだ。私はしばしば、W・B・イェイツの「ビザンティウムへの船出」のことを考えていた。この詩では、かの老詩人が自分の衰える体、不快な心臓から自由になりたい――「死につつある動物」を捨てて、機械の鳥のような人工の死なない形態に交換したい――という燃える思いを書いている。「ひとたび自然から出てしまえば、私は二度とまとわない／自然のものでできた私の体は／まとうのはギリシアの鍛冶工《かじ》が作るような形だ」と。

もちろん、イェイツは未来について書いていたのではなく、理想化された古代世界の幻影について書いていた。しかしその二つは、われわれの心の中や、われわれの文化的想像力の中では、はっきり分かれるものではない。ユートピア的未来はすべて、何らかの形で、過去を修正主義的に神話化して読んだものだ。ここでのイェイツの幻想は、不滅の魂を具えた古代の自動機械、永遠に歌う機械仕掛の鳥の幻想であり、書いていたのは老化と肉体の衰えの恐怖と不死への憧れのことだった。イェイツは「賢者たち」に「聖なる火」から現れ出て、自分を「永遠の細工物に」まとめてくれるよう求めている。イェイツは未来を夢見ていた。自分が死なないという、ありえない未来だ。つまりシンギュラリティを夢見ていたのだと、私は感じるようになった。過ぎ去ったもの、過ぎ去りつつあるもの、来たるべきもののことを歌っていた。

二〇〇七年五月、クーネは人間の未来協会で催された、マインド・アップローディングに関する研究会の一三人の参加者の一人となった。この催しから、アンダース・サンドバーグとニック・ボストロムの共著となる「全脳エミュレーション――一つの指針」と題された公式記録が公刊されることになった。報告書は、マインド・アップローディングは、まだ見込みは薄いが、それでも理論的にはすでに存在している技術の発達を通じて実現可能だという発言で始まった。

心をソフトウェアでシミュレートするという考えに対しては、われわれはどこから意識の複製を始めればよいかがわかるほど、意識の動きについて十分に理解してはいないという批判が向けられる。報告書はこの批判に、コンピュータの場合と同様、エミュレートするにはシステム全体を把握している必要はないと説くことで反論した。必要なのは、当該の脳について関連する情報すべてを含むデータベースであり、刻々と変わる状態を特定するダイナミックな因子だった。言い換えると、必要なのは、情報の理解ではなく、情報そのものだけ、当人についての生《なま》データだけだった。

この生データを集めるのには、主として「必要な情報を獲得するために脳を物理的にスキャンする能力」が要る。この点でとくに有望に見えた展開は、３Ｄ顕微鏡と呼ばれるものだった。脳のきわめて解像度の高い三次元スキャンデータを生み出すための技術だ。

研究会に招かれた参加者には、トッド・ハフマンという名の人物もいた。サンフランシスコにある３《スリー》スキャンという、まさしくその技術の先駆的な会社のＣＥＯだった。このハフマンはランダル・クーネが言っていた共同作業者――自分たちの仕事と、それがアップロードという企て全体と関連する点について定期的に最新の現状を伝える人々――の一人だった。

３スキャンの開業時の最初の資金源の一つはピーター・ティール――明示的にトランスヒューマニズム運動と見解を同じくはしていなかったものの、人間の寿命、とくにティール自身の寿命を大きく延ばすという大義に投資することで有名な人物――のところだったが、同社は脳アップロード市場について、はっきりとそれを謳う構想を持つ会社ではなかった（その主な理由は、そんな市場はまだ存在しなかったということだ）。同社は自らの技術を、細胞病理の診断や分析用のツールとして、つまり医療機器として売り込んでいた。しかし私がミッション・ベイにある3スキャンの社屋で会ったハフマンは、個々の人間の心の内容を計算機処理可能なコードに移し替えるという長年の関心に自身の仕事がどれほど衝《つ》き動かされているかを隠さなかった。ハフマンは、シンギュラリティがほとんど神秘的な歴史的決定論の力だけでただ起きるのを、傍観して待とうとは思っていなかった。

「みんなが何と言っているかご存じでしょう。未来を予測するのにいちばんいいのはそれを創ることだって」とハフマンは言った。

　熱心なトランスヒューマニストで、アルコーのメンバーでもあり、左の薬指の先には、穏やかな振動で電磁場の存在を感知させてくれるインプラントが埋め込まれていた。見た目からして、二、三人の別人を切り貼りした合成のようだった。盛大で無造作な髭、鳥の羽のようなピンクの髪、ビルケンシュトックのサンダル〔自然愛好家が好むとされる〕、爪先には黒いネイル。

　ハフマンは、私のところに勤めている人たちは、私が昔から全脳エミュレーションに関心があることを知っていますが、日常の商売ではそれがこの会社を動かしているわけではありません、と言った。エミュレーションのために人の脳をスキャンするのに最終的には役立つような技術が、がん研究のための病理を分析するというような、もっと差し迫った企てにすぐ役に立つものだったということですね、とも。

「私の見方では、マインド・アップローディングが産業を動かしているのではなく、産業の方がマインド・アップローディングを動かしているんですよ。マインド・アップローディングとは無関係でも、将来アップロードに使える技術の開発を動かしている産業はたくさんあります。半導体産業みたいに。その世界が超精密研磨や測定のための技法を開発しているし、電子顕微鏡の類も、後になってみれば、神経細胞を高精度で3D再現するのに役に立ちました」

シリコンバレーの大当たり精神《ムーンショット》は、ハフマンが脳アップロードへの関心を話しても居心地の悪さを感じないようなものだったが、それは商売上の会議の話題になりそうなことでもなかった。このことを科学界の高いレベルで真剣に考える人々の集団はごく小さく、その作業に携わっている人々はさらに少なかった。

「密かにアップロードに関する仕事をしているという人々を知っています。自分のいる科学者世界の中でのけ者になるとか、研究費や定年までの職や昇進がだめになるとかを心配しているからです。私にはそういうのはありません。私は独力でやっていますから、ここからは誰も追い出せませんよ」

ハフマンが研究所を歩いて案内してくれるとき、光学装置やら、デジタル化装置やら、ガラスの中に神経のカルパッチョでございますと言わんばかりに保存された齧歯《げっし》類の脳の精巧な切片やらが、ごちゃごちゃと並ぶ中を移動しながら、ときどき指の関節を鳴らしていた。並んだ切片は3D顕微鏡で画像化され、デジタル化され、詳細な――神経細胞の配置や、軸索、樹状突起、シナプスそれぞれの並びなどの――データベースになる。

こうした脳の切片を見て、私は、このスキャン技術の規模をはるかに拡大したものが、いずれ全脳エミュレーションを可能にするとしても、動物の脳をエミュレートするのは当の動物を――あるいは少なくとも元の、身体を持った動物は――殺さないとできないのだろうということを理解した。これはエミュレーション支持者の間でも認識されている問題で、ナノテクノロジー――個々の分子や原子を操作するための、十分に細かい規模での技術——というアイデアが、何らかの希望をもたらす領域になった。インペリアル・カレッジ・ロンドンの認知ロボット工学教授、マレー・シャナハンは、こう書いている。「われわれは、脳の血管ネットワークを自由に泳ぎ回れて、一つ一つが神経細胞の膜やシナプスの近くにフジツボのように貼りつく、ナノスケールのロボットの群れを作り出すことを想像できる」（ランダル・クーネも、「神《ニュー》経塵《ラルダスト》」と呼ばれるものについて、熱心に語っていた。これはカリフォルニア大学バークレー校で開発されていて、これがあれば、無限に細かいワイヤレスの探査装置を神経細胞に送って、損傷を与えずにデータを抽出できるようになるという。「頭痛薬を飲むようなものです」とクーネは言っていた）。

私はそこに並ぶ脳の切片が、人間と自然と技術の奇妙な三角関係を表しているように思い始めた。そこにあるのは動物の中枢神経系を切り取った小片で、その内容がマシンで読み取れるようにガラス板に載せられている。そういうことを脳——動物の脳、人の脳——に対して行なうとはどういうことなのだろう。意識を読み取れるようにし、自然の神秘のコードをごく普通にあるマシンに移し替えるというのはどういうことか。そのような基板から情報を引き出し、それを他の媒体へ転写するとはどういうことだろう。その情報は、そもそも元の文脈の外で何かを意味するのだろうか。

私は突然、自分とは要するに情報だという考え方がきわめて奇妙だと思った。自分は自分そのものではなく単に自分の知的能力の媒体にすぎない何らかの基板に収まっている——自分の体は、ここにある脳の切片が保存されているスライドガラスと一緒で、容器にすぎないと区分されるものであるかのように——と考えられている。人間という存在についてきわめて実証主義的な見方をすれば、われわれとは知的能力のことだと主張するのだろうし、知的能力は、技能や知識の応用のことを言うだけでなく、集められ、抽出され、ファイルされた情報も意味すると言うのだろう。

レイ・カーツワイルは「人間の神経細胞の複雑さは、ほとんどがその生命を支える機能の維持に充てられていて、情報処理能力にではない。最終的には、われわれは自分の心的処理を、もっと適切な計算機の基板のようなものに移すことができるだろう。そうすると、われわれの心はこれほど小さいままでなくてもよくなる」と書いている。

この全脳エミュレーションという構想、さらには運動としてであれ、イデオロギーとしてであれ、理論としてであれ、トランスヒューマニズムそのものの根本には、自分が間違った素材に閉じ込められていて、われわれのこの世にある姿という材質に制約されているという感覚があるのだと私は気づいた。「もっと適切な計算機の基板のようなもの」を実現すると語るのは、そもそも自分はコンピュータなのだと考えていてこそ意味をなすのだ。

心《マインド》の哲学では、脳は基本的に情報処理システムであり、その点でコンピュータに似ているという考え方のことを、計算主義と呼ぶが、概念としてはデジタル時代よりも前からある。たとえばトマス・ホッブズは、一六五五年の著作『物体論』にこう書いている。「推理という言葉を、私は計算のことと理解する。そして計算するとは、多くのものを一時に足し合わせた合計を取ったり、あるものから別のものを取り去った残りを知ったりすることだ。したがって推理とは、足し算や引き算と同じことである」

それから、心をマシンとする考え方と、心を持ったマシンという考え方の間には、ずっと一種のフィードバックループがあった。アラン・チューリングは一九五〇年に、「私は今世紀末までに……考えるマシンと言っても矛盾が生じるとは予想されないようになると信じている」と書いた。

マシンが精巧になるにつれて、また人工知能で頭がいっぱいの計算機科学者の数が増えるにつれて、人間の心にある機能はコンピュータのアルゴリズムでシミュレートできるという考え方は、どんどん勢いを増してきた。二〇一三年、ＥＵはヒト脳《ヒューマン・ブレイン》プロジェクトという事業に一〇億ユーロを超える〔一〇〇〇億円超〕公的資金を投入した。スイスに本拠を置き、神経科学者のヘンリー・マークラムが指揮するこの事業は、ヒトの脳の実際に動作するモデルを創造し、一〇年以内にそれを人工的な神経ネットワークを使ってスーパーコンピュータ上でシミュレートするために設立された。

私は、サンフランシスコを離れてまもなく、スイスに出かけてブレイン・フォーラムと呼ばれるものに参加した。これはヒューマン・ブレイン・プロジェクトが置かれているローザンヌ大学で開かれた、神経科学と技術に関する、甚だ変わった学会だった。私がそこで出会った人々の一人が、デューク大学教授を務めるブラジル人、ミゲル・ニコレリスだった。ニコレリスは世界の最先端にいる神経科学者の一人で、脳とマシンをつないでロボット義肢を人間の神経活動によって制御する技術分野での先駆者でもある（ランダル・クーネは、私が訪ねたとき、この技術について何度か触れていた）。

ニコレリスは髭だらけで、いたずらな小鬼のようなところがあった。スーツ姿でナイキを履いているのは、きざというのではなく、慣習よりも快適を取るという主張に見えた。ニコレリスがローザンヌに来たのは、自ら開発した、脳で制御するロボット外骨格について講演するためだった。二〇一四年にサンパウロで行なわれたワールドカップ開会式では、四肢麻痺の人がこの外骨格を使って始球式のキックオフを行なうことができた。

その研究がトランスヒューマニストに引用される頻度を考えると、私はニコレリスがマインド・アップローディングという展望についてどう考えているか、知りたくなった。ところが聞いてみると、当人はまりそういうことは考えていなかった。人の心を計算機基盤でシミュレートするという考え方そのものが、脳の活動とか、われわれが心と考えているものの動的な性質とは根本的に合わないとニコレリスは言った。同じ理由で、ヒューマン・ブレイン・プロジェクトは完全に構想がおかしいとも。

「心はただの情報ではありません。ただのデータではありません。だからコンピュータを使っても、脳の働き方やそこで起きていることはわからないんです。脳は全然計算可能ではありません。シミュレーションはできませんよ」

脳は他の多くの自然に生じる現象と同じように、情報を処理する。しかしニコレリスにとっては、だからといって、そのような処理がアルゴリズムで表せてコンピュータ上で実行できるということにはならない。人間の中枢神経系はパソコンよりも、魚の群れや鳥の群れ――あるいはもちろん株式市場――といった、自然に生じる複雑系の方と共通するところが多い。要素どうしが作用しあい、合体して、動きが本来的に予想できない一個の存在をなす。数学者のロナルド・シクレルとの共著で書いた『*Relativistic Brain*〔相対論的脳〕』で言うように、脳はつねに、物理的にも機能的にも自らを現実の経験の結果と認識しているという。「脳が処理した情報は、当の脳の構造や機能を再編するのに使われて、恒常的に情報と脳の物質との再帰的統合が生み出されている……複雑な適応する系の特徴となる性質そのものが、その変転するふるまいをわれわれが正確に予測したりシミュレートしたりする足場を危うくしている」

ニコレリスの脳の計算可能性に関する懐疑は、ブレイン・フォーラムでは少数派だった。脳アップロードが無理筋で抽象的だという発表をする人はおらず、私が耳にしたほとんどすべての発言が、脳はデータに移し替えられるという合意をますます強めていた。会議全体の根底にあるメッセージは、脳がしていることを脳がどう行なっているかについて科学者はまだほとんど知らないが、われわれが、頭の中で起きていることについていささかなりとも学習しようというのなら、脳をスキャンしたり、巨大な動的モデルを構築したりすることが絶対に必要だということだった。

翌日、私はエド・ボイデンという神経工学者と出会った。ボイデンは三十代半ばの、髭を生やし、眼鏡をかけ、落ち着いた快活さのアメリカ人で、ＭＩＴのメディアラボで合成神経生物学研究グループを率いていた。その研究は、脳のマッピング、制御、観察のための道具を作り、それを使って、実際にどういうことになっているかを明らかにすることだった。ボイデンはその頃、生きた動物の脳にある個々の神経細胞のスイッチを、そこへ光子を誘導して当てることによって入れたり切ったりできる、神経調節技法《ニューロモジュレーション》を生み出そうという光遺伝学《オプトジェネティクス》の分野での活躍で相当の名声を得ていた。

クーネも私が訪ねたときにはボイデンの名を——全脳エミュレーションをおおむね支持してくれる人としても、自身の計画に相当の関係がある仕事をしている人としても——何度か挙げていて、ボイデンは、前年にニューヨークで行なわれた「グローバル・フューチャー２０４５」で講演をしていた。

ボイデンは、私に語ってくれたところでは、いずれ脳の各部分について、神経補綴による交換部品が作れるようになることを信じているという——これは、テセウスの船のような見方をすれば、全脳エミュレーションは可能だと信じるのと基本的には同じことだ〔「テセウスの船」は、ギリシア時代の伝説の巨船のことで、この船の板を少しずつ交換してすべての板が入れ替わっても、元のテセウスの船と言えるか、言えないとしたら、どれだけ交換したとき別の船になるのかという謎を指す」。

「私たちの目標は、脳を解く《ソルブ》ことです」とボイデンは言った。そこで言っているのは、神経科学の究極の目標、つまり、脳がしていることを、脳はどのように行なっているか、脳の何億もの神経細胞と、その間の何兆という接続が、どのようにまとまって特定の意識現象を生み出すことになるのかを理解することだった。私は「解く」という言葉の数学的な含みに気を引かれた。まるで脳が、最終的には、方程式やクロスワードパズルのように処理できるかのようだった。

ボイデンが言うには、「脳を解くにはそれをコンピュータでシミュレートできなければなりません。私たちが必死に作業しているのは、神経接続図《コネクトーム》法を使って脳のマップをとる方法に関するところです。でも、私は接続だけでは十分ではないといつも言っています。情報が処理される様子を理解するには、本当に必要なのは脳にあるすべての分子です。今の時点でのまあまあの目標は小さな生物をシミュレートすることだと私は思っていますが、そうするためには、脳のような3Dの物体をナノレベルの精密さでマップする方法が必要です」

MITのボイデン・チームは、たまたま、そのような斬新なツールを開発したばかりだった。それは「膨張顕微鏡法」と呼ばれ、脳組織の試料を、紙おむつにごくあたりまえに使われている重合体《ポリマー》〔簡単な分子を数多くつなげてできる高分子〕を使って物理的に膨張させる。ポリマーは組織を均等に膨らませることができ、そのため比率や接続は元のまま保てるので、マッピングの細かさをぐんと増すことができる。

ボイデンはパソコンを取り出すと、この手法を用いて作られた脳組織資料の3D画像をいくつか見せてくれた。

「で、この最終目標は何なんですか？」と私は尋ねた。

「そうですねえ、私は脳の回路の鍵になるようなタンパク質や分子を、全部実際に特定して識別できたらすごいだろうなあと思っています。そうすると、シミュレーションして、脳で起きていることのモデルができそうです」

「シミュレーションとおっしゃいますが、どういうことですか？　機能している、意識がある心のことですか？」

ボイデンは一呼吸置き、平静に凝った言いまわしで、「意識」という言葉が何を意味しているか本当は――少なくとも私の問いに答えられるほど正確には――わかっていないと告白した。

「意識という言葉の問題は、それがあるかどうか判断のしようがないということです。テストを受けてスコアが一〇以上だったらそれが意識だ、という検査のようなものがないんです。だからシミュレーションが意識そのものかどうかはなかなかわかりません」

ボイデンと話すために入った、会場として使われていた人のいない巨大な宴会室で、ボイデンはテーブルの自分の前に置いてあるパソコンの方を指し、コンピュータを理解するためには配線を理解するだけでは足りず、動作の力学を理解する必要があると言った。

「地球にはこういうノートパソコンが五億台あって、どれも同じように固定された配線ですが、今、この瞬間にも、それぞれがみんな違うことをして動いています。つまりその動きを理解する必要があるんです。配線やマイクロチップなどから見て何があるかだけじゃなくて」

ボイデンは何秒かトラックパッドであちこちクリックして、点滅する色つきのスポットを使ったアニメにした線虫の画像を表示した。これは長さ一ミリほどの透明な*C. elegans*という線虫で、神経細胞の数が扱いやすい程度（三〇二個）なので、神経科学者には人気の動物だ。この線虫はゲノムの配列が決定された最初の多細胞生物で、これまでのところ、コネクトームが完全にマップされた唯一の生物でもある。

ボイデンは言った。「つまり、これは一個の生物全体の神経活動をすべて、その神経細胞すべてが動いているところを捉えられるだけの速さで画像化しようとする最初の例です。そうして、回路の接続や分子を捉えられれば、また、リアルタイムで何が起きているかが観察できれば、シミュレートされた動きが経験的な観察で再現されているかどうかを実際に見てみることができます」

「どこで何を見るんですか。この線虫の神経活動をプログラムのコードに移し替えられるんですか？　計算可能な形になるんですか？」

ボイデンは「そうです。それが希望です」と言った。

ボイデンは自身が全脳エミュレーションはいずれ現実になると信じていると言うのは控えていると私は思ったが、ニコレリスが信じていないこの原理をまっとうと思っていることは明らかだった。そしてボイデンが私に語っていたことは、結局のところ、それが最後にそうなろうとなるまいと、またそれが本人の最終目標であろうとなかろうと、全脳エミュレーションを達成するのに必要な研究は、まさに自分がMITで行なっていたような研究だということだった。

これはクーネが行き着きたいと思っていたところとはほど遠かった。クーネの心からも私やあなたの心からもほど遠く、パソコン画面で、何千億もの発火する神経細胞が、純化された意識の光で輝いていた。しかし、それは原理の図解、可能性の記述であり、クーネがしようと思っていたことはまったく荒唐無稽ではないことを、あるいは少なくとも、考えうることのまったくの範囲外ではないことを示すものだった。

私とクーネと話した最初の二回では、私の質問は全脳エミュレーションの技術面に――それを実現する手段、その企ての全体としての実現可能性に――集中しがちだった。それは私にとっては、クーネが少なくとも自分が何を話しているかわかっていること、クーネの頭がおかしいわけではないことの確認になるという点で有益だったが、だからといって私の方がそういう問題をごく初歩的なところ以上に理解しているということではない。

ある晩、クーネと私が、フォルサム街道にあるバーとコインランドリーと演芸ホールが組み合わさった――脳洗い《ブレインウォッシュ》という名がぴったりの――場所の外に座っていたとき、私はクーネに、自分の心の内容が何らかの技術の産物である基板にアップロードされるという考え方には根本的に魅力がなく、恐ろしくさえあると打ち明けた。私自身の生活に対する技術の影響は、今でさえ、根本的に両義的なことだった。便利になったことや「つながっていること」で私が得たことはあっても、世界での自分の動きが、実はわれわれを利益に還元するために、人々の生活をデータに還元することにしか関心がない企業によって媒介され、輪郭をつけられていることを、私はますます意識するようになっていた。われわれが消費する「コンテンツ」、われわれがロマンスの出会いを得る相手の人々、外の世界について読むニュース、そうした動きのすべてはますます見えないアルゴリズム、つまりそうした企業の創造物の影響下に置かれるようになった――さらにその政府との共謀は、われわれの時代がどっぷり浸った語り口に見えるようになっていた。われわれが今暮らしている世界、自律的な自己という脆弱《ぜいじゃく》でリベラルな理想がすでにうろおぼえの夢のように歴史の疑わしい闇へと後退していることを考えると、自己と技術が徹底的に融合してしまえば、結局、人であるということの概念そのものが最終的に陥落してしまうのではないか。

クーネはまた頷いて、ビールを一口飲んだ。

「あなたがそう言うのを聞くと、人々にとってはそこに大きなハードルがあることがはっきりしますね。私はこの考え方にあなたほど問題は感じませんが、それは私がもう長い間それにさらされているので、すっかり馴れているからです」とクーネは言った。

これによって立てられる最も執拗《しつよう》に悩まされる哲学的問題は、最も基本的なものでもある。それは私と言えるのか？　私の神経的経路と処理の計算できないほどの複雑さが何とかしてマップでき、エミュレートできて、頭蓋骨の中にある一キロ半ほどのゼラチン質の神経組織とは別のプラットフォームの上で実行できるなら、その再生あるいはシミュレーションは、いかなる意味で「私」ということになるのだろう。アップロードされたものに意識があることを認めたとしても、また意識のありようと私のありようとが区別できないことを認めたとしても、そのことによってアップロードされたものは「私」となるのか？　アップロードされたものが自らを私だと信じるなら、それで十分なのか？（私は自分が今私だと信じれば十分ということか？　それはそもそも何かを意味するなどと言えるのか？）

「私」と私の体には区別がないこと、自己は基板であり、基板は自己なので、私は自分が動作している基板から離れては決して存在しえないという強い感覚――皮質下の信号の反射的なバースト――を私は抱いた。

全脳エミュレーションという考え――これは要するに物質からの、つまりは物理的世界からの解放だったた――は、私には科学、あるいは科学の進歩を信じることが、深い文化的欲求や妄想を広げるものとして宗教の代わりをする様子の極端な例に見えた。

未来の技術について語るその奥で、古い考えがつぶやかれるのも聞こえた。語られているのは魂の輪廻《りんね》、永遠回帰、生まれ変わりのことだ。新しいものは何もない。真に死ぬ者は何もなく、新しい形で、新しい言語で、新しい基板で生まれ変わる。

われわれは不死について語っていた。人の本質を、肉体といういずれは朽ちる構造物から抽出すること、つまり、人類が少なくともギルガメシュの時代から成立させることを夢見ていた同じ基本的な希望のことだ。トランスヒューマニズムはグノーシス派という異端が今の時代に復活したものであり、非常に古い宗教的概念が、科学のような姿で再形成されたものであると見られることがある（政治哲学者のジョン・グレイの言うところでは、「現代では、グノーシス主義は自分をマシンだと信じる人々の信仰である」）。この初期キリスト教の異端派は、物質世界や、人間がこの世界を渡っていくときに用いる物質的身体は、神の創造物ではなく、デミウルゴスと呼ばれる下位の悪しき神の創造物だと説いていた。グノーシス派にとって、われわれ人間とは、神聖な霊が、他ならぬ悪の元となる物質である肉体に囚われている存在だった。ルドルフ・ブルトマンは、『原始キリスト教』という著書で、神の光の領域に昇るためになさねばならぬことを述べたグノーシス派のテキストから一節を引いている。

まず汝《なんじ》は今汝が身に着けている装飾、無知の衣装、悪の砦《とりで》、腐敗の絆、暗い牢獄《ろうごく》、生きながらの死、感覚を与えられた死体、汝の身に着ける墓、汝が自らと共に運ぶ墓、汝を愛しつつ汝を憎む盗人のような伴侶、汝を憎みつつ妬む伴侶を引き裂かなければならない。

選ばれた少数——他ならぬグノーシス派の、聖なる知らせを授けられた人々——が悪しき身体から、純粋な霊の浄化された真実へと脱出できるのは、知識をもっと高度に精錬することを通じてのみだった。グノーシス派の黙示録のイエスは、聖書正典のどの書よりも、あからさまで紛れのない形で身体を蔑んでいる。グノーシス派のトマスの福音書では、イエスはこのように言ったとされる。「霊が体によって存在するようになったとしたら、それは驚異中の驚異である。実際、この大いなる富がこの貧しさの中にその家をなしたことに私は驚いている」

こうした信仰は、エレーン・ペイゲルスが著書の『ナグ・ハマディ写本』（原題は『グノーシス派の福音書』）で言うところでは、「人間の精神を、身体の『中に』宿るもの——まるで実際の人はある種身体を持たない存在であり、身体を道具としては使うが、その身体が自分自身だとは思わないかのように——と見るギリシアの哲学的伝統に近い（その点では、ヒンドゥー教や仏教の伝統にも近い）」。グノーシス派にとっては、贖《あがな》いは身体からの解放という形でのみもたらされるということになる。そしてこの解放が技術として表れたものこそが、私の目には、まさしく全脳エミュレーションに見えた。

自己は身体というハードウェア上で走っているソフトウェアであるという、この技術二元論的な語り方は、人間が自分をその時点で最先端のマシンに見立てて、それを通じて説明しようとする昔からある傾向から生まれている。計算機科学者ジョン・G・ドーグマンは、「脳メタファーと脳理論」という論文で、この傾向の歴史の概略を述べる。古代の水技術（ポンプ、噴水、水時計）がプネウマやフモルなどのギリシア語やラテン語に由来する言葉を生み出したのと同じく、またルネサンス期の人生をとくに時計仕掛に見立てていたのと同じく、さらに産業革命の後、蒸気機関と加圧エネルギーが登場してからは、フロイトがその力をわれわれの無意識のイメージにあてはめるようになったのと同じように、今や人間の心を、データを保存して処理する装置、つまり中枢神経系のウェットウェア上で走る神経コードとする見立てがある。

われわれがともかくも何ものかなのだとすれば、この見方では、われわれとは情報であり、情報は身体抜きの抽象物になっているので、きりなく転送され、複製され、保存されるこのコンテンツに対して、情報が送信される媒体となる物質は二次的な重みしかない（「情報がその身体を失うとき、人間とコンピュータを同一視するのはとくに易しい。思考する心が具現する場となる物質は、思考の基本的な本性からすれば、ついでのものに見えるからだ」と、文芸評論家のN・キャサリン・ヘイルズは書く）。

シミュレーションの概念の中核に奇妙なパラドックスがある。それは、心は物理的なものどうしの相互作用から発現する性質だとする絶対の物質主義的感覚から生じつつも、それでも物と心は別、あるいは分離可能であるという確信として表に出るのだ。それはつまり、それが新たな形の二元論、さらには一種の神秘主義として現れるということでもある。

私はクーネと過ごすほど、その企ての最終的な成果について思い描かれていることがわかってきて心配になった。アップロードされた自己の経験とはどんなものなのだろう。デジタルのゴースト、物理的な物につながれていない意識であるとはどのような感じだと想像しているのだろう。

私がそのことについて尋ねるたびに答えは違っていて、自分が明瞭な図を得ていないという事実を隠さなかった。基板が何かにもよるとクーネは私に言った。存在の素材によるのだという。必ず物質としてそこにある、つまり一種の血肉のようなものがあると言うこともあったし、仮想《バーチャル》の自己、仮想世界で身体を持った存在の概念を持ち出すこともあった。

「私はよく思うんですが、たとえばカヤックが本当に上手で、カヤックが自分の下半身の肉体的延長のように感じて、何から何まで自然に感じる人の経験のようなものじゃないですかね。だから、たぶん、アップロードされる当のシステムにとってはそれほど衝撃じゃないんでしょう。われわれはもうすでに物理的世界と、多くのことが体の延長として経験される、補綴術のような関係で存在しているんですから」

このとき、私は自分がスマホを手にしていることに気づき、それをテーブルに置き、二人とも笑った。

私はクーネに対して、その企てにありそうな結果について抱いていたいくつかの懸念を挙げた。現代生活がコードとか、個人情報の転送可能で売買可能な蓄積とかに変換されている度合いにはもうすでに十分悩んでいると私は言った。われわれの日常の技術とのかかわりは、ますますわれわれの消費者としての自己の詳細な姿を生み出し、そうした技術を作る人々にとって意味のある自己と言えばそれしかなくなっている。われわれが純然たる情報としてのみ存在するとなったら、どれほどひどいことになるだろう。意識そのものが一種の認知的なクリックを誘う餌になるのではないか。今でさえ、私はすでにネイティブ広告〔記事の中にスムーズに埋め込んだ広告〕を延長した恐ろしい推測を思い浮かべていると言った。シエラネバダビールをもう一杯注文したいという自分の気持ちが、私の中にある欲求と意志とが連結して生じるのではなく、私の意識というダイレクトマーケティングプラットフォームにそっと組み込まれた巧妙なプログラムによってもたらされるのだ。

エミュレーションとアップロードという不死化の工程が高価になり、広告付きではないプレミアムバージョンを利用できるのはきわめて裕福な人だけで、他の負け組は、鬼のような広告付きの自己というコンテンツ提携という、自己の外にある商業的な配信元によって、上から押しつけられる思考や感情や欲求に定期的にさらされることを通じて存在し続けることに甘んじなければならないとしたらどうなるだろう。

クーネはそのような状況が望ましくないことに反対はしなかった。しかしそのいずれも、意図しない帰結を未然に防ぐよりも、人間には身体が伴っているという基本的問題を解決しようとする、クーネの当面の企てには直接関係しないのだという。

「それに、その類の影響はソフトウェアに独特のものというのではありません。それは生物学的な脳にもできます。何なら、広告でもいいですよ。化学物質でもいい。ビールをもう一杯欲しいと思うのは、すでに飲んだアルコールとは全然関係ないというのではないし、欲求がすべて外の影響から独立しているわけではないんです」

私は長い時間かけてビールを飲み、そうしているうちに二杯目の注文を控えることにした。暖かな夕方、雑草の臭いが、湾内から漂ってくる湿った霧のように立ちこめていて、空気そのものが、押し寄せる妄想のような上げ潮感に捕らわれているようだった。フォルソム街とラングトン街の角の二人が座っているところからほんの一メートルあるかないかのところに、若いホームレスの男が街灯のそばに胎児のように丸まった形で横になっていた。私たちがそこにいる間、ずっと低くつぶやくような独り言を言っていて、私がビールを置いて、クーネが言っていたことを考えているとき、顔も見えないその男が、高い、ヒステリックな笑い声を立てた。私はニーチェの『喜ばしき知識』の一節を考えていた。われわれは他の動物にとってどれほど奇妙で不気味な、不自然な存在に見えることかというところだ。「動物が人間のことを、動物としての良識を他の何よりも危険なほどに失った動物——狂った動物、笑う動物、泣く動物、不幸な動物——のようなものと見ることを私は恐れる」

たぶんわれわれが狂った動物である理由は、まさしく自分を動物として受け入れられない、われわれが動物として死ぬという事実を受け入れられないところだろう。そして、なぜそれを受け入れるべきなのだろう。それは耐えられない事実であり、認めがたい現実だ。われわれは自分たちがそれ以上の存在だと思うだろう。ここまで来たのだから、ただ自然のどうしようもない最後の掟に屈するだけの存在ではないと思っているだろう。われわれの存在と、それに付随する神経症は、見たところ解決できない矛盾によって定められる。われわれは下位の神々のように、自然の外にあり、それを超えていて、その上に立っていて、それでもどうしようもなくその中にあって、自然の何も考えていない無慈悲な支配に拘束されているということだ。

私は、われわれが世界だと思っていたすべて——理性、科学、人類の進歩という概念——の下に潜んでいた不条理を垣間見たと思った。すべては突然、くらくらするほど奇妙で、あたりまえのように不自然なものとして現れるようだった。閉じ込められている肉体から人々を解放すると語る科学者も、サンフランシスコの舗道で酔っぱらっている、自分の狂気と貧困を空虚に向かってつぶやくホームレスの男の故障したメカニズムも、くすくす笑うホームレスや雑草の臭いやニーチェの狂った動物について、自分はものごとの核心を見抜いているのだと思い込みながら何か書こうとメモをとるライターも。

サンフランシスコから戻ってから何週間、何か月か、私は強迫的に全脳エミュレーションという理念について考えた。仕事を一休みしてコーヒーショップに歩いて行く。車が少しきつい速さで横を通り過ぎる。私は車が舗道に乗り上げ私に襲いかかるのを想像する。その衝撃で私の体がどうなるかを想像して、自分がクーネのことや、自己をこの基板から分離する企てのことを考えている。疲れたり体が弱っていたりすると、私は（あるいは私の心は、あるいは私の脳は）、とくにクーネのことを、あるいはローザンヌでエド・ボイデンのパソコンできらめくのを見た線虫の神経細胞のことを、あるいはミッション・ベイの3スキャン社の研究室で見た保存されたマウスの脳の薄片を思い出すことが多かった。

サンフランシスコ出張から帰って数か月後のある朝、私はダブリンの自宅で鼻風邪と二日酔いでうなっていた——二日酔いのひどさは、前の晩に飲んだささやかな量には見合わないと思った。私は横になったまま、ぼんやり、起き上がって隣の部屋で騒々しいカウボーイごっこをしている妻や息子のところへ行こうかと考えていた。私はこの状況（鼻風邪と二日酔い）が身体に対する軽い違和感をもたらしていることに気づいた。加減が悪いときによくあることだが、自分がどうしようもなく生物学的なもので、肉と血と筋の寄せ集めだという感覚を抱いた。私は自分が、つまった鼻と、細菌が繁殖した喉と、頭の奥の痛みを持った生物体に、その生物体のセファロンになったように思った。要するに、私が基板を意識していたのは、自分の基板がクソみたいなものに感じていたからだった。

そして突然、ある好奇心に捕らわれた。そもそも、その基板は何でできているのだろう——細かいことを言えば、私はいったい何ものであるのかと。私はベッド脇のテーブルに置いたスマホを探ると、グーグルに「What is the human ...」と入れた。オートコンプリート候補の上位三つには、「What is The Human Centipede about」〔「ムカデ人間」とは〕、「What is the human body made of」〔人間の体は何でできているか〕、

「What is the human condition」〔人間の境遇とは〕が挙がった。私がこのとき答えが欲しかったのは第二の問いだが、裏で第三につながっていたかもしれない。

私は六五パーセントの酸素でできていた——つまり私はほとんど空気で、ほとんど何もない。それに続いて、割合を減らしつつ、炭素と水素、カルシウム、硫黄、塩素などが並んだ。私はこの情報を引き出したiPhoneにも含まれている銅や鉄や珪素《けいそ》も微量ながら自分の中にあることを知って少し驚いた。人間とは何という作品なのだろう。塵《ちり》そのものだ。

数分後、妻が息子を背中に乗せて、四つんばいで入って来た。息子は妻のシャツの襟を小さな拳で握りしめている。妻は這って進みながら、ぱかっぱかっと音を立て、息子はげらげら笑いながら、「落とさないで、落とさないで」と叫んでいた。

妻は大きないななき声を上げ、背中を丸くして、息子を優しく揺すって壁際に靴が並んだところに落とした。息子は大喜びで怒りの声を上げて、また背中に乗った。

こういうことはコードにはできないだろうと私は思った。これはぜったい、他の基板では実行できないだろう。その美しさは身体を伴うものだ。深い深い意味で、悲しくも素晴らしい意味で。

気がついてみれば、私は二人のことを哺乳類と思ったときがいちばん二人を好きだったのだ。私は自分の動物の体を引きずり、ベッドから出ると、仲間に加わった。

シンギュラリティについてひとこと

誰もがこれと認める形の技術的特異点《シンギュラリティ》は一つもない。それはシリコンバレーの地平線上に輝く光で、今は宗教的預言とも、技術の行き着く先とも見られている。信者がそれによって生み出されると説く豊かさには際限がないし、それについて言えることにも際限がない。最も幅広い意味では、この言葉はマシンの知能がそれを生み出す人間の知能を大きく上回り、生命が技術に包摂される時期のことを言っている。それは進歩主義が極端に表れた、どこであれ技術を適用すれば世界のどんなに厄介な問題でも解決できるという信条だ。

考え方そのものは、何らかの形で少なくとも半世紀前からあった。一九五八年、物理学者のスタニスワフ・ウラムは、マンハッタン計画でともに仕事をしたフォン・ノイマンのための追悼文で、「どんどん加速する技術の進歩と人間の生活様式の変化は、この種族の歴史の中で、それを超えると、われわれが今知っている人間のあり方が続きようがなくなるという、ある本質的なシンギュラリティに近づきつつあるように見えた」と二人で話したことを書いた。

技術的特異点という概念についての最初の本格的発言は、通例では数学者にしてSF作家のヴァーナー・ヴィンジによるとされる。ヴィンジが、「迫りつつある技術的特異点――ポストヒューマン時代にどう生き残るか」という、最初は一九九三年にNASAが主催した会合で発表された文章で説いたことだった。「われわれは三〇年以内に、人間を超える知能を生み出す技術的手段を手にするだろう。そうなるとすぐに人間の時代は終わることになる」。ヴィンジはこの大きな超越の帰結については、われわれが抱える問題が終わることでもありうるし、人類が消滅することでもありうるというふうに両面的だが、それが到来しつつあることにはさほど疑念は抱いていない。こうしたテクノ至福千年《ミレナリアン》到来論的思考様式の大部分と同様、ヴィンジの預言も、変わった種類の歴史的決定論を特徴とする。ヴィンジは、シンギュラリティの到来はわれわれの自然な競争心と、技術に内在する様々な可能性の避けられない帰結なので、シンギュラリティを防ぐ方法はありえないと書いている。「しかも、それを生むのはわれわれなのだ」

シンギュラリティと言えばこれと思われることに最も近いのは、レイ・カーツワイルの衆目に触れた文章に見られる形のものだろう。カーツワイルは多数の巧みな装置――平台式のスキャナー、視覚障害者のための印刷物読み上げ装置など――を考案し、スティーヴィー・ワンダーとともに、カーツワイル・ミュージック・システムズ社を創立し、同社のシンセサイザーは、スコット・ウォーカーやら、ニュー・オーダーやら、「ウィアード・アル」・ヤンコヴィックやらの多彩な演奏で用いられている。ライターとしてのカーツワイルは論争を恐れない、ビジネスカジュアルを着た神秘家で、その難解な展望は、テクノユートピア的思弁の最先端を指し示している。しかしカーツワイルは決して技術界の端っこにいるわけではなく、むしろシリコンバレーの守護神だ——その地位は、二〇一二年、グーグルが機械学習《マシンラーニング》を追求する上での思考指導担当重役を務めるべく、開発部門の長として同社に入社したことでほとんど公式のものになった。

カーツワイルのシンギュラリティは技術がもたらす豊かさをひどく雑多に見たもので、すべての歴史が純然たる心《マインド》という極致に向かって収束すると見る、熱狂的に詳細に述べられた目的論となっている。二〇〇五年のベストセラー、『シンギュラリティは近い』の最初の方では「シンギュラリティをどう考えようか」と問われる。「太陽の場合と同じく、直接に見るのは難しい。眼の隅に捕らえて斜めから見る方がよい」。しかしカーツワイルは親切にも一定の詳細も披露する。シンギュラリティは、たとえばだいたい二〇四五年あたりに設定される（カーツワイルはサプリやビタミン剤を毎日贅沢《ぜいたく》に摂る——それを言うなら、死を免れる水薬やカプセルを自作して商品化してもいる——ことで知られ、二〇四五年には九七歳になる予定だが、生きていることに自信を抱いている）。

技術的未来の予言者としてカーツワイルが用いる主要なツールは、本人が「加速する収益《リターン》の法則」と呼ぶものだ。この見方では、技術は、複利による投資と同じように、つまり指数関数的に進歩する。われわれの今の技術はそれを元にして未来の技術を開発する土台をなし、そうして技術はさらに精巧になり、向上する速さも増す（この現象のよく知られた例は、一九五〇年代にインテル社創業に加わったゴードン・ムーアが最初に立てて、ムーアの法則と呼ばれるようになった所見で、一枚のマイクロチップに収められるトランジスタ素子の数は、およそ一年半で二倍になると言われている）。ダーウィン流の進化の過程も、カーツワイルにとってはそれこそ指数関数的成長であり、あからさまに、望ましい目的に向かう成長と言われている。進化は行き当たりばったりでカオス的な手探りではなく、悪いことと良いことがランダムに生まれるのでもなく、「秩序が増すパターンを生み出す過程」というシステムであり、言い換えると、進化はマシンの完璧な秩序と管理に向かって前進するのだ。カーツワイルにとって、「われわれの世界の究極の物語」を構成するのは、このパターンの進化――「各段階あるいは各時期が前の時期の情報処理方法を使って次を生み出す」論理的進歩――となる。

カーツワイルが未来について描くのは、技術がさらに小型化し、さらに高性能になって、その加速する進化が、われわれの種としての進化をもたらす主たる作用となるところまで行くという絵だ。われわれはもうコンピュータを持ち運ばず、それを体内に――脳に、血流に――入れてしまい、それによって人間の経験のありようを変えてしまうのだとカーツワイルは啓示する。ごく近い将来（つまりカーツワイル本人が生きているものと思っている間に）、これは単に可能というのではなく、どんなに効率的な人間の脳でさえ計算処理能力が不十分であることを考えると、必要になるだろう。

カーツワイルの見る未来は、すでに人間を機械論的に見ることを受け入れている人には――脳は「結果的に肉の形になったマシン」と考える点でＡＩの先駆者マーヴィン・ミンスキーに同意する人には――魅力的なものかもしれない。ならばわれわれも、あるいは肉のマシンも、もっと高度な機能をもったものにアップグレードすればいいではないか、というわけだ。マシンとは特定の課題をこなすために構築された装置であると理解するなら、われわれのマシンとしての課題は、もちろん、できるかぎり高い水準で考え、計算することだ。この人間の生命に関する道具主義的な見方では、われわれの計算性能を増進し、マシンとして、できるだけ長く、可能なかぎり効率的な動作を確保するのは、ほぼ義務――あるいは少なくとも、そもそもわれわれが存在することの相当に重要な部分――となる。

カーツワイルは、「われわれの生物学的身体バージョン1・0はひ弱で、無数の故障モードに陥るし、もちろん煩瑣《はんさ》なメンテナンスの儀式も必要だ。人間の知能はときとして創造性や表現力の高みに昇ることができる一方で、人間の思考の大部分はどうでもいいさいなもので、限界の中に閉じ込められている」と書いている。シンギュラリティが始動してしまうと、もうそんなことは言えなくなると請け合われる。われわれはもはや、今の基板である肉体によって、思考と行動を制約される肉のマシンのような無力で原始的な生物ではなくなる。「このシンギュラリティによって、われわれはこうした生物学的身体と脳の制約を超え出ることができる。われわれは自分の運命を左右する力を得る。われわれの死も自分の手に握り、望むだけ長生きできるようになる（永遠に生きると言うのとは微妙に違うが）。人間の思考を理解しきって、その及ぶ範囲を大きく拡張、拡大することになる。二一世紀が終わる頃には、われわれの知能の非生物学的部分が、補助のない人間の知能の何兆倍のさらに何兆倍も高性能になるだろう」

言い換えると、われわれはついに人類の堕落した境遇《コンディション》から脱し、ついに非肉体化するのだ。楽園追放以前のまったき状態、神との最終的合一に戻るのだが、その場合の神は西洋一神教の神ではなく、技術がそれに代わっている。カーツワイルは「シンギュラリティはわれわれの生物学的思考と生がテクノロジーと融合し、なおも人間ではあるが、生物学的な根源からは超越してしまっている世界という極致を表すことになる。シンギュラリティの後は、人間とマシン、物理的現実と仮想現実との区別はなくなる」と書く。そのような融合はわれわれの人間的なところを抹消してしまうという非難に対して、カーツワイルは、シンギュラリティは実は人間というプロジェクトの最終的成果、ずっとわれわれを一つの種として定め、区別してきた質そのもの――肉体的・精神的限界を超え出たいという希求――を、最終的に取り戻すことだと反論する。

聖アウグスティヌスは『神の国』で、われわれが今想像できる何物をもはるかに超えて、神の恵みによって祝福されるところにある「普遍的知識」という状態を呪文のように唱える。アウグスティヌスはこう書く。「この知識がどれほど偉大で、どれほど美しく、どれほど確かで、どれほど誤りがなく、どれほどたやすく獲得できるか考えてみよ。そしてまた、われわれはどのような体を持つことになるか。われわれの魂に完全に従う体、他に何の食物も必要にならない魂によって生を保たれるような体である」

カーツワイルの預言では、救世主の役割は知能が占める。知能には神秘的な意義が付与されているものの、カーツワイルの定義は十分にわかりやすい。知能とは要するに計算を意味するものとされる――創造を行なう際の生《なま》の情報的素材に作用するアルゴリズムによる仕掛だ。そしてこの救世主的な展望では、マシンの知能はこの宇宙を計算不能という愚かな状態から救うことになる。

カーツワイルは宇宙論に目標指向で取り組み、宇宙そのものに、地質学的な時間を超えたいくつかの要となる項目で構成される、一種の企業的プロジェクト管理構造を設定する。自身では「進化の六つの時代」と呼ぶものの最後の時代、人類とＡＩが融合した後の時代では、知能は「そのただ中にある物質とエネルギーを飽和させるようになる」という。これは「最適水準の計算をもたらし、計算が、もともとそれが行なわれていた地球にとどまらないで行なわれるよう、物質とエネルギーを再編成することによって」達成されるとカーツワイルは書く。注意深く管理することによって、宇宙の無限の空虚が――容赦のないエントロピーの力に屈して無為に座しているだけの約一四〇億年を経て――やっと広大なデータ処理機構として活用されることになるだろう。

カーツワイルの人生と業績を取り上げた二〇〇九年のドキュメンタリー映画『*Transcendent Man*〔超越する人〕』の変わったシーンの一つに、この映画が取り上げるカーツワイルが日没の浜辺に立っているところがある。はかりしれない視線は静かに広がる太平洋に向けられて動かない。すぐ前のシーンでは、カーツワイルが父親が亡くなる直前に交わした最後の会話について感動的に語るのを見たところなので、監督がカーツワイルに海を見つめながら何を考えているんですかと尋ねたとき、われわれはカーツワイルが死について考えているのだと予想するのも無理ないかもしれない——本人の死ではなくても、永遠に生きるようになるまで長生きできるほど幸運ではない人々の死だ。カーツワイルは長い間を置いて、カメラがしずしずと円を描いてそのまわりを回り始める。

「そうですねえ、海がどれだけの計算に相当するか考えていたんですよ。つまり、海はそこにある水の分子がぶつかりあっていて、それが計算です。けっこう美しいものです。私はいつもそれで落ち着くと思ってきました。そして計算とは実際そういうものです。自分の意識のそういう超越的な瞬間を捕らえるということです」

太平洋の広大な果てに向かい、風で髪がわずかに乱れたカーツワイルは、託宣を受けているような、技術の神秘が流れる水路になったような、無限の道具的知能がとうとうわれわれを人間であることの重みから解放する来たるべき世界の預言者のような姿を見せる。

海を見つめ、情報以外の何ものでもない、知能の原材料以外の何ものでもない、広大で複雑な装置を見てとっている。水は、その温度の変動、そこにいる大量の群れをなす生物、リズミカルな前進と後退、そのすべてが厖大《ぼうだい》な演算であり、プログラムのコードだ。海は、思考そのものについて考える一つの方法のように、命題をパターン化して処理する。そしてこの瞬間にも、一種の計算的汎神論が姿を見せる。普遍的なマシン、アルゴリズムが内在することの表れとしての自然に対する畏敬という形で。

トーキン・ブルース——ＡＩによる生存リスク

シンギュラリティは、本当にそうなりそうなのかというところからして相当の問題だし、この構造物全体が宗教的土台に立っているのだが、そういったところはさて措くことができたとしても、私には支持できそうな概念ではなかった。つまり、私はこの話の魅力を把握することはできなかったし、それが提供するもの——純粋な情報としての、あるいはサードパーティが提供する人型のハードウェア上で動作する、身体抜きの存在という展望——が、どうして地獄ではなく天国への道と見ることができるのかを理解できなかったことを認める。人生にともかくも意味があるなら、私が本能的に信じていることは、その意味は動物的なもので、人生は誕生や生殖や死と分かちがたく結ばれているということだ。

しかし何よりも、技術がわれわれを救済する、つまり人工知能は人間の存在が最適化されていない面に対する解決策を提供するという思想が、私の基本的な人生観、私が属している霊長類という例外的に破壊的なカテゴリーについてわずかでも理解していることとは相容れなかった。気分的にも哲学的にも、私は昔も今も悲観論者で、したがって私には、われわれが自分自身の工夫の結果によって、救済されるよりも破壊される可能性の方が大きく上回るように見えた。この星は今、地表に最初に生命が登場してから六度めの大量絶滅に瀕している。そこに暮らす種の一つによる環境への打撃が引き起こしたものとしては最初の絶滅だ。

そのため、超人レベルの人工知能が人類を地球から一掃してしまうかもしれないという、そこここで大きくなっていた不安について私が目にするようになったとき、私は少なくとも、自分の宿命論的な傾向に訴えるような、技術による未来の展望がそこにはあると思った。

そのようなものすごい予想は、新聞紙面でも頻繁に見られ、そこには『ターミネーター』系の映画にあるような終末的な図——チタン合金の頭蓋骨をもった殺人ロボットが赤く光る点のような無慈悲な眼で読者を見つめている——がつけられていることが多い。イーロン・マスクはAIについて、「われわれの生存にかかわる最大の脅威」と言い、その発達については、「悪魔を呼び出す」技術的手段と言ったことがある（二〇一四年八月のツイートでは、「われわれがデジタル超知性体のただの生物学的起動装置ではないことを願うが、残念ながら、そうなる公算はますます高くなっている」と言った）。ピーター・ティールは「人々は気候変動についてはいやというほど考えているが、AIについてはいやになるほど考えていない」と発言したことがある。一方、スティーヴン・ホーキングは、『インディペンデント』紙に論説記事を書き、この試みが成功することを望みつつ、それは「人類の歴史で最大の出来事」になるだろうが、「リスクを回避する術を学ばなければ、最後の出来事」になる可能性も大いにあると警告している。ビル・ゲイツさえ、自身の不安を公に認め、「心配していない人々がいる理由が理解」できないと言った。

私自身は心配しているだろうか。しているとも、していないとも言える。そうした人々の発言は、私の内面にある悲観論の核には訴えるが、そうした終末の託宣にはあまり納得しなかった。それは大部分、こうした話が私には、ＡＩが新しい摂理の到来を告げ、そこで人類が想像を絶する知識と能力の高みに上り、シンギュラリティの夜明けの明るい光の中で永遠に生きることになるというシンギュラリティ待望論的預言の裏面であるように見えたからだ。しかし私は、自分の懐疑が論理的というよりは気分的なものだということを理解していたし、そうした恐怖のたぶん卓越した説明になりそうな理由、あるいはそうした恐怖を引き起こすというまだ机上の技術についても、自分はほとんど何も知らないことも理解していた。それに、私がそれを信じる気になれないとしても、われわれが自分たちの種全体を一掃できるようなマシンを生み出しかけているのかもしれないという考えや、資本主義の偉大な哲人王たち――マスク、ティール、ゲイツ――がこれほど公然と、そのイデオロギーが最も大事にする理想に伴うプロメテウス的危険について悩んでいるということに、私はどうしようもなく、また気味悪いほど魅了されていた。ＡＩに関するこうした警告は、そうした警告の出どころになりそうにないところから、つまりラッダイト運動家や破滅論を振りかざす宗教家ではなく、われわれの文化がマシンに抱く畏敬の念をきちんと体現しているように見える当の人々から出て来ていた。

この分野でもっと顕著な現象の一つは、「生存《エグジステンシャル》リスク」と呼ばれるもの――気候変動や核戦争や世界的規模《パンデミック》の伝染病などのただの大災害ではなく、人類の全面的滅亡のリスク――についての意識を高め、どうすればこの特異な運命を回避できるかについてのアルゴリズムを実行することを実質的に専門としている研究機関やシンクタンクがいくつも存在することだった。オックスフォードの人類未来研究所、ケンブリッジ大学の生存リスク研究センター、バークレーの機械知能研究機構、ボストンの生命未来研究所。この生命未来研究所は科学顧問に、マスクやホーキングや先駆的遺伝学者のジョージ・チャーチといった科学技術界の有名人だけでなく、何かの理由があって、人気映画俳優のアラン・アルダやモーガン・フリーマンも据えていた。

生存リスクについて語るときにこうした人々が念頭に置いているのはいったいどういうことなのだろう。脅威の正体は何で、それが到来する可能性はどれほどなのだろう。意識を持ったコンピュータが機能不全か何かを起こしたとき、誰かがこのコンピュータを停止させようとしたら、コンピュータの方はあらゆる手段でその試みを阻止しようとするという、『2001年宇宙の旅』のような筋書きのことだったのか？超高知能マシンによるスカイネット体制が意識を持ち、その目標をさらに進めるために人間を滅ぼすか奴隷化するという『ターミネーター』のような筋書きのことだったのか？　確かに、知能を持ったマシンによる迫り来る脅威についてあちこちに現れる記事や、ティールやホーキングのような賢人たちの大仰な発言を額面どおりに取れば、自分の心のうちにもあったことだったかもしれない。そうした人々はＡＩそのものの専門家ではなかったかもしれないが、科学について多くのことを知る、きわめて賢い人々だった。そしてこうした人々――『M*A*S*H』のホークアイ〔アラン・アルダ〕や、高貴な知恵を具現する様々な人物、中でも二〇一四年の映画『トランセンデンス』でシンギュラリティを防ごうとする科学者を演じた人物〔モーガン・フリーマン〕――が心配しているのなら、みんな一緒に心配すべきではないのか。

この領域全体にとくに大きく浮かび上がった一人の人物、終末論者の筆頭は、ニック・ボストロムというスウェーデンの哲学者で、技術による災厄を預言することについては世界の先頭に立つと言われるが、その前には、トランスヒューマニズム運動でも傑出した人物の一人であり、世界トランスヒューマニスト協会の共同設立者となった人物だった。二〇一四年の末、人類未来研究所所長のボストロムは、『スーパーインテリジェンス』という本を出し、AIによる危険の正体について概略を述べた。この本は、生半可な読者には意味がなさそうな学術的な文献であるにしては予想外に売れ、『ニューヨーク・タイムズ』紙のベストセラーリストにも載るほどだった（売上げ増の一因は、イーロン・マスクがツイッターでフォロワーにこれを読むよう断固として勧めていたことだった）。

この本は、想像できるごく無難な形のAIでさえ、人類滅亡をもたらすことが考えられると説いていた。この本が展開するもっと極端な仮説的な筋書きの一つでは、たとえば、AIがペーパークリップをできるだけ効率的かつ大量に製造するという課題を割り当てられると、宇宙全体の物質をペーパークリップとペーパークリップ製造工場に転換しにかかるとされていた。筋書きはわざと戯画化されていたが、われわれが人工超知能と対峙してつきつけられる容赦ない論理の一例として、その意図はどこまでも本気だった。

「私はこの頃、自分のことをトランスヒューマニストだとは言いません」と、ニック・ボストロムはある夜、人間未来研究所近くのインド料理店での夕食をはさんで私に言った。ボストロムは結婚しているが、妻と幼い男の子はカナダに住み、ボストロムはオックスフォードで一人暮らしだった。そのため頻繁に飛行機で大西洋を往復したり、定期的にスカイプで連絡を取ったりしていた。ワークライフ・バランスの観点からは残念なことだが、おかげでボストロムは、こういう暮らしでなければできないほどに自分の研究に集中できた（ボストロムはこのレストランでよく食事をしていたので、ウェイターはボストロムには、「いつもの」と言葉にして言うまでもなく、チキンカレーを持って来ていた）。

ボストロムは「もちろん私は人間の能力が高まっていくという一般原理をとことん信じているんですが、運動そのものとのつながりはもうあまりありません。トランスヒューマニズムには、技術の応援がたっぷりありますし、ものごとは指数関数的に良くなって、正しい態度はただ進歩があるべき道筋にあるようにすることだ、という信念が問われることはありません。私はそういう姿勢とは、何年も前から距離を置いてきました」と言った。

ボストロムはその頃、一種の反トランスヒューマニストになったところだった。それをラッダイトだと責めることには理はないだろうが、ボストロムは、われわれが技術をどこへ進めて行くのか、技術がわれわれをどこへ連れて行くのかについて詳細な警告を強くすればするほど、学界の内外で名を上げていった。「私はまだ、ほんの何世代かの間に、私たち人類の基板を変容させることが可能だと思います。そして人工超知能がそれを動かすエンジンになると思います」

多くのトランスヒューマニストと同じく、ボストロムは好んで人間の生体組織とコンピュータのハードウェアとの処理能力の巨大な差のことを言った。たとえば神経細胞は、二〇〇ヘルツ〔一秒に二〇〇回〕という頻度で発火するが、トランジスタはギガヘルツ〔一〇億ヘルツ〕の水準で動作する。われわれの中枢神経系を信号は秒速一〇〇メートルほどの速さで進むが、コンピュータの信号は光速で伝わる。人間の脳は人間の頭蓋骨の容量に大きさを制限されているが、高層ビルほどの大きさがあるコンピュータの処理装置は技術的に建造可能だ。

そういう因子が人工超知能を用意する条件を生み出すとボストロムは説いた。そしてわれわれは、知能を人間のパラメータの範囲内で考えたがる傾向があるせいで、マシンの知能がわれわれの知能を超える速さについて勝手に安心しがちだ。つまり人間レベルのＡＩは、まだまだ全然だめに見えていても、一瞬にして限界を超えてしまうかもしれない。ボストロムはこの点を著書で、安全なＡＩの理論が専門のエリーザー・ユドコフスキーの言葉を引用して表している。

ＡＩの知能は、「馬鹿」と「アインシュタイン」を、心一般の尺度上にあるほとんど区別できない二つの点ではなく知能の尺度上にある両極と考えがちな人々の人間中心的傾向からすると、急激に飛躍するように見えるかもしれない。馬鹿な人間よりもさらに馬鹿なものはすべて、私たちにはただ「馬鹿」に見えるのかもしれない。人は「ＡＩの進行矢印」が、マウスやチンパンジーを追い越して知能の尺度を着実に這い上がって行くところを想像しつつ、なめらかに言葉を話せないとか科学論文を書けないからまだ「馬鹿」だと思っているが、そのＡＩの進行矢印は、馬鹿以下からアインシュタイン以上までのわずかな差を、一か月とかその程度の短期間で超える。

この理論では、そのとき、事物は根本から変わる。そして良い方へ変わるか悪い方へ変わるかの問いに答えは出ていない。根本的なリスクは、超知能マシンがそれを生み出した、というかそれより前からいた人間に対して能動的に敵対するのではないかということではなく、マシンは人間に構わなくなるのではないかということだとボストロムは論じた。何と言っても人類は自分たちが台頭する何万年かの間に絶滅させた種の大半について、能動的に敵意を抱いていたわけではなかった。ただ自分たちの造り《デザイン》に含まれていなかっただけだ。同じことは、超知能マシンについて成り立つことになってもおかしくない。それは人間に対して、われわれが食糧にするために飼った家畜だとか、直接のつきあいはなくても、家畜より上とも思っていない存在に対するような関係に立つのだろう。

脅威の性質についてては、ボストロムは、マシンの側に悪意も憎悪も復讐心もないことをちゃんと強調していた。

「新聞がこのテーマで記事を書くときには必ず『ターミネーター』シリーズの映画の宣伝用スチール写真を使って描いてきたと思います。つまり、ロボットは私たちの支配を恨んでいるから私たちに反抗するし、人間に対して蜂起するということです。そういうことはありません」

そうして先のペーパークリップの筋書きに戻る。そのばかばかしさはボストロムも腹蔵なく認めているが、その要点は、超高知能マシンから及ぼされるかもしれないどんな害も、悪意によるものでも、他のどんな人間的動機によるものでもなく、ただただ、マシン固有の目標を追求する際に最適の条件が、われわれがいないことだからということにすぎない。

ユドコフスキーの言い方では、「AIは人を憎むことも愛することもなく、ただ人を構成している原子をAIは他のことに使うこともできるということだ」

これを理解する一法は、たとえばグレン・グールドがバッハのゴールドベルク変奏曲を演奏したレコードを聴いて、音楽の美しさを体験しようとしつつ、同時に心の中で、それが演奏されているピアノを製作するために行なわれた破壊、つまり切り倒された木、殺された象、象牙業者の利益のために奴隷にされたり殺されたりした人間のことを思い描くことだろう。ピアニストもピアノ製造業者も、樹木や象や奴隷にされた人々に個人的な憎悪はないが、そのいずれも特定の目的のために、つまり金を稼ぐとか、音楽を創るといった目的に使える原子からできている。それはつまり、あの合理主義者の集団をあれほど恐れさせるマシンはたぶん、結局われわれとはそんなに違わないだろうということだ。

ＡＩ研究をしている計算機科学者の間では、超人的知能が出現するといったことがいつになりそうか、予測をしたがらない傾向がある——決して多数派ではなくても、そのような展望に現実味があると信じる人々の間でさえ。これは、結局自分が馬鹿みたいに見えるかもしれないような、実証が不十分な主張は基本的にしたがらないという科学者一般の間にある傾向とも関係がある。しかしその忌避は、そこに含まれる難問を軽視する人々の例があちこちで目立つ分野の独特の歴史とも大いに関係がある。一九五六年夏、知能のあるマシンについてのアイデアが一つの学問分野のようなものにまとまる前、科学者——数学、認知科学、電気工学、計算機科学の先頭に立つ人々——の小さな集団が、ダートマス・カレッジの六週間にわたる研究会に集まった。マーヴィン・ミンスキー、クロード・シャノン、ジョン・マッカーシーらの集団で、今やＡＩの創始者と見られる人々だ。研究会を後援したロックフェラー財団への提案には、この会合について次のような根拠を示した。

われわれの提案は、一〇人による二か月間の人工知能研究を行なうことである……この研究は、学習のあらゆる面、あるいは知能の他のどんな特色も、原理的にはマシンがシミュレートできるように正確に記述できるという予想に基づいて進められる。言語を用い、抽象観念や概念を形成し、今は人間のものとされるような問題を解き、自らを改善するマシンの作り方を求める試みがなされる。われわれは、注意深く選んだ科学者集団が一夏集まって研究すれば、こうした問題の一つあるいは複数について、意義のある前進が得られるものと考える。

この種の傲慢はＡＩ研究にときおり現れる特徴だったし、何度かの「ＡＩの冬」――いくつかの問題にすぐにも答えを得ようという強い熱意が噴出した後、それが想像されていたよりもはるかに複雑だということがわかって資金が急激に減らされる時期――も生んでいる。

何十年かにわたり、過大な約束と過小な成果というパターンが繰り返され、研究者があまり先のことを見ようとしない風土がＡＩ研究の中に生まれていた。そしてそのために、この分野が本格的に生存リスクという問題にかかわるのも難しくなった。ＡＩを研究する開発者のほとんどは、自分が研究している技術を擁護するあまり中庸を逸脱した主張をしていると見られたがらなかった。

そして人がＡＩのことをそれ以外にどう考えようと、とくに人類の滅亡にかかわる主張は、中庸を逸脱しているという非難にさらされた。

ネイト・ソアレスはきれいに剃《そ》った頭に手を当て、修道僧のような頭蓋の前面を指で素早くとんとんと叩いて言った。

「今のところ、人間を動かすには、これだけの肉を使う以外、手立てはありません」

私たち、つまりネイト・ソアレスと私は人工超知能の到来とともにもたらされそうな恩恵について話していた。ソアレスにとって、最も直接的な恩恵は、自分で指差している「これだけ」の神経的な肉ではないもので、人間を――とくに言えば自分自身を――動かす力だということになる。

ソアレスは二十代半ばの、筋骨たくましい、肩幅の広い男で、抑制の効いた落ち着いた雰囲気があった。「ネイト・ザ・グレート」という言葉が入った緑のTシャツを着ていて、私がふと気づくと、自室の椅子にもたれ、脚を組んでいるソアレスは、靴を履いておらず、靴下は左右ばらばらで、一方は青の無地、もう一方は白の歯車模様だった。

部屋は私たちが腰掛けている椅子と、開いたノートパソコンと一冊の本が載った机以外には見るべきものがまったくなかった。見ると、本はボストロムの『スーパーインテリジェンス』のハードカバー版。その部屋が、バークレーの機械知能研究所（Machine Intelligence Research Institute ＝ＭＩＲＩ）にあるソアレスの研究室だった。この空間に物がないのは、ソアレスが前年、グーグル社のソフトウェア開発技術者という高給の職を辞し、その後すぐにＭＩＲＩで昇進して事務局長という新たな役目を引き受けたばかりだからかな、と私は思った。ソアレスの職は、それまで、二〇〇〇年にＭＩＲＩを創設したエリーザー・ユドコフスキー――ボストロムが「馬鹿以下からアインシュタイン以上まで」の飛躍についての言葉を引用したＡＩ理論家――が占めていた（元は「人工知能シンギュラリティ研究所」と呼ばれていたが、二〇一三年、カーツワイルやピーター・ティアマンディスが設立したシリコンバレーの私学、シンギュラリティ大学との混同を避けて改称された）。

私はソアレスが自分の職務やＭＩＲＩの職務を顕著にヒロイックな言葉で考えていることを知っていた。Less Wrong〔間違いを少なく〕という合理主義についてのウェブサイトに書かれた何本かの記事を読んだことがあり、ソアレスがそこで、世界を確実な破壊から救いたいという前々から抱いている望みについて語っているのを見たからだ。そうした記事の一つで、ソアレスが厳格なカトリックの家で育ったことや、十代のときに信仰を捨て、その後は自分のエネルギーを理性の力を通じて「未来を最適化するという情熱、熱意、欲求」に傾けたことを読んだことがあった。そうした文章でのソアレスの論法は、私には、シリコンバレー企業様式を強調したパフォーマンスに見えた。シリコンバレーでは社会的メディアプラットフォームや共有経済《シェアリングエコノミー》スタートアップの起業がいつも、「世界を変える」という熱意ある意図をもって告知されている。

一四歳のとき、身のまわりの世界で人間にかかわることすべての「調和できない」カオスを意識するようになり、あることを心に誓ったとソアレスは書いていた。「私は政府を正すとは誓わなかった。それはその先の見方を知らない人々のための便宜的な解決策という、目的のための手段だった。私は世界を変えるとも誓わなかった。ささいなことがすべて変化だし、すべての変化が良いわけではない。私が誓ったのは世界を救うことだった。その誓いは今も残っている。地獄と同じく、放っといても世界が救われるわけではないのは確かだ」

私はソアレスの文章の、論理的な言葉を一種の簡潔なギークのロマンティシズムと融合する調子に関心を抱いた。トランスヒューマニズムだけでなく、科学や技術というもっと広い文化に目立つ特徴である、純粋理性の理想化について本質的なところを捉えているように見える、奇妙で矛盾する調子だった――私はそれを手品のような合理主義と思うようになっていた。

今のソアレスは、人工超知能の到来とともに来たるべき大きな恩恵について語っている。そのような変動を起こす技術を開発することによって、われわれは基本的にすべての未来のイノベーション――すべての科学的・技術的進歩――をマシンに委ねることになるとソアレスは言った。

こうした主張は、人工超知能はありうると思っているテック界の人々の間ではほぼ標準的だった。このような技術の問題解決能力は、適切に用いられれば、その解決やイノベーションの回転率を猛烈に高め、恒常的なコペルニクス的転回状態にする。何世紀もの間、科学者を悩ませていた問題も、何日、何時間、何分かで解決されるだろう。今は厖大な数の人々の生命を奪っている病気の治療法が見つかり、同時にそこから生じる人口過剰に対する巧みな策も考案されるだろう。そのようなことを聞くと、長い間、自身の創造物に対する義務を放棄していた神が、0と1によるアルファにしてオメガであるソフトウェアという形で意気揚々と復活するところが思い浮かぶ。

ソアレスは言った。「AIがあれば、私たちが語っていることが、物理的に可能になることの限界に達するのが大いに早まるということです。そしてこの空間で明らかに可能になることといえば、人間のマインド・アップローディングです」

われわれがマシンによる滅亡を回避できれば、そのようなデジタルの恩恵は必ずやわれわれのものになるとソアレスは信じていた。ソアレスの見方では、本人の言うところ、「有機物に特別なところは何もないので、このものごとの構図に神秘的なところ、空想的なところはない。自然にある他の何ものとも同じで――たとえば木について言えば、ソアレスは「土と日光をさらに多くの木に変えるナノテクマシン」と呼んでいる――われわれもまた機械仕掛《メカニズム》だ。

十分な計算処理能力が得られてしまえば、われわれは量子レベルまで、脳が今の肉の形で行なっていることをすべてシミュレートできるだろうとソアレスは言う。

このような機能主義的な認知観の中には、AI研究者の間であたりまえになっていて、ある意味でこの企て全体の中核をなすような形のものがある。心はプログラムだと言っても、脳という精巧な計算装置で実行されるという点が特徴なのではなく、それが実行できる演算を特徴としているということだ（ランダル・クーネとトッド・ハフマンのような人々が今企てていることは複雑ではるかかなたの目標でも、ソアレスが言おうとしているような人工超知能の類があれば、人が三連休くらいの休みを過ごしている間に達成できるだろう）。

つい忘れてしまいがちなことだが、二人でここで話している間も、われわれは実はナノテクのタンパク質計算機を使っていて、この会話というデータ転送を行なっているのだとソアレスは言う。そしてソアレスがそう言っているとき私は、ソアレス本人や、ソアレスのような人々には、そういう確信はごくあたりまえのことなのだと思っていた。そうした人々の脳や心は、データ転送という見立てが直観的に的確で、最後にはそもそも見立てには見えなくなるほど、論理的で、厳密な方法に沿って機能しているからだ。それに対して私自身は、自分の脳をコンピュータあるいは他の何かのメカニズムと考えるのが難しかった。脳がコンピュータなら、それはとことん非効率的な装置で、すぐにクラッシュし、ひどい計算間違いをし、回り道をしていつまでも目標にたどり着かず、結局、しょっちゅう目標をあきらめてしまうので、これをもっと高性能にしたマシンに置き換えたいところだ。もしかすると、このコンピュータとしての脳という考え方に私がこれほど抵抗するのは、それを認めてしまうと、必然的に私の思考が要するに不調、冗長、システムの故障なのだというモデルを採用せざるをえなくなるからかもしれない。

この、人間をあたかもそれがタンパク質で組み立てられたコンピュータにすぎないかのように言い、脳は、ミンスキーが言ったように、「結果的に肉の形になったマシンだった」と説く傾向――トランスヒューマニストの、シンギュラリティ論者の、テクノ合理主義者一般の傾向――には、いかがわしいところがあった（その日、その取材の前に、MＩRＩのあちこちで耳にしたことを引用するのが習慣のソアレスのツイッターのタイムラインで私はこんな言葉を読んでいた。「これは肉でできたコンピュータ上に生じたプログラムを走らせたときに起きることだ」)。この論法は本能的なところで不快だと私は感じた。それは人間の経験にある複雑さや奇妙さを、刺激と反応という単純化した道具主義的モデルに還元するからだし、それによって、人間は旧式のマシンとされてもっと高性能なマシンに置き換えられるという想像上の空間――実際にはイ、デ、オ、ロ、ギ、ーの空間――を開くからだ。すべての技術の運命は結局、もっと精密で、もっと有用で、与えられた課題の実行についてもっと効果的な装置に引き継がれることなのだから。技術そのものの要点は、個々の技術をできるだけ早く不要なものにすることだった。そしてこのテクノ・ダーウィン主義者の未来観では、われわれが自分の進化を技術的に開発するほど、自身の旧式化をもたらしてしまうことになる(サミュエル・バトラーは産業革命が起きた後、ダーウィンの『種の起源』が出版されてから四年後の一八六三年、「われわれは自分で自分たちの後継者を生み出している。人の機械に対する関係は、馬や犬の人に対する関係になるだろう」と書いた)。

しかし他にも、あたりまえに見えて、どこかもっと深いところで不安を感じさせるもの、つまり、肉体と機械装置という二つの表面上相容れないイメージの体系が結合することから生じる不快感があった。それしてたぶん、この結合によって私の中に根源的な不快感が生じる理由は、タブーのように、まさしくそれが真実、つまりこの場合、われわれが本当は肉だという真実、そしてやはり、また逆に、われわれの肉がわれわれというマシンの材料以上でも以下でもないという真実に近いがために、口にはできないことがもたらされるということだろう。そしてこの意味で、ネイト・ソアレスが有機物に特別なところは何もないと言うのを録音していたiPhoneのプラスチックとガラスとシリコンに特別なところも、そうである必然もないのと同じく、実際に有機物に特別なところは何もない。

つまり、われわれが人工超知能と一体化し、不死のマシンになる未来というシンギュラリティ論者の最善の想定は、私にとっては、人工超知能がわれわれをみな滅ぼすことになるという最悪の想定と同程度の魅力しかなかったし、実際には、それ以下だったかもしれない。それに、私がだんだん知るようになって、当然恐れるようになると思われた――最善の想定に恐怖を感じるところから先へ進めるなら、当然そうなると思った――のは、後者の、神モードに対する失敗モードの方の筋書きだった。

ソアレスは話しているとき、赤いマーカーの蓋を親指で規則的に外したりはめたりしながら、それを使ってホワイトボードでいくつかの事実や理論を図解して私に解説してくれた。たとえば、われわれが人間レベルのＡＩを開発するところまで行ったら、その後は論理的に、ＡＩがすぐに自身のその先の道のりをプログラムする位置につき、あらゆる創造物を呑み込んでしまうような、あっという間に燃え広がる知能の地獄に火をつけるといったことだった。

「私たちがひとたび計算機科学研究やＡＩ研究を自動化できたら、フィードバックループが閉じて、自分でもっと良いシステムを構築できるシステムが得られるようになります」とソアレスは言った。

これはたぶん、ＡＩ界の信仰でも最も基本的な条項となっている、シンギュラリティへの陶酔と、破滅的な生存リスクへの恐怖との両方の根底にある思想だったかもしれない。それは最初はイギリスの統計学者で、ブレッチリー・パークの暗号研究者を務めたこともあり、スタンリー・キューブリックの『２００１年宇宙の旅』のＡＩ観に助言をすることにもなったＩ・Ｊ・グッドによって紹介された、知能爆発と呼ばれる考え方だった。一九六五年にＮＡＳＡの会合で発表された「最初の超高知能マシンに関する推測」という論文で、グッドは人間並みのＡＩが初めて登場するとともに起こりそうな、奇妙で不安定な変容の見通しについて述べた。そこにはこう書かれている。「超高知能マシンを、どんなに賢い人の知的活動でも、そのすべてをはるかに上回りうるマシンと定義する。マシンのデザインもこうした知的活動の一つなので、超高知能マシンはさらに良いマシンをもデザインできるだろう。疑問の余地なく『知能爆発』は起きて、人間の知能は大きく引き離され、置いていかれることになる」

すると要するに、われわれの手になるこのマシンは、究極のツール、最初の槍が投げられたときから描かれる軌道の目的論的な終点――「人間が行なう必要のある最後の発明」――となるということだ。人類が継続的に生き残るにはそのような発明が必要になるが、破局が避けられるのは、マシンが「私たちにそれを制御する方法を教えるほど親切」だった場合のみだろうとグッドは信じた。

この機械仕掛《メカニズム》は、親切だろうとそうでなかろうと、そのからくり《マキネーション》、不可思議な様子はわれわれには理解できず、それを生んだ人間の水準をはるかに超える知的水準で動作する。われわれの活動は、われわれが科学実験で使うラットや猿の心ではおそらく理解できないのと同じように。したがってこの知能爆発は何らかの形で、人の支配の時代の終わり――そしてたぶん、人間という存在の終わり――になる。

ミンスキーはこんなことを言った。「マシンがわれわれとほとんど同じくらいの知能になったところで停止すると考えたり、われわれがずっと、機知や知恵でマシンと張り合えると想定したりするのは不合理である。マシンを何らかの形で自分たちで制御したいとしても、それができるかどうかにかかわらず、知的にもっと優れた存在がこの世に存在することにより、活動や目標の本性はすっかり変わるだろう」

これは要するに、シンギュラリティと、その暗い裏面である破滅的な生存リスクとについての基本的な考え方だ。「シンギュラリティ」という言葉はもともと物理学の用語で、ブラックホールの正確な中心にある、物質の密度が無限大になり、時空の法則が成り立たなくなるところを指す。

ソアレスは言った。「人が身のまわりに人類よりも頭の良いものを得てしまった未来を予想するのは非常に難しくなります。チンパンジーより頭の良いものがそのへんにいるからといって、チンパンジーには、それからどうなるかを予測するのは非常に難しいのと同じことです。それがシンギュラリティということです。それを過ぎた先は何も見えなくなると予想されるところなんです」

このAI以後の未来は、ありふれた未来――このことからして、有用な、あるいは正確なことを言いにくいことで知られている――よりもさらに予測しがたくなるという確信にもかかわらず、ソアレスは状況を、結局何が起ころうと、人類がクリックされて歴史のごみばこにドラッグされることにはならないというのはまったくありそうにないと読んでいた。

ソアレスと、MIRIや人類未来研究所や生命未来研究所の同僚が防ごうと努めているのは、当の人工超知能を生み出したわれわれを、もっと役に立つ形（必ずしもペーパークリップではない）に作り変えることのできる原材料と見るような人工超知能ができてしまう事態だ。それについての語り方からすれば、ソアレスがその努力が成功しない見込みが恐ろしく高いと思っていることは明らかだった。

「はっきりさせておくと、そういうとんでもないことになれば私も殺されると思っています」とソアレスは言った。

私はどういうわけか、それほどあっさり言われるのを聞いて驚いた。もちろん、ソアレスがこの脅威をそのように真剣にとるのは筋が通るのだが。ソアレスのような人にとってこれは知的なゲームなどではなく、そういう人々はこれが未来にありうる非常に現実的な可能性だと本当に信じていることを、私は承知していた。それでも、自分が巧妙なコンピュータプログラムに殺される可能性の方が、がんや心臓病や老衰で死ぬよりも高いというソアレスの考え方は、結局のところ、馬鹿げているように見えた。ソアレスはこの立場に、最も合理的なルートで達したように思われる——ソアレスが私のためにホワイトボードに書き連ねてくれた数式やロジックを私はほとんど何も理解できなかったものの、その式やロジックがそのことの証拠だと思った——が、それでも私には、立てる位置としてはどこまでも非合理であるように見えた。初めてのことではなかったが、私は絶対の理性が絶対の狂気に献身的な下僕として仕えうることに思い当たった。しかしあらためて言えば、私はたぶん狂った一人、あるいは少なくとも、この迫りくる終末の論理を見通すには、あまりに機知の足りない、あまりにどうしようもなくものを知らない一人だった。

私は「本当にそう信じていますか？　本当にＡＩがあなたを殺すと信じていますか？」と尋ねた。

ソアレスはぞんざいに頷き、赤のマーカーのキャップをかちっと戻した。

「みんなそうなります。だから私はグーグルを辞めたんです。それは世界中で、何にも増して大事なことです。他の——たとえば気候変動のような——破局的なリスクとはちがって、ものすごく放置されています。ＡＩ開発事業には、何万人／年、何億ドルもつぎ込まれています。安全関係の仕事をフルタイムでしているのは今は一〇人もいません。そのうち四人はこのビルにいますよ。それは核融合開発一番乗りになろうと競っている人々が何万人もいながら、安全な格納の仕事をしている人が基本的にいないというようなものです。そして私たちはその格納の仕事をしなければなりません。今の取り組み方からすると、成功すれば私たちをみな殺すようなものを組み立てそうな、非常に頭の良い人々がたくさんいるからです」

私は言った。「現状では、この技術によって滅ぼされる可能性が高いとおっしゃろうとしているのですか」

「何もしなければそういうことになります」とソアレスは言い、赤いマーカーをデスクに立てて、打ち上げ前のミサイルのように直立させた。その様子は、私の死について、あるいは私の息子の、あるいは将来の孫たちの——もちろんこの差し迫る終末のときに居合わせた不運な他のすべての人々の——死について話している人物としてはひどく無頓着に感じた。ソアレスはまるで、単に何かの技術的な問題について、何かの難しい、やっかいな官僚的難題について——ある意味でいつものように——語っているかのように見えた。

ソアレスは椅子にもたれながら言った。「私はまあ楽観的で、私たちがこの問題について意識するようになれば、人工知能に向かうあと何歩かの間に、人々はこのことが迫っていることをもっとずっと心配するようになるでしょう。分野としてのAIはこのことに目を覚ますでしょう。ただ私たちのようにことを進める人々がいなければ、何もしないで進んだ先はきっとこの世の終わりです」

私には特定しがたいいくつかの理由で、この何もしないで進んだ先《デフォルトパス》という言葉がその日の午前中ずっとつきまとい、MIRIの研究室を離れて地下鉄の駅へ向かい、湾の底のさらにその下の闇を抜けて西に向かうときも、私の頭の中で静かに反響していた。私はそんな言い回しに遭遇したことがなかったが、直観的に、それは、プログラミングの専門用語をもっと広い未来の話に転用したものだということを理解した。そしてこのデフォルトパスという言葉——私は後に、オペレーティングシステムが、与えられている命令に沿って実行可能なファイルを探す、ディレクトリのリストのことだということを知った——は、現実の全体像をそうやってミニチュアにして表す方法に見えた。世界はコマンドとその作用からなるよくわからない体系として動作し、その滅亡と救済は厳密にたどられるロジックの帰結であるという、抽象化され、繰り返し証明されることで強化された確信を抱いているということだ。それは言い換えれば、コンピュータ・プログラマなればこそ想像するような終末であり、救済だった。

すると、この厳密にたどられるロジックとは、いったいどういうものだったのだろう。この終末を防ぐのに必要なものとは何だったのか。

必要だったのは、何よりも、いつでも必要なもの、つまり資金と頭の良い人々だった。そして幸い、十分に優れた知力の持ち主何人かに資金を提供できるだけのお金を持った人々がいた。MIRIの資金の多くは、関心を抱く市民——大部分はテック界で働く、プログラマ、ソフトウェア技術者などの人々——からの少額ずつの寄付という形で得られていたが、ピーター・ティールやイーロン・マスクのような億万長者からの高額の寄付も受けていた。

私がMIRIを訪れた週は、たまたま、効果的利他主義《エフェクティブ・アルトルーイズム》——成長中の社会運動で、シリコンバレーの起業家の間や合理主義者仲間の中で影響力があり、自らを「理性と証拠を用いてできるだけ世界を改善する知的運動」と規定する——と呼ばれる団体が主催した大きな学会が、マウンテンビューのグーグル本社で開かれた時期と重なっていた（情緒的利他主義と対比される効果的利他主義に加わっているのは、自分が医師になって途上国の視覚障害を治療する道に進むより、ウォールストリートのヘッジファンド・マネージャーになって、収入の多くを、何人もの医師を雇ってもっと多くの視覚障害者を治療するための慈善事業に使った方がよいと判断した大学生など）。学会は大部分がAIと生存リスクの問題に集中していた。ニック・ボストロムとともに会議の討論会で話をしたティールとマスクは、効果的利他主義が道徳を数量で表すところに影響されて、ＡＩの安全性に目を向ける組織に高額の寄付をしていた。

効果的利他主義には、支持層の点で、ＡＩ生存リスク運動と無視できない重なり合いがあった（実際、効果的利他主義センターというこの運動の国際的推進団体は、オックスフォードの、人類未来研究所から廊下をちょっと行ったところに事務所を構えている）。

まだ存在しない技術から生じる仮想的な危険が、そうした億万長者起業家にとって、たとえば途上国の浄水化や、自国の所得のひどい格差の問題よりも、出資するに値するものだということは、とくに意外なことではないとはいえ、私には奇異に見えた。それは投資――時間、資金、手間――に対する見返り《リターン》の問題だということを私は知った。私がこのことを教わったのは、ヴィクトリア・クラコフナからだった。ハーバード大学の数学の博士課程の学生で、生命未来研究所の設立に――ＭＩＴの宇宙論学者マックス・テグマークやスカイプの創立者ヤン・タリンとともに――参加していた。この研究所は、その年すでにイーロン・マスクから、ＡＩによる破滅回避を目標とする世界的研究構想を確立するために一〇〇〇万ドルの寄付を受けていた。

クラコフナは、「出資《バック》にどれだけ成功《バン》があるかということです」と言った。ぶつかるような破裂音と絞った母音のウクライナなまりで言われるアメリカ風の言い回しは奇妙な感じだった。バークレーのシャタック街にある、酔っぱらった学部学生に飲食を提供することを想定した、居酒屋風の珍しくもないしつらえのインド料理店の客は、クラコフナと私と、クラコフナの夫でハンガリー系カナダ人数学者、元ＭＩＲＩ研究員のヤノシュの一行だけだった。クラコフナは、香辛料でぴりぴりの鶏料理をフォーク一杯に取っては、見事な速さと効率で食べながら話していた。その仕草は自信に満ちていたが少々よそよそしく、ソアレスの場合と同じく、最小限にしか目を合わせないのが特徴だった。

クラコフナと夫がベイエリアにいたのは効果的利他主義学会のためで、住まいはボストンの、砦《シタデル》と呼ばれる一種の合理主義者コミューンで、二人は一〇年前に高校の数学キャンプで出会い、それ以後ずっと一緒だった。

「生存リスクの心配はその価値計量に収まります」とクラコフナは詳述した。「未来の人々の利益と、すでに今存在している人々の利益とを秤《はかり》にかければ、未来の大破局の確率を下げることは非常にインパクトの大きい決断かもしれません。未来の人類をすべて滅ぼすような出来事を避けられたら、それは明らかに今生きている人々に対する善行を上回ります」

生命未来研究所は、「友好的AI」はいかにして開発できるかという数学的な難問にはMIRIほど注目はしていなかった。クラコフナの解説では、この研究所は、「あちらの組織集団の外郭」のように機能して、この問題の重大さについての意識を高めるのだという。同研究所が活動をする相手は、メディアや一般の人々ではなく、他ならぬAI研究者であり、生存リスクという概念がやっと本気で考えられるようになったばかりの支持層だとクラコフナは言った。

それが本格的に取り上げられるようになる上で大いに助けになった人々の一人が、カリフォルニア大学バークレー校計算機科学教授で、文字どおりに人工知能に関する本を書いたスチュアート・ラッセルだった（グーグルの研究部長ピーター・ノーヴィグとともに『エージェントアプローチ　人工知能』〔古川康一監訳、共立出版、一九九七年、第2版は二〇〇八年〕という、大学の計算機科学の授業ではAI部門の核となる教科書として広く用いられた本を書いている）。

二〇一四年、ラッセルと他に三人の科学者――スティーヴン・ホーキング、マックス・テグマーク、ノーベル賞受賞物理学者のフランク・ウィルチェク――が、いろいろなメディアがある中でもとくにオンライン紙の『ハフィントン・ポスト』で、ＡＩの危険に関する強固な警告を出した。ＡＩで仕事をしている人々の間に流布した考えでは、汎用人工知能は実現まで数十年と広く認められているので、われわれはただそれについて研究しつづけていればいいし、もし問題が起こっても、そのとき安全に解決できるとされるが、この考えを、ラッセルと、三人の錚々《そうそう》たる共著者は、根本的に間違っているとして攻撃する。「われわれよりも優れたエイリアン文明が『何十年か後にうかがいます』とテキストメッセージを送ってきたら、私たちは『ＯＫ、着いたら連絡して――明かりはつけておこうか？』とか答えるだけだろうか。おそらくそんなことはない――しかしＡＩについてはおおむねそういうことになりつつある」

私がクラコフナと夕食をともにした翌日、私はラッセルとバークレーの研究室で会った。私に腰を下ろさせたとたんにラッセルが最初にしたのは、ノートパソコンを開いてそれを私の方に向け――奇妙にもお茶を出すような、礼儀正しい仕草で――サイバネティクスの創始者ノーバート・ウィーナーの「自動化によるいくつかの道徳的・技術的帰結」という論文の一節が読めるようにすることだった。その論文は、もともと一九六〇年に『サイエンス』誌で発表されたもので、学習を始めると、「プログラマを困惑させる速さで、予見されない戦略」を生み出すマシンの傾向についての短い解説だった。

穏やかな学者的アイロニーのオーラを放つイギリス人のラッセルは、私を論文の最終ページに導き、私が画面で次のようなくだりを読む間、思慮深く黙って座っていた。「何か目的のために機械的実動装置を使うとしても、動作が高速で不可逆であるがゆえに、ひとたび動かしたら、それが完了する前に介入するためのデータがないので、人が効率的に介入できないとなると、マシンに入力される目的が、自分が本当に望むものであるかどうか、たんにそれを派手に模倣しただけの偽物ではないかどうかを確かめた方が良い」

私がラッセルのパソコンを本人の方に向け直している間、ラッセルは、私が読んだばかりのくだりは、AIの問題と、そしてその問題にどう取り組む必要があるかについて自分がこれまでに見かけたことがある発言と比べても明瞭に述べられていると言った。できないといけないのは、この技術に何を望むかについての、正確で紛れのない定義をすることだとも。それは単純なことであり、めちゃくちゃに複雑なことでもある。マシンが人間の手を離れ、独自の目標を立て、人類を犠牲にしてそれを追求する、という問題ではなく、われわれ自身が十分明確に意図を伝えられないことの問題だと、ラッセルは力説した。

「私はミダス王の神話からいろんなことを得ましたよ」

ミダス王が望んだのは、おそらく触れたもののうち変えたいものだけを黄金にする能力だったが、実際に伝わったのは(ディオニュソスが与えたことで知られるのは)、触れたものを黄金にしないことができないという不自由だった。その根源的問題は貪欲さにあると論じることもできるが、その悲しみ――そこにはすべての飲食物だけでなく、最終的には自分の娘まで望まぬまま錬金術のように転成させてしまうことが含まれることを思い出そう――の直接の原因は、自分の望みを十分明確に伝えることができなかったことだった。

ラッセルの見方では、AIに伴う根本的リスクとは、論理的に厳密な形で自分の欲求を明示的に定義するのは根本的に難しいということで、それ以上でもそれ以下でもなかった。

規模が大きすぎて計算困難な科学的問題を解ける、ものすごく高性能な人工知能ができたとしてみよう。これに永遠にがんをなくすよう命じたとしてみよう。そのコンピュータはこの仕事にかかり、すぐにそのための最も効果的な方法は、異常な細胞の制御できない分裂が起こる可能性があるすべての種を除去することだという結論を出すことになる。命じた人は、自分のエラーに気づいたときにはもう、当の人工知能以外のすべての物心のある生命を地球から滅ぼしていることになる。人工知能の方は、当然、自分は任務を遂行したと思っているのだが。

AI研究者で、MIRI研究諮問委員会にもいたスティーヴン・オモアンドロは、二〇〇八年、目標指向型AIシステムの危険を展望する論文を発表した。論文は、「基本的AI衝動」と題され、AIが訓練を受けた目標がどんなにささいなものであっても、リスクを予防するきわめて厳格で複雑な手段がなければ、非常に深刻なセキュリティ・リスクをもたらすだろうと説く。「チェスを指すロボットを作っても本当に害はないだろうか」と、オモアンドロは問うて、実はまさにそれからもたらされうる害がたくさんあると、言下に断言する。「特別な予防措置がなかったら、スイッチを切られるのも拒否して、他のマシンに侵入して自らのコピーを作ろうとし、他の何物の安全も考えずに資源を獲得しようとするだろう。そうした害をもたらす可能性がある行動は、最初からそうなるようにプログラムされていたから起こるのではなく、目標駆動型システムに内在する本性のせいである」

チェスを指すAIは何から何まで、それが持つ効用関数の値（チェスを指して勝つ）を最大にすべく動くことになるので、スイッチが切られることがその値を大きく減退させる原因になるとしたら、そのスイッチを切られる筋書きは避けるような動き方をするだろう。「チェスを指すロボットが破壊されたら、二度とチェスを指せない」とオモアンドロは書く。「そのような結果は効用が非常に低く、システムはそうならないように何でもすることになるだろう。そこで人は、何かまずいことがあったらただスイッチを切ればよいと思ってチェスを指すロボットを作る。しかし驚くことに、それはスイッチを切ろうとする試みに強硬に抵抗する」

つまりこの見方では、人工知能開発者にとっての難題は、スイッチを切られることを気にせず、それ以外ではわれわれが望ましいと思うようなことをする技術を設計することだ。問題は、われわれが望ましいと思うようなふるまいを定義するのは、単純な話ではないところにある。「人間的価値」という語句が、AIや生存リスクの論議では大いに用いられるようになっているが、それが言われるときは、その価値について意味のある正確なことを述べるのは不可能だという認識がある場合に限られることが多い。たとえば、自分の家族の安全の方が、他の何よりもずっと価値が上だと思われることもあるだろう。すると、保育を仕事にするロボットに、他にどんなことをしようと、あるいはすまいと、その子に害が及びかねない状況に置いてはならないという至上命令を教え込むのは当然だと思われるかもしれない。実は、これは基本的にアイザック・アシモフによる有名なロボット三原則の第一条のことだ。つまり「ロボットは人間を傷つけてはならないし、不作為によって人間が傷つけられる状況を許容してはならない」

しかし現実には、われわれは自分で思うほどには子どもに対する害の予防に偏執的に資源をつぎ込むことはない。たとえば、この命令に絶対の厳格さで従う自動運転車両は——路上で事故に遭遇するリスクは無視できないと見れば——少年がロボットの仲間と冒険に出る最新のCGアニメを見に子どもを映画館へ連れて行くことは拒否するだろう。

他ならぬラッセルが唱えていることで有名な、可能性のある方式の一つは、この暗黙の価値観と、それを優先すべき場合、すべきでない場合をAIのプログラムに書き込もうとするのではなく、その価値観を人間の行動を観察することで学習するようにAIをプログラムすることだった。ラッセルは、「私たちだってそうやって価値体系を学習するわけです。たとえば痛いのはいやだというように生物学的なこともあれば、人は盗みをしてはいけないというように明文化されることもあります。でも学習のほとんどは、他の人々の行動を観察して、そこに反映されている価値を推測することによるものでしょう。マシンにさせなければならないのはそこのところです」と言った。

私がラッセルに、人間並みの人工知能からどこまで先へ行きそうかと尋ねると、その職業の慣習で、予測は出したがらなかった。何らかの今後の進行を口にするという間違いを最後に犯したのは先の一月、ダボス世界経済フォーラムのときで、人工知能・ロボット工学世界的課題評議会《グローバル・アジェンダ》なるものに参加していて、自分の子どもが生きている間にはAIが人間の知能を超えるだろうという見解を述べた——その結果、『デイリー・テレグラフ』紙が、「『ソシオパスの』ロボット、次世代に人類を追い越す可能性」と報じることになった。

この種の言い回しはもちろんヒステリーではないかと思われるのだが、ラッセル自身の語り方にはそんなところはなかった。しかしAI安全性キャンペーンに参加する人々と話すとき、私は内部矛盾に気づくようになった。この分野の人々が、自分たちの主張がメディアによってセンセーショナルに報道されることに不満を抱いても、その主張そのものがすでに、まじめな言葉で言われていても、どんな主張にも劣らずセンセーショナルだという事実によって、不満の根拠は失われてしまう。人類全体が滅亡する可能性のような、どだいが派手な話を抑えるのは難しい。そもそもメディア――そのカテゴリーから私は除外されるとは思っていない――は、それこそがセンセーショナルだから、このネタ全体に引き寄せられているのだ。

しかしラッセルが進んで言おうとしていたのは、人間並みのＡＩの到来は近年、「かつてよりも差し迫って」いるように見えてきたということだった。ロンドンにあった新興企業で二〇一四年にグーグル社に買い取られたディープマインド社が先頭に立つような機械学習での展開は、ラッセルには、世の中の姿を変えるようなことへ向かう進歩が加速していることのしるしのように見えていた（私がラッセルに会う少し前に、ディープマインド社は、人工神経《ニューラル》ネットワークに、アタリ社の古典的なゲームセンター用のゲーム「ブレイクアウト」〔「ブロックくずし」〕のスコアを最大にするという課題を与えた実験の結果を動画で発表していた。このゲームでは、プレイヤーは画面の下にあるパドルを操って、ボールを壁にぶつけて跳ね返らせ、それによってその壁のブロックを崩して、壁の向こう側に入らなければならない。動画は、ネットワークがゲームのプレイのしかたを学び、ポイントを効果的に上げるための新しい戦法を考え出し、人間が出していたそれまでのスコア記録をすべてすぐに破る、見事な速さと巧みさを映し出していた）。

古いゲームセンターのゲームで勝って栄光を手に入れるコンピュータとは、ＨＡＬ９０００から何と遠く離れていることか。このようなニューラルネットワークがこれまでのところこなせていないのは、与えられた課題の追求で何手先をも見通す必要があるような、階層的な決定の過程だ。

私が腰掛けた椅子をデスクの方へ寄せて、相手に向かって身を乗り出さなければならないような穏やかな話し方をするラッセルは、こんなことを言っていた。「今日、この部屋で腰を下ろすに至った決断と動作、というようなことを考えてみてください。初歩的な動きというか、あなたの筋肉や指や舌を動かすようなレベルでも、ダブリンからこちらへ来られる間に、五〇億とかそのくらいの動作がかかわっているんじゃないですかね。でも、人間が現実世界で——たとえばコンピュータゲームやチェスのプログラムの世界ではなくて——そこそこやっていけるとなると、本当に意味があるのは、もっと高いレベルの動作について考える能力です。つまり、こちらへ動かすのは、あるいはあれだけの距離を動かすのは、こっちの指かこっちの指かとかを決めるのではなくて、サンフランシスコへは、ユナイテッド航空にするか、ブリティッシュ・エアウェイズにするかとか、ベイエリアを通ってバークレーへ行くのはUber《ウーバー》にするか、鉄道にするかとかのことを決めようとすることです。非常に大きな塊で考えることができて、そうして何十億にも及ぶ体の動きによる未来を構成できて、しかもそのほとんどは全然意識していません。その階層的意思決定は、人間の知能の鍵を握る成分で、私たちはまだそれをコンピュータにどう実装するかつかめていません。けれども無理というのではなくて、それをしてしまえば、人間並みのAIに向かう大きな前進ができたということになります」

バークレーから戻った後は、毎週のように人工知能の前進が何かの新しい節目《マイルストーン》を通過しているように見えた。ツイッターやフェイスブックを開くと、タイムライン——それ自体が隠れたアルゴリズムによって制御される潮の流れのように押し寄せる情報の流れ——には、何らかの人間の領域をマシンの知能に譲り渡すことについての、奇妙で落ち着かない物語が繰り返し姿を見せる。ロンドンのウェストエンドで、脚本、作詞、作曲すべてがアンドロイド・ロイド・ウェバーというＡＩのソフトによって書かれているミュージカルの公演が始まると書いてある。AlphaGoと呼ばれるＡＩ――やはりグーグルのディープマインド社の成果――が、古代中国から伝わる盤上の戦略ゲームであり、取りうる手がチェスよりも指数関数的に複雑という囲碁で、人間の名人を破った話もあった。コンピュータプログラムによって書かれた本が、ＡＩと人の両方が参加できる日本の文芸賞〔日経「星新一賞」〕の一次予選を通過したという話もあって、アンダース・サンドバーグの後にブルームズベリーのパブで話した未来主義の専門家が、文学作品はますますマシンによって書かれることになるのではないかという説を思い出した。

そうしたことがどんな感じなのか、定かではなかった。ある意味で、コンピュータが生み出す小説やミュージカルの存在が、未来の人類にとって何を意味するかという疑問よりも、そのような本を読み、そのような上演につきあわなければならないと考える方が困惑することだった。そして、私は人類が何かの盤上戦略ゲームで一番であることに特段のプライドも持っていなかったし、だからAlphaGoの台頭で興奮することもなく、それは私には、高速に、すべてを尽くして論理的帰結を計算する――高度に精密な検索アルゴリズム――という、コンピュータがもともと得意だったことがさらにうまくなっただけの事例にしか見えなかった。しかしある意味では、ＡＩがすでにしていることがうまくなるだけと想定するのは理に適っているようにも見えた。ウェストエンドのミュージカルもＳＦ小説も、少しずつひどくなくなり、さらに複雑な仕事も、マシンによってもっと効率的にこなせるようになるのだ。

ときどき、生存リスクという考え方全体がヒロイズムと支配によるナルシスト的ファンタジーだというのは文句なく当然に思えた――それはコンピュータ・プログラマやテック起業家や引きこもりの自尊心の高いギークの、人類の運命は自分たちの手にあるという壮大な幻想で、われわれは悪しきプログラムに破壊されるか、善きプログラムに救われるかのいずれかとなる、おめでたい二進数的終末論だ。そういうふうに見ると、この話全体が子どもっぽくて、ほとんど考えるに値しないように見えた。特異な頭の良さにはばかばかしいところがあるという教訓の実例として以外は。

しかし、幻想を抱いているのは私なのだと、そして、たとえばネイト・ソアレスが、絶対に、恐ろしいほど正しいのだと確信するような場合もあった。つまり、世界でも一流の頭の良い何万という人々が日々、世界で最高級の精巧な技術を用いて、われわれを全滅させるようなものを作っているということだ。どこから見てもありそうというのではないが、ある水準では、直観的に、詩的に、神話的に正しいように見えた。それは結局、われわれが種全体として行なっていることだった。われわれは巧みな装置を組み立てて、事物を破壊したのだ。

最初のロボットについてひとこと

一九二一年一月二五日の夜、プラハで、人類は初めてロボットなるものと出会い、そのすぐ後で、そのロボットによって人類が滅びることを聞かされる。この出来事はチェコ国立劇場での、カレル・チャペックの芝居『Ｒ・Ｕ・Ｒ』の初日に起きた。このタイトルは「ロッサム万能《ユニバーサル》ロボット」の略語で、ロボットという言葉――チェコ語で強制労働を意味する「ロボタ」に由来する――が使われた最初の例であり、すぐに神話とＳＦと資本主義が交わる収束点になった。見た目では、チャペックのロボットは、後の輝く金属的なヒューマノイドという標準的な表し方――フリッツ・ラングの『メトロポリス』やジョージ・ルーカスの『スター・ウォーズ』やジェームズ・キャメロンの『ターミネーター』などの直系の系統にあるようなもの――よりも、『ブレードランナー』の恐ろしいほど説得力のあるレプリカントの方と共通点が多かった。登場するロボットは人間と区別できない。回路と金属でできているのではなく、肉、あるいは肉のような物質でできている――臓器など体の各部分につき一つずつ並ぶ「攪拌槽」の列で製造される、

「こねた粉《バター》」と呼ばれる謎の物質から作られていた。当の芝居は、ＳＦ寓話、政治的寓意、社会風刺がどろどろと混じった作品で、論争を呼んだ意図は、資本主義の貪欲への批判でもあれば、組織された群衆への反共産主義的な恐怖心でもあるというふうに定まっていなかった。

チャペックのロボットは産業の生産性を高める目的で生み出された「人造人間」で、利益という動機のプリズムを通して、人間の意味を、抑圧的に切り詰めたような見方を表す。芝居の第一幕では、舞台となるロボット生産工場の経営者でドミンという名の男に、その名と同様に〔domin は「dominate＝支配する」を思わせる〕、鼻につく上から目線の独白が与えられている。このマシンの発明者（社名にあるロッサム）はどのようにして「最小限のことしか必要としない労働者」を発明したかという話で、「そうするためにこれを単純化しなければならなかった。仕事と直接関係のないことはすべて捨て、そうして人間らしいところを捨てて、ロボットを創造したのだ」という。こうしたロボットは、それ以前のフランケンシュタインのモンスターのように、完成形で生まれ、すぐに仕事を始められるようになっていた。その説明では、「人間というマシンはどうしようもなく不完全だった……自然は現代の仕事の速さを把握していなかったのだ。技術的に見れば、子ども時代など、何から何までただの無意味だ。単純に時間を無駄にしている。擁護できない時間の無駄だ」

こうしたロボットを創る背後にあった明示的なイデオロギーは、容赦のない企業論理と救済を謳う論法が矛盾しながら混ざっている点で、奇妙にも今のシリコンバレーのテクノ進歩主義や、もっと過激なＡＩに関する予測のいくつかを思わせる。ドミン――ト書きでは「大きなアメリカ製デスクに」着いていて、背後には「いちばん安い労働力――ロッサム社製ロボット」のような宣伝文句が書かれたポスターがある

――は、この技術は貧困を完全に根絶し、すべては機械によって行なわれ、人々は労働から離れ、自分の自己実現を求めて何不自由なく暮らせると説く。「アダム、アダム、もう額に汗して日々の糧を稼ぐことはない。神の手で養われていた楽園に戻るのだ」と。

このような話ではお約束のようなもので、実際にはそうはならない。芝居の第二幕で増殖し、多くの場合、技術的に進んでいたヨーロッパ諸国で軍事訓練を受けてきたロボットは、人間は自分たちより劣っていると見て、そんな種によって支配されることにはもう同意しないことにし、断固その生物種を根こそぎにしようとする。その作業は、ロボットを創った人間が高く評価している当の高い効率と目的達成だけを考える専心で始められる。

この芝居は、資本主義がその臣民を機械化することの寓話的表現もさることながら、それと関連して、そのそっけない形で、人間の生命を複製しようとする技術のプロメテウス的な怖さという感情もかきたてる。ロボットの台頭と、それに続くほとんど全面的な人間の排除は、神の復讐そのもの――楽園を回復しようとするどんな試みも結局は迎えざるをえない天罰――だ。

チャペックのロボットは、われわれ自身の歪《ゆが》んだ似姿のように見える。ト書きの指定によれば、ロボットは「人のような服装」をして、顔は「無表情」、目は「すわっている」。こうしてロボットは自動機械にして死体、つまりおなじみのゾンビが具える異質性を心に呼び起こす。第三幕のロボットによる大量殺人は、第一次世界大戦直後に書かれた作品として、ヨーロッパ諸帝国の技術的に強化された流血の儀式を、ロボットが造り主から学んだ「人間的価値」の演出としてほとんどあからさまに映し出したものと位置づけられている。最後に生き残った人間、アルクィストがロボットのリーダーに、なぜおまえたちは他のすべての人を滅ぼしたのかと尋ねると、こんなことを言われる。「あなたがたが人らしくなりたいと思えば殺したり支配したりしなければなりません。歴史を見ればわかります。人々の本を見てください。あなたが人になりたければ、支配し、殺さなければならないんです」

チャペックの芝居のロボットは、現在の人類の恐怖から生まれた未来技術の悪夢だ。アルクィストが言うように、「人間にとって、自分の姿ほど奇妙なものはない」。つまり、この最初の架空のロボットは、われわれの技術がひるがえってわれわれに、その技術が生み出される元になった価値観を映し出す様子を明らかにする――フランケンシュタインのモンスターは自分について「似ているからこそよけい恐ろしい」と言う。

われわれのこの取り憑かれ方はいったい何なのだろう。われわれが巧妙であることによる成果によって自分自身が滅ぼされるという強迫観念とは。太古の職人ダイダロスはわれわれのこうした自己理解、われわれが抱く野心の象徴であり精髄――我が子イカロスが蠟《ろう》で固めた翼でダイブしたあげく死んでしまうという、歴史の暗い影――だ。

人工超知能の展望が危険なのは、まさしく、それがわれわれとはどれほど似ていないか、どれほど非人間的か、怒りや憎悪や共感にどれほど免疫がないかによる。しかしこの謎めいた終末論にはある並行する別の読み方が浮かび上がる。もしかすると、われわれの最も高度な技術によって、われわれの最後の発明がもたらすかもしれないことに感じるこの恐怖は、われわれがすでに世界に対して、われわれ自身に対して行なったことに対する無意識の恐怖のようなものなのではないか。われわれの多くはすでに、自分ではほとんど振り返りもしない形でマシンに支配されている。そして科学と技術の歴史とは、その善し悪しはうらはらで、自然を征服して病気を治療してきた歴史でもあれば、厖大な数の生物種を根絶させてきた歴史でもある。つまりもしかすると、このわれわれ自身の進化の後継者によってわれわれに対して加えられる復讐の亡霊は、生存することの恥ずかしさ《エグジステンシャル・シェイム》の表れなのかもしれない。それは形を変えた原罪、抑圧されたものの反撃、もっと深いところにある恐怖が神経症的に表れた化身かもしれない。われわれにとって、自分の姿ほど奇妙なものはない。

ただのマシン

ロボットはある面でわれわれの未来だった。トランスヒューマニストたちと話をし、未来の予想を耳にして、私は多くのことを理解した。ランダル・クーネ、あるいはナターシャ・ヴィータ＝モア、あるいはネイト・ソアレスを信じるなら、われわれはロボットになり、心の内容《マインド》は霊長類の体よりも頑丈で効率的なマシンにアップロードされる。あるいはますますマシンに囲まれて暮らすようになり、仕事や生活をマシンの管理や指示に委ねていく。あるいはマシンがわれわれを旧い存在にして、種として取って代わる。

朝食を摂るときに、私がサンフランシスコで買って帰った小さなぜんまいで動く玩具のロボットで息子が遊び、それがフランケンシュタイン風によろよろとテーブルを横断して大きなサラダボウルに向かうのを見て、この子の未来には実際のロボットはどんな役割を演じるのだろうとよく思う――二〇年後にはこの子が就ける職がどれだけあるだろう、どれだけの職が全面的な自動化という企業のテクノ資本主義の究極の夢によって失われることになるのだろう。

息子はある日、『アニマル・メカニカルズ』というアニメを二、三回分続けて見た後で、廊下で私が通る行く手をふさいだ。

「僕は歩く《ウォーキング》マシンだよ」と言い、私の足下をロボットのようにすり足で歩いてぐるりと一回りした。

何か変な感じがしたが、考えてみれば、息子の言うことはいつもどこか変なのだ。

私はロボットについて多くのことを考えていたが、実際のロボットは見たことがなかった。実物の、要するに動いているロボットを見たことがなかった。ロボットについて多くのことを考えていたが、そもそも自分が考えている対象が何なのか、よく知らなかったのだ。その後私は、ＤＡＲＰＡ《ダーパ》ロボット工学《ロボティクス》チャレンジという催しのことを耳にした。世界の最先端にいるロボット工学者が集まり、それぞれが創造したものを、人間環境での性能をテストすることを考えて、極度の危険やストレスのある状況で技量を競わせる大会だった。

『ニューヨーク・タイムズ』紙で「ロボットのウッドストック」と言われているのを目にしたことがあり、自分でも見たいと思った。

ＤＡＲＰＡロボット工学チャレンジで優勝すれば相当の名声が伴う以外にも、優勝したロボット、あるいはその製作者は、主催者のＤＡＲＰＡから一〇〇万ドルの賞金を受け取ることになる。ＤＡＲＰＡ、つまり国防高度研究計画局は国防総省内にあって、成長中の軍事技術開発を所管する機関だ。この部局は一九五八年、ソ連のスプートニク衛星打ち上げ〔一九五七年〕に応じてドワイト・アイゼンハワー大統領により設立され、以来、世界を変える技術を生み出してきた。たとえば一九六〇年代のＡＲＰＡＮＥＴ《アーパネット》計画では、ＤＡＲＰＡはインターネットの技術的基盤を敷いた。私が乗ったウーバーの運転手は、ウェストハリウッドから会場のあるポモーナまで効率的に送り届けてくれたが、そのためのＧＰＳという技術もＤＡＲＰＡの所産で、私はますますこの軍事技術を使って世の中を渡るようになっている。ＤＡＲＰＡの戦略計画には、その目的は「合衆国に対する技術的奇襲を防ぎ、また敵に対する技術的奇襲を生み出す」ことと明示されている。

私がトランスヒューマニズム運動に引きつけられるほど、またそうした人々がポストヒューマンの未来に対する自分の望みをかける様々なイノベーションについて知るほど、私はＤＡＲＰＡが参照される場面や、そうした世界を変えそうな技術、たとえば脳・コンピュータ接続、認知補綴、認知増強、皮質モデム、生物工学細菌などに対してＤＡＲＰＡが資金提供している場面に出会うことが多くなった。その頃のＤＡＲＰＡの全体的な目標は、人体の限界、とくに米軍兵士の身体的限界を超えることのように見えた。

フェアプレックスという、ポモーナにある広大な屋外催事場での大会は、二〇一二年から行なわれている競技の準決勝と決勝に当たる場だった。大会全体の目標は、運営にあたるジル・プラットの言葉では、「崩れて危険な人工的環境での複雑な課題」をこなす能力のある、地震被害対策ロボット開発を促進することだった。

直接のきっかけは、二〇一一年に起きた福島の原子力発電所での水蒸気爆発という大事故で、人体を前提に設計された環境に対応できるロボットがあれば被害が有意に軽減されたのではないかと考えられたことだった。大会当日の朝の説明会では、ブラッドリーという広報官が、ＤＡＲＰＡ職員と報道陣で一杯のアールデコ調のダンス競技用ホールで発表を行ない、災害での人道的救出は「米軍の中心的任務の一つ」であり、人間型ロボットはこの任務でますます重要な方面になると述べた。

「腕の関節を二倍にできたら、ドアの開け方がいろいろありうることを考えてみてください」とブラッドリーは言った。

もらった報道用資料集には、ロボットが試合でこなさなければならない八つの課題を図解するカラーの印刷物が入っていた。多目的車両《ユーティリティ・ビークル》を運転する、車両から降りる、入り口のドアを開ける、バルブを見つけて閉じる、壁を破って進む、抜き打ち課題、瓦礫《がれき》（残骸を片づけるあるいは荒れ地を歩行する）、階段を上る。

フェアプレックスのレーシングコースを見渡す正面スタンドの席に着いたときには、一種の型どおりの工場災害区域を複製したまったく同じ舞台装置がいくつか並んでいるのが見えた。レンガの壁、人工的に歪められた「危険　高電圧」の標識、漫画みたいに誇張された大きな赤いレバー（これが実は、その日の「抜き打ち課題」だった）、壁に設置されたバルブの輪、崩れたコンクリートが積み上がったものの列。こうした実物大模型《モックアップ》群が、それぞれのロボットに技術課題が次々と課せられる舞台だった。その課題は、つつましい能力の人間にとっては実に単純だが、ここにいるまだ開発途上の機械装置には厳しい要求となる。

人間なら顔のあるところにゆっくりと回転するカメラのようなものをつけたロボットが、砂地のコースで小型の赤いユーティリティ・ビークルを運転し、赤いプラスチックのガードレールの間をぎくしゃくと進んでいる。ロボットは車の中にはおらず、助手席側のドアの横にある足場の上に立っていて、車両内部に伸ばした長い、鉤爪《かぎづめ》のような腕でハンドルを操作していた。熱いポップコーンの匂いが下のコンコースから立ちのぼってきて、暖かいカリフォルニアの空気にアイロニーの雰囲気を漂わせ、私の正面にあるジャンボトロンには、目にも鮮やかなＤＡＲＰＡのロゴがついた、曲線を描くデスクの向こうに座る、もの柔らかな整った顔立ちのアナウンサーが映っていた。架空の未来の現場を放送しているような、何となくファシズム的で、国防機構が大衆娯楽用の見世物になったスポーツ生中継といったところだった。
アナウンサーは「ロボットはここをまさしくばりばりと進んでいます」と言った。デスクの反対側には、短い銀髪で、似たようなロゴのついた青いポロシャツを着た微笑む女性がいた。これがＤＡＲＰＡ局長のアラティ・プラバカーだった。

「わあ、こうやって見るとすごいですね」とプラバカーは言った。

この運転するロボットに好ましそうに笑みを向ける、快活そうなこの女性の姿と、その人が率いる組織について私が知っていることとは、なかなか折り合いがつかなかった。ＤＡＲＰＡと言えば、私が思い浮かべるのは、何より、ＣＩＡ職員だったエドワード・スノーデンが大衆監視活動だとして暴露した、いわゆる情報認知局（Information Awareness Office＝ＩＡＯ）を管轄していることだった。ＩＡＯの活動は、合衆国の住民一人一人の、また多くの外国人の個人情報（メール、通話記録、ＳＮＳでの発言、クレジットカードや銀行口座の取引など）の収集と保存のためのデータベースを中心に組織されている。そのデータベースはすべて、フェイスブック、アップル、マイクロソフト、スカイプ、グーグルのような有力なテック企業――あなたについて、あなたの情報について、事実に基づいて有用なことをよそに教えるかもしれない大量の情報を手にする企業所有者――の利用者データを利用することで行なわれていた。

ロボットが第二の防護柵を迂回《うかい》して、車両を砂地に引かれた線を越えて進ませ、事故現場となる工場の、ノブを回さないと入れないドアの正面で静かに停車させているのを指して、プラバカーは言った。「あの子が進むのを見てください。おもしろいですね」

アナウンサーは「ロボットのスーパー・ボウルのようです。実にはらはらします」

プラバカーはくすくす笑いながら「そうですね。火花が散ってほしいですね。私たちがしているのはそういうことです。ロボット工学のおもしろさをこういうふうに高めて、技術開発を前に進めようとしているんです」

この災害対応への技術の応用というのは、DARPA幹部がその週末に前面に出し続けた言説だったが、プラバカーはこうしたマシンがいずれは軍用に配置されるという話になっても口をつぐまなかった。「軍事的な状況では、我が国の戦闘員は任務の中心となる部分でものすごく危険な作業をこなさなければなりません。ロボット技術が進んで、それを取り入れて、戦闘員がそういう難題を軽減する役に立てられれば、それこそが私たちがそうしたいと思っていることです」

ロボットはうまく降車し、少し前かがみになって進み、大げさに警戒しながらドアに向かった。そのロボットの動きは、べろんべろんに酔っ払った人が、自分は夕食でシェリー酒二杯を飲んだだけだと思わせようとしているようなものだった。かと思うと、それから一〇分、あるいは一五分、まったく何も起こらなかった。もしかすると、ロボットと、競技コース裏手の格納庫のような建物の中で並んだ画面に囲まれてひしめきあうエンジニアチームをつなぐワイヤレス通信回線が途切れたのかもしれなかった。このネットワーク障害はDARPA側が意図的に設定したもので、ロボットの自律性の水準、つまりマイクロ波による遠隔操作なしでどれだけ仕事を行なえるかをテストするために競技に組み込まれた要素だった。

アナウンサーの実況で知ったことだが、私が見ていたロボットは、フロリダ州ペンサコラにあるフロリダ人間・機械認知研究所の作品で、その名を「走る男《ランニングマン》」と言った（これはちょっと神秘的な感じでぞくっとして気づいたのだが、前の日の朝、ヒースロー空港で買ったその週の『タイム』誌の表紙に登場したロボットだった。飛行機に搭乗すると、ここで言いたくなるのも無理ないと思うが、機内での娯楽サービスの中には、ロボットが主人公の映画が四本も入っていた。少年とそのロボットの友だちによる子ども向けアニメ『ベイマックス』。僻地《へきち》の厳重警備の邸宅に美しい女性型セックスロボットの一団とともに引きこもっている、シリコンバレーのドクター・モローのような億万長者をめぐる、ぞくっとして楽しめる『エクス・マキナ』。意識を持つようになり、武装強盗団の仲間に入れられた警察ロボットをめぐる、見る価値のある南アフリカのSFアクション『チャッピー』。安売りのB級映画ながら、予算のほとんどがこの人につぎ込まれたのではないかと勘ぐりたくもなる、場面を圧倒するようなサー・ベン・キングズレー主演の『スティール・ワールド』)。ランニングマンは走ったり、歩いたり、それとわかる動きをしたりしないまま、びっくりするほど長い間停止していた。するとそいつが派手な動きを見せた。ドアノブの正面で停止していた腕が、とうと う目標に接触し、それを回転させ、突然、ドアが内側に開き、ロボットは慎重なピストン式の脚で部屋に進み入り始めたのだ。集まった熱心なテックファンやDARPA職員や米海兵隊や子ども連れの若い父親が一斉に歓声と拍手を始め、アナウンサーはまさしくESPNチャンネル〔スポーツ専門放送局〕のゴルフの解説者に予想される端正に熱の入った口調で、「ランニングマンにまた一ポイントです。また部屋を――非常になめらかに、と言っていいと思いますが――進んでいます」。ステージの向こうのジャンボトロンには、移動するロボットの画像に代わって巨大なアニメ画像が現れ、ランニングマンと、猛烈に勤勉な舞台裏のエンジニアチームが、コース上のドアを開けて部屋に入るステージを完了し、それによって一ポイントを獲得したことを伝えていた。

私の正面の列では、一〇歳くらいの少年が父親の方を向いて、無邪気な権威者ふうの口調で、これは「僕が見たことがある中では抜群に興味深いロボットの一つだね」と、感想を披露していた。

暖かくお祭り日和の金曜の朝、ずっと、私は様々な造りや能力のロボットがこうした課題を遂行しようとするのを見ていて、この手の見世物ならこんなところかと予想される以上に楽しんだ。これは一部にはこの大会の、競争という仕立てやスポーツのような進行のおかげだった。スコアボードと実況、ジャンボトロン、裏方エンジニアへのインタビュー、ホットドッグとポップコーンといういかにもアメリカ的なお伴。しかしほとんどは、予期しないお笑いの要素があり、ハイテクとどたばた喜劇が奇怪にも一体になっているおかげでもあった。

私はロボットが一五分間完全に静止して、それからまるで回路にひどい発作があって昏倒《こんとう》するかのように、膝が強く振動して、横方向の揺れに屈するのを見た。ロボットがとうとう扉を開け、それからドア枠をくぐると、チタン合金の平穏な表情のまま顔面から地面に倒れ込むのを見た。ロボットがバルブを回そうと腕を伸ばし、何センチか目標を外し、何もない空間をつかんで反時計回りに回し、その回転方向に頭から倒れるというのも見た。行き止まりの階段を歩いて上ろうとして仰向けに倒れるロボットもたくさん見たし、並んだ瓦礫で転び、ヘルメットをかぶったエンジニアチームが担ぐ担架《ストレッチャー》で文字どおりのびてい《ストレッチ》る《ド》ロボットはもっとたくさん見た。

そうしたことからすぐにわかること、またある水準では大会全体の根拠ともなることは、われわれの技術はわれわれの能力を超える作業――たとえば高高度を高速で飛んだり、大量のデータを処理したり――を行なう点で非常に優れているものだが、われわれがとくに考えもしないで行なうこと、たとえば歩いたり、ものを拾ったり、ドアを開いたりというのは、実はきわめて複雑で要求が厳しく、そういう作業は下手なことが多い。*

競技の中の運転部分だけなら、その後の車を降りる部分と比べればはるかに問題が少なかった。アナウンサーがよどみなく指摘していたように、ロボットには降車が難しく、参加チームの多くが時間と資金を節約するために、一ポイントを犠牲にして、そこは飛ばして次へ進む方を選んでいた（ロボットがドアのない多目的カーの運転席から出ようとして頭から倒れ込むのを見るのは楽しいが、そうした派手な転倒は、競争で相当の後れをとることになりうる。決勝まで来たロボットは数十万ドルから数百万ドルの費用がかかっているので、転倒で生じた損傷を修理するのも高くつき、時間もかかる）。

しかし私がそうした技術の巧みさや軍産複合のパワーが、見かけは単純な課題を実行しようとして、頭から倒れる光景を見ているとき、この体を張ったお笑い芸という副次的な光景は、ある意味で、この企画の中心ではないかと思い始めた――ロボットを身体能力の点だけでなく、他の方面でも人間並みのレベルに引き上げるという、ここでは語られていない、あるいは無意識のうちの意図があるのではないのかと。へまをする体と、観察する体の関係には、深いところで人間的な、かつ人情に訴えるところがあるからだ。笑いには残酷なところもあるが、共感もある。こうしたロボットは文字どおり非人間的だが、それでも私は、それがつまずいたり転んだりすると、自分と同じ人間のどじに対するのと変わらない反応をする。私は車からトースターが転げ出ても、あるいはセミオートのライフル銃が直立の位置から横へ倒れても笑わ

＊これはどうやら、モラヴェックのパラドックスと呼ばれているらしい。ロボット工学教授ハンス・モラヴェックの、「コンピュータに知能テストやチェッカーの勝負で大人レベルの成績をあげさせるのは比較的易しいが、知覚や運動となると、一歳児程度の能力を与えるのは難しかったり不可能だったりする」という見解に基づく。

ないと思うが、今、目の前にあるマシンには、その人間的な形には、それが倒れると根本から、ひどくおかしいと思わせるほどに一体化できる何かがある。

私はアンリ・ベルクソンの『笑い』という本の一節——たぶん私がそれまでちゃんと理解していなかったからこそ、初めて読んだときからずっと私の中にとどまっていた一節——のことを思った。「人体の姿勢、身振り、動きは、その体がただの機械を思わせれば思わせるほど、いっそう笑えるものとなる」というところだ。つまり、私がロボットのどじがおかしいと思うのは、単にその形や失敗が人間に似ているからだけでなく、かえって人間の方がただのマシンに思えるという変わった感覚を映し出しているからでもあるのだ。

誰もがそうしたロボットが顔から倒れ込むのをこれほどおかしいと思うわけではない。私は係員の一人の、青い大会スタッフTシャツを着たはたちそこそこといった女性が、ステップの上で同僚に声をかけるのを見た。「あそこで倒れたロボットを見ました？　あんなの見るとほんとに悲しかった」。同僚も同意した。その女性も悲しくなったのだ。「あの子、かわいそうだった」

ジャンボトロンでは、ロボットがぬかりなく車から出て、ドアに向かい始めた。

「今度はイエローコースでのモマロの見事な試技です」とアナウンサーは言った。「いやあ、ものの見事に通過しました」

正午になると、ロボットたちも昼休みになった。熱烈な拍手が起こり、フー・ファイターズの「マイ・ヒーロー」の騒がしいドラムと重々しいベースの一節がPAシステムから轟《とどろ》く中、ジャンボトロンでは、車両を脱出し、ドアを開け、レバーを回す午前中の独創的な技の動画がリプレイされていた。

そこで私は、真昼の煮え立つような暑さの中、競技場の上空にトンビのように高く、一つだけ黒っぽい何かが浮いているのに気づいた。それは小型のドローンだった。DARPAの無人戦闘方面でのイノベーションの歴史を、つまり同局の、パノラマ的な監視や、識別攻撃《シグナチャーストライク》〔危険な動きを識別してそれを攻撃すること〕といったもっと大きな企てを思わせるその機体が、空を切り裂くように飛んでいた。サンホセ丘陵を背景に、太陽でナイフのようにきらきらときらめきながら無音のマシンが上昇するのを見ていると、突然、私は自分が目撃しているこの催しの分裂的な奇妙さを強く感じた。この催しで、DARPAは人道的な意図で世界を切り拓くのだと確約しつつ、一方では、そのうち、このシェラトンホテル、会議センター、専用のRV駐車場のあるフェアグラウンドから遠く離れた戦闘地域で実地訓練されることになるテクノロジーの開発を促進することも意図しているらしい、ということだ。

見回すと群衆——幼い子ども連れの家族、二十代から三十代のプログラマ、ホッブズが「連邦あるいは国家と呼ばれる、人工的人間にほかならない巨大なリヴァイアサン」と呼んだ政府機構の、まさしくその人間の部品となる制服の海兵隊員——が、正面観覧席から出て、バーガーショップやホットドッグのカートに向かっていた。そこで私は突然、技術とは、権力と金と戦争に仕える人間の邪悪さの道具なのだという荒涼とした予感に襲われた。

外に出て、企業が様々な店を設置しているテクノロジー博覧会場の屋外展示場を見ると、総じてこれからはロボットだと理解されていた。ここで進行中だったことを表すのは、「地域貢献《アウトリーチ》」や「参加《エンゲージメント》」といった言葉になりそうだ。DARPAの大きなカンバス地の横断幕（「応援していただきありがとうございます」）

の下を歩きながら、私は「DARPAの数十年」という展示を収容する、足場をトンネルのように組んだ設備の中に入った。ここの目玉となっていたこの組織のいくつかの大成果は、最近で言えば、二〇〇二年のX‐45A〔無人攻撃機〕の初飛行や、パキスタンで民間人や子どもを数百人死亡させたドローンであるプレデターとリーパーの初期の試作機や、賛嘆すべき率直さで「押しつぶすもの《ザ・クラッシャー》」と名づけられた巨大な無人装甲地上車両などだった。

さらにその先で、ガラス製の展示ケースに入った、ダミアン・ハーストによる不気味なインスタレーションをまねたような〔英国の現代美術家ハーストはガラス容器にホルマリン漬けの動物（の断面など）を入れた作品で知られる〕、黒い四足歩行ロボットも通り過ぎた。ケースに入っていた標本はボストン・ダイナミクス社製の「チーター」だった。同社は、二〇一三年にグーグルが買収した〔その後、二〇一七年にはソフトバンクグループが買収した〕業界一のロボット工学研究機関で、チーターの開発にはDARPAが出資していた。このロボットは、人間の記録より速い、時速四六キロで走ることができた。私はユーチューブ——これもグーグルの一〇〇パーセント子会社——で、その少々スリリングでもあり、いまわしくもある動作を見たことがあった。この不器用な獣は、いよいよ登場となると、技術のるつぼで企業と国家権力が最終的に融合したところから、不気味なギャロップで飛び出してくる。

さらに歩いて行くと、背が高く、顔色の悪い青年がいた。黒いサングラスをかけ、黒い中折れ帽をかぶり、何となく聖職者風の紫のシルクのシャツと黒いスーツを着ていた。玩具の猿がその肩に止まっており、黒い革手袋をした手には小さな装置が握られていて、それで青年はブルテリアほどの大きさの蜘蛛《くも》形ロボットを操作していた。その青年の隣には別の男がいて、こちらは首にDARPAの吊り下げ名札をしていて、おそらく、数メートル先で、広がる円を描きながら機械仕掛の蜘蛛に追いかけられている、日よけ帽をかぶった子の父親だった。

ソフトバンクロボティクスという企業の展示場では、フランス人男性がヒューマノイドに三歳の娘をハグさせようと試みていた。

「ペッパー、この子をハグしてあげて」

ペッパーはかわいらしい子どもの声の日本語風のアクセントで、本当に申し訳なさそうに「すみません、わかりませんでした」と言った。

フランス人は念の入った明瞭さと忍耐で言った。「ペッパー、この子をハグしてやってくれないか?」

その女の子は、すねたように黙って父親の脚にしがみついていて、ペッパーにハグしてもらいたそうには見えなかった。

ペッパーはまた「すみません、わかりませんでした」と言った。

突然私の中に、この愛嬌のある、大きな無邪気な眼と、タッチパネルの胸と、見事に人間的に理解しそこなう被造物に対する同情がわきあがった。

フランス人はきちんと笑みを浮かべ、ロボットの聴覚センサーがある頭の方へかがみ込んだ。

「ペッパー！　お願いします！　この子、ハグ！　してやって！」

ペッパーはやっと腕を上げ、子どもの方へ車輪で近づき、子どもはおずおずと、明らかに疑いながら、ロボットの抱擁に身を委ね、すぐにそこから後退して、父親の脚の陰に戻った。

フランス人は私に、ペッパーは顧客対応用ヒューマノイドで、「自然な、社交的マナーで人と接する」

ことを意図していると説明した。それはどうやら、喜び、哀しみ、怒り、疑いといった感情を感じ取ることができるらしく、タッチセンサーやカメラから受け取ったデータによってペッパー自身の「気分」も影響されるようだ。

「だいたいは来店された人を出迎えるためのものです。たとえば携帯電話の店なら、これが近づいて来て、何かご用ですかと尋ねて、その店で実施しているいくつかの特典について説明することもあるでしょう。拳を合わせたり、ハグしたりすることもあります。ごらんのとおりでまだ仕上げ中ですが、だいぶ近づいています。ハグするという問題を解決するのがどれほど難しいか、驚かれると思いますよ」

私はこのフランス人に、このようなロボットは、いずれ、今の携帯電話店で働いている人間の代わりをするものとされているのかと尋ねると、相手は、それはロボット工学の進歩でいずれそうなりそうですが、ペッパーの当面の機能は純然たる「社交的、情緒的」機能だけですと答えた。未来から来た企業の顔のようなもので、人型ロボットがいることでお客にくつろいでもらうのが目的ですと。

「最初にその壁を破る必要があって、人はいずれなじんでいただけるでしょう」と。

私はそのとおりだということを疑わなかった。すでにして、われわれはスーパーの、かつては給料をもらって働く人間がいたところに置かれた、タッチパネルとコンピュータ音声によるセルフレジにはなじんでいる。

その週にはすでに、シアトルで、アマゾンが独自のロボットコンテストを催していた。アマゾン商品収集チャレンジは、企業に、在庫を取って来る人間の代わりをするロボットを開発するという課題を出している。これがアマゾンにとってどういう意味があるかはわかるだろう。長年、倉庫労働者の待遇がひどいことと、消費者との間に入る業者──書店、編集者、出版社、郵便局、運送業者──をすべてなくそうと躍起になっていることで知られている企業なのだ（アマゾンはこの時点で、注文主の商品がロボットによって荷造りされ、無人の運送ドローンによって注文が確定してから三〇分以内に届けられるという、ドローンによる配送事業を始めようとしていた）。ロボットならトイレ休憩も要らないし、ドローンは疲れ知らずだし、どちらも組合を結成しそうにない。

つまりこれはテクノ資本主義の論理、つまり生産手段だけでなく、労働力まで徹底的に所有することの究極の達成のように見えた。何と言っても、チャペックの「ロボット」という用語は「強制労働」を表すチェコ語の言葉だった。人体のイメージやそれに感じる価値はずっと、われわれのマシンについての考え方を形成してきた。人間はずっと、他人の体を、自らがデザインしたシステムのメカニズムや部品にすることに成功している。ルイス・マンフォードは、世界恐慌の始まった頃に書かれた『技術と文明』という著書にこう書いている。

西洋世界の諸国民が機械に目を向けるよりもずっと前から、社会生活の要素としての機械仕掛は存在するようになっていた。発明家が人間に代わる機関を生み出す前に、人々の指導者は大勢の人間を訓練し、組織化していた。人を機械にしてしまう方法を発見していたのだ。鞭《むち》の音に歩調をそろえて石を引き、ピラミッドに運び上げた奴隷や農民、各自が座席に鎖で縛りつけられ、限られた機械的動作以外のことは行なえない状態に置かれたローマのガレー船の奴隷、マケドニアの密集陣形《ファランクス》の部隊の命令、行進、戦法──どれもみな機械現象だった。人間の行動をただの機械的要素に限定するものは、いずれも、機械の時代の力学ではなくても、その生理学に属している。

私は世界経済フォーラムのウェブサイトで、「ロボットに奪われそうな仕事20」というリストを見たばかりでもあった。二〇年以内にマシンによって、人間が行なう必要が失われる可能性が九五パーセント以上ある職種には、郵便局員、宝飾品職人、シェフ、企業の帳簿係、法律事務所の事務員、クレジット審査係、ローン審査係、銀行の窓口業務、税理士、運転手があった。

運転手はアメリカの男性の雇用区分としては最大だったが、とくにこれが自動化によって崩壊寸前になっていた。自動運転車両の開発をシミュレートするために二〇〇四年に開かれた第一回のDARPAグランド・チャレンジは、モハベ砂漠をバーストウからネバダ州境まで約二四〇キロを横断するレースだった。この大会は失敗だった。完走に迫るロボット車両さえ一台もなかった。スタート地点から最も遠くまで達した車は一二キロ弱進んだだけで、最後には大きな岩にぶつかって難渋し、DARPAは一〇〇万ドルの賞金を出さなかった。

しかし翌年、再びレースが開催されたときは、五台が完走し、優勝チームはグーグルの自動運転車事業の中核をなすようになった。それが元になって、今でもカリフォルニア州の道路を、豪華なゴーストモバイル〔映画『ゴーストバスターズ』に登場する、ルーフに装備を置き、大きくゴーストバスターズのロゴの入った車を思わせるような、Googleのロゴが入った車〕が、がたがたの自動車道路でも、人の手で運転されることなく、自動化された未来の先兵となったように走行している。近年、タクシー業界に重大な損害を与えている配車サービスのウーバーは、すでに公然と、必要な技術が使えるようになればただちに運転手を自動運転車に置き換えるという計画について語っている。二〇一四年のある催しでは、同社の抜群にいやな感じのCEOトラヴィス・カラニックが、「ウーバーは高くつくことがあるでしょうが、それは車だけでなく、車にいる他の奴《デュード》〔運転手〕にもお金を出しているからです。車に他の奴がいなくなれば、どこかへ行くのにウーバーを使うコストは車を所有するより安くなるでしょう」。こうした「他の奴」に、もうお払い箱だよという現実をどう説明するのかと問われ、カラニックはこう答えた。「ほら、世の中そうなっているじゃないか、世界はいつも安泰なわけじゃない、みんなが世界を変える方法を見つけなければならないんだ」。カラニックはその日、ポモーナのその場に、世界を、つまりますます当のカラニックのものになる世界を変えるさらなる方法を探しにやって来ていたと私は聞いた。

先のフランス人は私に、ペッパーにハグしてもらいますかと尋ね、私は礼儀からもジャーナリストの厳格な規範からも同意した。

「ペッパー、この人はハグしてほしいんだ」

私は何となく、ペッパーの感情のない視線にアンビバレンスのようなものを察知したが、ペッパーは腕を上げ、私もペッパーの方にかがみ、その不自然な腕に抱擁してもらった。それは率直に言って、がっかりする経験だった。双方がばらばらにおざなりなことをしているような感じだった。私はペッパーの背中を軽く、たぶん少し受動的攻撃のような感じで叩き、お互い別々のやり方を続けた。

ハンス・モラヴェック（カーネギーメロン大学ロボット工学教授で、人間の脳の中身をマシンに転送するために推測される手順の概略を述べた）は、「もっとうまく、安価に動作することによってロボットが人間を根本的な役割から外すことになる」未来を投影し、その後まもなく「ロボットは人類を存在しないようにすることができるだろう」と書く。しかしトランスヒューマニストとして、モラヴェックはこれを恐れるべきことども、さらには必ず回避すべきこととも見ていない。こうしたロボットはわれわれの進化上の後継、つまりモラヴェックが「自らの姿で、自らに似せて作られた、有能で効率的になったわれわれ自身」と言う、「頭脳の子《マインドチルドレン》」だからだ。「マインドチルドレンは、これまでの世代の生物学的な子どもと同様、人類の長期的未来の最大の可能性を具現することになる。その子たちにすべての便宜を与え、われわれはもはや貢献できないことからは手を引くのが当然だ」

知能のあるロボットという考えには、明らかに、われわれを脅かし、おもしろがらせもする何かがあるし、全能とか、陳腐といった、われわれが熱くなってしまう展望をかきたてる何かがある。技術にかかわる想像力は、自動人形の姿に、プロメテウス的な不安を伴いながらも、神になったようなファンタジーを投影する。私がポモーナから帰ってから数日後、アップルの設立に加わったスティーヴ・ウォズニアックが、ある催しで、人類は超高知能ロボットのペットになる定めだという確信を語ったと報じる記事を読んだ。しかしそれはとくに望ましくない結果とはかぎらないことをウォズニアックは力説し、「実際には人類にとって本当に良かったということになります」と言っていた。ロボットは「その頃には賢くなっていて、自分たちが自然を維持しなければならず、人類もその自然の一部だということを知っているでしょう」。ロボットはわれわれが「元はと言えば神々」なので、われわれを敬意と親切と、親のような寛容をもって遇するとウォズニアックは信じていた。

それは人類の最も古い集団的ファンタジー、つまり創造にかかわるファンタジーに属するように見える。

それはわれわれの一部をなしていて、文化から文化へ、時代から時代へと伝えられるものであり、われわれの体をまね、われわれの欲求に沿って動く光沢のある金物《ハードウェア》の夢であるように見える。不満を抱いた神々であるわれわれは、いつもマシンを自分の似姿に創り、さらに自分自身をそのマシンの姿に造り直すという夢を抱いている。

ギリシア神話には、自動人形《オートマトン》、生きた彫像の話がある。人間を増強する破滅的な努力（迷宮、蠟で固めた翼、悲劇的だが道徳的には教えられるところのある〔息子の〕溺死）で記憶される職人ダイダロスは、機械人間、つまり歩き、話し、泣くことのできる生きた像も創った。火と金属と技術を司る鍛冶神ヘーパイストスは、エウローペー（ヘーパイストスの父のゼウスがさらっていた）を、これ以上さらわれないよう守るためのタロースという名の青銅の巨人を建造する。

中世の錬金術師は人間を一から創造するという考えに取り憑かれ、ホムンクルスという小さな人間のような生物を生むことができると信じ、それは牝牛《めうし》の子宮、硫黄、磁石、動物の血、手近で採取できる精液（錬金術師本人のものが望ましい）といった様々な物質を加える秘儀によって行なうことができると説かれた。*

一三世紀バイエルン〔レーゲンスブルク〕の司教、聖アルベルトゥス・マグヌスは、思考力と言葉をもった金属像を製造したと言われた。当時流布した話によれば、この錬金術的AIは、アルベルトゥス自身は

*カトリック教会が錬金術を疎《うと》んじていたことは知られている。これは主に、薬草や硫黄や魔術一般の雰囲気によって、この営み全体がサタンのなせるわざと認識されたことと関係する。しかしその作業自体に相当量の自慰行為がかかわっていたにちがいないという事実も無関係とは言えない。

「人間に似たもの(アンドロイド)」と呼んでいて、若き聖トマス・アクィナスの手で乱暴な最期を迎えたという。トマスは当時アルベルトゥスの弟子で、アンドロイドがきりなくしゃべること、さらに問題なことに、それが明らかにある種の悪魔との契約によっていることを本気で論難していた。

ヨーロッパでは、ルネサンス期に時計仕掛に人気が集まり、啓蒙のプロジェクトが科学の領域からオカルト的迷信の霧を払っていた頃、自動機械《オートマトン》への関心が高まった。一四九〇年代には、レオナルド・ダ・ヴィンチが自身の解剖学的研究を、おそらく古代ギリシアのオートマトンに関する資料を読んだことに刺激されて拡張する中で、ロボット騎士を設計、建造した。しばしば世界初の人間型ロボットと考えられるこのオートマトンは、内部のケーブルや滑車や歯車によって動かされる鎧《よろい》だった。この騎士は、「最後の晩餐《ばんさん》」を依頼していたミラノ公ルドヴィコ・スフォルツァの自宅に展示されるために製作され、座る、立つ、手を振る、鎧を着けた顎を動かして話すまねをするなど、いろいろな動きができた。

デカルトの『人間論』——その中心となる説に対する教会の反応を恐れて、自分が生きている間は出版しなかった——は、われわれの身体は基本的にマシンであり、神によって霊魂を吹き込まれて動く肉と骨による塑像なのだという説に立っていた。第一部は「身体という機械について」と題され、当時広く知られていた時計仕掛と人体内部の動作との間の類似をあからさまに描く。「時計、噴水、風車《ふうしゃ》など、この種の機械は、人によって作られたものにすぎないが、様々な形で独力で動く力があるのをわれわれは目にしている。そして、身体という機械の方は神に作られていると私は想定しているので、こちらは私が想像できる以上に様々な動きができ、私がそれにあると思う以上の巧みさを示すことは認めてもらえるだろう」。デカルトは、われわれのすべて——「情念、記憶、想像力」などの「機能」すべて——は、「時計などのオートマトンの動きがそのおもりや車輪の配置から出て来るのと同じように自然に、隅から隅まで、機械の器官のただの配置から」導かれると考えるようわれわれに求めていた。

『人間論』は、機械論的な内容よりも、その書かれ方のために、奇妙であり、何となく困惑する文章だ。哲学の著作というよりも単純な解剖学であり、技術の入門書のようにも読める。デカルトが繰り返し身体とそれを構成する部品を「この機械」と呼ぶことにこだわることには、強力な疎外作用がある。それを読むと、自分の身体という、相互接続され自律的なシステムからなるこの複雑な構築物――『人間論』を読んでいる当人の触知できない本体が収まり、支配しているこの柔らかい機械――からの距離が、だんだん広がっていくように感じてくる。この考え方が、まったくの不条理にも見え、かつなじみきっているようにも見えるということは、デカルト的二元論が、この何世紀か、どれほどわれわれとその身体との関係を包囲するきつい矯正器具のような構造となったかを物語る（「当人」と「その人の身体」という区別はわかりやすくさえあるという事実は、それ自体がほとんど、人という機械についての考え方に対する、デカルト哲学の専制的な影響の結果に見える）。

デカルトは、奇妙にもモダンの、あるいはポストモダンの心配事と思われそうな、現実のマシンが人間になりすますかもしれないという、気がかりな想像のとりこにもなっている。厳格に徹底した懐疑で有名な『方法序説』では、当時流行のオートマトンとその認識論的な含みに目が向かう。デカルトは部屋の窓から外を見つめつつ、われわれの関心を、下の街路を通り過ぎる人々に向かわせる。「この場合、私は必ず自分は人そのものを見ていると言うが、私は窓から帽子や上着の向こうに何を見ているのだろう。ばねによって動きが決まる人工の機械を覆っているのかもしれないのに」。その疑いを真剣に考えようとするなら、言い換えれば、勇気を持って自分の独我論を説こうとするなら、街路にいる人が――あるいはウーバーを運転する他の奴が――文字どおりマシンではないと、つまり人間のふりをしているレプリカントではないと信じることに、どんな根拠があるのか。

一七四七年、デカルトが亡くなってから約一世紀後、フランスの哲学者、ジュリアン・オフレ・ド・ラ・メトリは、大いに議論を呼んだ、『人間機械論《ロム・マシン》』という、文字どおりには「人は機械」と訳される題の小冊子を書いた。そこでラ・メトリは、魂の概念を全面的に放棄し、人間という生き物を、デカルトがただの機械と公言した動物と違わないものとして描くことによって、デカルトを超える急進的な一歩を進んだ。ラ・メトリにとって、人体は「自分でねじを巻く機械、永久運動の生きた表れ」だった。

ラ・メトリは、穀物を与えられるとそれを代謝して糞をする能力があるように見える機械のアヒルで有名な発明家、ジャック・ド・ヴォカンソンが作ったオートマトンの展示を見て影響されていた（ヴォルテールは、「ヴォカンソンの糞をするアヒルがなければ、フランスの栄光と言って思い当たるものはないだろう」と言っている）。ヴォカンソンは人間型オートマトンも作ったが、こちらの仕事は糞を生産することではなく、笛を吹くとかタンバリンを叩くといったもっと上品な作業だった。

「アンドロイド」という言葉が定着したのはヴォカンソンの仕掛の人気を通じてのことだった。ディドロとダランベールの『百科全書』の第一巻には、ヴォカンソンの自動化された笛吹きについての長く詳細な記述が入っているが、それが収められている項目は「アンドロイド」で、「人間の形をした自動機械であり、一定のきちんと配置されたひもなどによって、人間がしているのときわめてよく似た一定の機能を行なうもの」のことだとされている。

『人間機械論』でラ・メトリは、ただの手品ではないことができるオートマトンの亡霊を呼び出す。「惑星の運動を示すためには、時刻を教える場合よりも多くの道具や歯車やばねが必要で、ヴォカンソンが笛吹きを作るには、アヒルのときよりも多くの技が必要だとしたら、話す機械を作るには、さらに多くのものが必要だっただろうが、それももはやありえないとは考えられない。とくに新たなプロメテウスの手にかかっては」

一八九八年、米西《アメリカ・スペイン》戦争で米海軍の力がカリブ海と太平洋で試されていたとき、発明家のニコラ・テスラは、ニューヨーク市のマディソン・スクウェア・ガーデンでの電気博覧会で新しい装置を展示した。これは鉄製の船のミニチュアで、テスラはこれを大きな水槽に入れていたが、電波を受け取るマストを装備していて、その動きを舞台の反対側から無線操縦で指示することができた。実演は人々に相当の興奮を巻き起こし、テスラと自動船は全国紙の一面を飾った。当時の状況からすれば、この装置は海戦技術で大いなる前進と解されざるをえなかった。しかしイノベーションで殺人装置に磨きをかけた多くの科学者のように、テスラは個人的にはナショナリズムと軍国主義の勢力には反対していた〔消極的にでしかなかったが〕。『*Prodigal Genius*〔あふれる天賦の才〕』という、ジョン・オニールによる一九四四年の伝記によれば、ある学生が、この船の船首にダイナマイトや魚雷を積んで遠隔的に爆発させられればきわめて有効だろうと言ったとき、テスラは即座に「これを無線魚雷とは見ないでくれ。まずこれはロボットの、人類のきつい仕事をする機械的人間の最初の種族と見てくれ」と応じたという。

テスラは、この「ロボット種族」の発展が、人間の暮らし方や働き方、戦争の進め方に、それを一新するような影響を及ぼすと確信した。一九〇〇年にはこう書いている。「この進展は、戦争の成分としての人間の存在は最小限にして、機械や装置をますます目立たせることになる……速さを可能なかぎり最大にし、戦争の道具によるエネルギー配送率を最大にすることが主な対象となる。生命の損失は小さくなるだろう」
テスラは一九〇〇年六月、機能する人型ロボットを創造するという野心について書き、デカルトやラ・メトリを思わせる、自分が機械的器具のようになるという自身の感覚を持ち出す。

私が自分のすべての思考や行為によって、自分で何より満足いくまで明らかにしてきたし、今も日々明らかにしているのは、自分が動く力を与えられた自動機械であり、それは私の感覚器に与えられた外部の刺激に反応し、それに応じて考えたり動いたりしているだけだということである。

こうした経験からすれば、ずっと前に私が、機械的に私を代理するような自動機械、私よりはずっと原始的な形ではあれ、私のように外部からの影響に反応する自動機械を構築するというアイデアを考えたのもごく当然のことだった。

このマシンは、「その動きを生物のように実行する。生物の主な構成要素をすべて持つことになるからだ」とテスラは断じた。心という「構成要素《エレメント》」を欠くこのマシンの問題に対しては、テスラは自分のを貸すという解決策を提案し、「この構成要素は、私なら自分の知能、自分の理解をそれに送り込むことによってそこに簡単に具現できるだろう」と書く。それは要するに、テスラが先の船について使った精密な方法を使ってこのマシンを制御するということだ。これにテスラは「遠隔自動装置《テレオートマティックス》」というぎこちない名を与えたが、テスラが言おうとしたのは「離れたところにある自動機械の動きや動作を制御する技」ということだった。

しかしテスラは、心を借りてくるだけではなく、独自に考える能力を持ったオートマトンを作ることも可能になると確信していた。一五年後の未発表の発言にあるように、「最終的に生産されるテレオートマトンは独自の知能を有しているかのようにふるまうことができ、その登場は革命を生み出すだろう」

フェアプレックスで過ごした二日にわたって、私はそのような革命が迫っているのかどうかについて考えさせられるようなことをいくつか見た。この催しの前提そのものが、こうしたオートマトンが遅かれ早かれ、骨と腱と肉でできたわれわれの体というマシンの代わりをするようになるということを、ほとんどいいもろに見せていた。爆弾処理ロボットがペンチのような腕を、背後に立つ人の腕に完全に同期して動かし、ジッパーで閉じられたカンバス地の鞄を開け、中からビニールでくるまれたキャンディをひっぱり出し、通行する人々に手渡すのを見た――それはそれで、会場で競うもっと複雑な人型操り人形と同じく、テスラのテレオートマティックスの、強烈な例だった。テスラの「人類のきつい仕事をする」ロボット種族のアイデアが実現するまでには明らかにまだ距離があるが、それは資本主義の最も進んだエンジンが向かおうとしているところであることには疑いはないように思えた。この傾向をしっかりと示す事例は、テスラその人の名をつけた企業によって与えられていた。シリコンバレーの電気自動車会社、テスラ・モーターズで、その生産ラインはほとんどすべてロボット化されていて、CEOのイーロン・マスク――人工超知能の展望に公然と取り憑かれているあのイーロン・マスク――は最近、同社が三年から五年以内に、独自の自動運転装置を開発するという計画を発表したところだった。

私は自分の人間の眼でイーロン・マスクの姿は見なかったが、その週末、マスクが、ロボットを見て、その開発者に会うためにフェアプレックスに来ていたことは知っていた。そして私はグーグルの共同創始者で著名なシンギュラリティ論者のラリー・ペイジが、その将来に自社が相当額の投資を行なっているあのいくつかのマシンの間に立ち交じるために、マウンテンビュー〔グーグル本社所在地〕の頂から下りて来ていたことも知っていた。二〇一三年、グーグルはボストン・ダイナミクス社を五億ドルで買い取った。この会社の不気味な生物群――ビッグドッグ、チーター、サンドフリー、リトルドッグ――は主にＤＡＲＰＡの資金で生み出されていて、アトラス・ロボットはこのポモーナでもいくつかのチームがハードウェアとして採用していた。

競技場からほんの数百メートルのところにあり、ロボットたちがエンジニアに導かれて出て来る巨大な格納庫のような建物で、ボストン・ダイナミクスの技術者団も、アトラス型ヒューマノイドの打撲《だぼく》や故障の面倒を見ようと待機していた。

奇怪なテクノ動物群を擁するボストン・ダイナミクス社自体が、ペンタゴンとシリコンバレーの関係を示す雑種的標本だった。同社のマシンは新しい軍産複合体の不自然な産物だった。グーグルとＤＡＲＰＡのつながりは、数も多く、範囲も広い。たとえばＤＡＲＰＡの前局長、レジーナ・ドゥガンは、政府の職を辞してマウンテンビューのグーグル本社に移り、そこで今、「先進技術研究（Advanced Technology and Projects＝ＡＴＡＰ）チーム」と呼ばれる部署を率いている。

私はしばらく、この一九九〇年代始めにマーク・レイバート〔カーネギーメロン大学ロボット研究所でハンス・モラヴェックの同僚だった）が創立したロボット企業が生み出した生き物に魅了されていた。私はそれまでの二年間、この会社が発表する、最新の巧みなオートマトンの映像もあるユーチューブの連作動画を、繰り返し、憑かれたように見たことがあった。こうしたロボットには、生物学的な生命のそれらしい形から離れつつ、同時に近くもあるという、微妙に落ち着かないところがあることに気づいた。たとえばビッグドッグが氷の上を、昆虫のような行き当たりばったりの容赦のなさで進んだり、ワイルドキャットが油圧で不気味な動きをしたりするのを見て、私は怖さ——たぶん捕食に対する本能的な恐怖——の楽しいスリルを感じていた。そこには、そうしたロボットがペンタゴンの資金でできていて、買収により、世界で最も強力な技術企業の産物になったという知識も入り交じっていた。

シリコンバレーのギーク上層部の論法は、カウンターカルチャーの理想論——世界を変え、ものごとを良くし、古い秩序を壊すなど——の希薄な溶液に浸されているが、それは戦争の血まみれの土壌に深く根ざしている。ライターのレベッカ・ソルニットが言うところでは、「シリコンバレーが自身についてめったに語らない話は、ドル記号と武器制御装置のことだ」

シリコンバレーで最初に大成功を収めたヒューレット・パッカード社は軍関係の請負業者で、創立者の一人デーヴィッド・パッカードはニクソン政権で国防副長官を務めた。その在任中の最も重要な業績は、「戒厳令の発動を防ぐ法律を無効にする文書だった」とソルニットは言う。

私は自分のボストン・ダイナミクスのヒューマノイドやテクノ動物の群れに対する反応に、理屈に合わない、いささかヒステリックとさえ言えそうなことだが、誇大な思い込みの傾向に半分喜んでのめりこむところがあることに気づいた。だからといってその反応を無視することもできなかった。皮質下部の本能的な水準では、私はこうした生き物やそれが表すものを拒んでいた。私の中の原始的で人間的な部分が、若きトマス・アクィナスがアルベルトゥス・マグヌスの自動機械を破壊したように、ハンマーで叩き壊したいと思っていた。言い換えれば、私はそうした生き物の悪魔的な由来や意図の、不明瞭だが執拗な感覚に左右されていた。

それでも私は、誇大な政治的思い込みという考え方そのものがますます、時代錯誤で、政府と資本の邪悪な意図と結託をただ想定するだけが可能だった二〇世紀的制度に対する、懐旧的で、基本的に無意味な姿勢だと感じた。今、思い込みとは——状況のことをほとんど気にしないことの逆という意味で——秘密の世界政府、人に化けた爬虫《はちゅう》類、イルミナティの系譜などの都市伝説に安住していて、それに対しては、「おいおい、考えすぎだよ、この『資本主義』って奴をすべて調べたのかい」と応じられてもしかたないような甘いセンチメンタリストのように、ほとんどどうでもいいような形で惑わされるということだった。こうしたことについての真実——あるいは世の中を渡って行ける程度の真実——は、今や公然たるものになっていた。

アメリカの一般向け技術誌『サイエンス・アンド・インヴェンション』一九二四年五月号は、表紙を巨大な赤いロボットで飾った——関節のある脚と、キャタピラ式の足、手の代わりに二本の円を描いて回転する棍棒《こんぼう》らしきもののついた、大きすぎる給湯器のようなものだった。光を放つ黄色い電球の眼が見下ろし、人々の群れを追い立てている。人々は頭から帽子を飛ばし、恐怖で目をむいてロボットの攻撃から逃げ惑っている。掲載された記事は、「無線遠隔操縦で機械の警官が可能になる」と題され、この想像上の法執行装置について、むかつくような詳細を記述している。腿《もも》には安定させるためのジャイロスコープがあり、胴体には無線操縦用のキャビネットとガソリンタンクがあり、どこか男根のような姿の催涙ガス管、後ろ側には肛門のようなエンジンの排気口がついているという。イラストもついていて、煙を吐き出す煙突が並び、暗い悪魔のような工場が浮かぶ荒涼たる背景に、こうしたロボット警官のそびえ立つ一団が、抗議する労働者の集団を押し返しているところが描かれている。「そのようなマシンは、暴徒を蹴散らしたり、戦争や産業を進めたりするためにはきわめて貴重になるだろう。対暴徒用には、加圧タンクに貯蔵され、必要ならそれだけでもすぐに暴徒を追い散らす催涙ガスが用いられる。腕は柔軟なリード線につながれて鉛の球がついた回転する円盤になっている。こちらは実態としては警棒として機能する」と謳われる。*

このむき出しのファシストの夢はばかばかしいとはいえ、暴露的でもある。労働者の人間としての意思は、飛ばされた帽子の下にあるかよわい頭蓋骨のようにどうとでもなるものであり、そんな労働者の結集から資本の利益を守る国家の機構は乱暴だというふうに。私が戦前の組織労働者の恐ろしさについて見たことがある中でも、これほどあからさまな図はない。フランケンシュタインと逆の想定で、自動化された巨大な体、ホッブズの「人工的人間」を不気味に文字どおり解釈したものが、イデオロギー的秩序をかた

＊記事の筆者――と掲載誌の出版人――は、ルクセンブルク系アメリカ人発明家で企業家、主として初のＳＦ専門誌の『アメージング・ストーリーズ』を出版するに至ったことをもって、しばしば現代ＳＦの創始者とも言われる、ヒューゴー・ガーンズバックだった。世界ＳＦ大会で毎年傑出した成果に贈られるヒューゴー賞のヒューゴーもこの人のこと。今昔の多くの成功した実業家と同じく、ガーンズバックも明らかに労働組合には冷淡で、組合員は催涙ガスを放出する警官ペニスによって眼をやられればいいと思っていたようだ。

くなに守る仕事に投入される。フランスの哲学者、グレゴワール・シャマユーが著書の『ドローンの哲学』で言うところでは、「機械の警官」によって表される夢とは「身体抜きの武力、あるいは人間の器官がない政治的身体を組み立て、国民の古い統制された身体に、可能であればその唯一の行為体《エージェント》になる機械的装置が代わる」ことだという。

ポモーナ滞在中、DARPAロボット工学チャレンジで競うロボットに喝采を送っているときにも、またそのお粗末な倒れ方を大目に見るように笑っているときにも、技術がもたらすそういう落ち着かない感じがずっとつきまとっていた。ある意味で私は無人の未来に向かう最初の信じがたい動きを見ていたのだ。こうしたマシン、私と同じ種族である人間が生み出した頭脳の子《マインドチルドレン》に別れを告げて、私は正面観覧席からウーバーの運転手のところへ向かい、その相手が私の方へ来る間も、私はiPhoneの画面をタッチしていた。そのとき、突然私は、自分の動きが、あるいは自分の足が、玉継ぎ手〔丸い骨端を凹みで受ける関節のたとえ〕と内転筋と伸筋つきの、ジョイントのある振り子のような機械的なものだということを密に意識して、一瞬、内面の意志はまったく働いていないかのように感じた。この動いていてそうしたことを感じる物体が、何らかの巨大で隠れたパターンの一成分、つまりウーバーの運転手、先進的な車、グレーターロサンゼルスのハイウェイ網、そうした現象を表すスマートフォンの画面上の画像、その画面を見つめる眼、情報、コード、とりわけ世界そのものなどからなるシステムの一成分にすぎないかのように。

初めてのことではないが、私は自分自身の心を失いつつあるようで、自分がヒューマノイドのマシンや人間についての機械論的な考え方に接しすぎたせいでもたらされた奇怪な妄想に陥り、自分はマシン、あるいは存在するすべてのものによる宇宙的に大がかりな装置に付属する仕掛《メカニズム》なのではないかという思いがよぎった。それは一種の妄想だったか、あるいは真実だったか。それは勢いを増していて、機械的人間、自称サイボーグに奇怪にも映し出されている。私はその自称サイボーグたちに会おうとしているところだった。

生物学とそれに不満を抱く人々

古いスチューベンヴィル街道は、ピッツバーグ郊外と空港を結ぶ高速道路のすぐ脇を通る、狭い田舎道だ。この道を少し行くと、一九五〇年代から使われていない小さなモーテルがあり、その割れた窓や木製のドアには植物が伸びている。自然が徐々に、また容赦なく失地を回復する中で朽ちていく、明瞭にアメリカ的なものの化身だ。すぐ隣には小さな木造の家があり、玄関先には二つのカンバス地のハンモックがぶらさがっている。

その先にあるドライブスルーの酒卸業者のところへビールを一ケース仕入れにでも行くときにここを通り過ぎると、そのハンモックのあたりで、網戸になったドアに何人かがもたれて集まっているのが見えるかもしれない。それに気づいたとしても、そこに何があるのかはおそらく思いつかないだろう。ただの若いごろつきの一団が、玄関先に座り込んでタバコを吸い、ウェスタン・ペンシルヴェニアの世間話でもしていると思うだろう。きっと、そこにいるのがサイボーグだとか、あるいは本人たちがそう思っているだとか、思うわけがない。その家の地下室で、人間という動物の限界を超え出るために用いる自家製の技術をいじくっていて、そこから一息つきに出て来たと思うわけもない。

その地下室について手短に話しておこう。私は二〇一五年の夏の終わりの何日か、その人たち、というか、そのサイボーグたちと午後と夜を途方に暮れながら過ごした。それは未来が、あるいは未来らしい何かが生まれるようなところには見えなかった。たとえば、やはりもっと掃除していても良いだろう。あちこちにものが散らばっていた。雑多な煤《すす》けたものだった。こじ開けられたハードディスク、使えなくなったモニタ、空のビール瓶、段ボール箱、埃《ほこり》がたまってベルベットのようになったものに覆われた、使われなくなったトレーニングマシン。最初の夜、そこに着いたとき、この地下室の住人たちは、届いたばかりの新しいプラスチック製のバナーを掲示しているところだった。愛社精神で、それをいろいろな装置――パソコン、半導体、バッテリー、ワイヤ、オシロスコープなど――が並ぶ長いデスクを見下ろす壁に掲げた。バナーには、ずんぐりした未来的なフォントによる「グラインドハウス・ウェットウェア」という言葉と、赤と白で人間の脳の形を図案化したシリコンチップの回路が描かれていた。

このグラインドハウス・ウェットウェアは、同社のウェブサイトによれば、「安全で使いやすい、オープンソースの技術を使って人間の力を高める」という目標に向かって研究する人々のチームだ。その装置は皮膚の奥に埋め込むように設計され、人体の感覚や情報処理能力を強化することを意図している。バイオハッカー、あるいは「実践的トランスヒューマニスト」の、ほとんどはネット上のコミュニティであるグラインダー・シーンと呼ばれるものの中で、グラインドハウスは最も傑出した集団だった。そこにいるのは、シンギュラリティが起きたり、ゆくゆく人工超知能が、人間の心の内容《マインド》、つまり人間のウェットウエアの情報としての内容《コンテンツ》を物質化して組み込んだりするのを待っていられない人々だ。今手許にある手段で、今すぐ技術と融合するためにできることをしている。

たまたま同社には、まとまった額の資金が注入されたところで、あたりには、それとわかるほっとした感じや達成感があった。その夜の時点で、サイボーグの未来に一万ドル分近づいた。小切手が会社の口座に入金されたところだったのだ。ティム・キャノンという、グラインドハウスの情報責任者で、その地下室での活動すべての事実上の運営責任者による、ベルリンでの講演の報酬だった。

その夜すでに私は、そのティム・キャノンと他に二人のグラインドハウス社員に、テックショップという、ピッツバークのオークランド付近にあるメーカースペース〔テック系の人々が集まって協同するコミュニティ〕の一つで会っていた。キャノンはそこで、公共ラジオ局NPRの番組用に録音されるパネルディスカッションに参加していたのだ。私とキャノンは、一年近く前から、メールしたり、たいていグラインドハウスの広報部長、ライアン・オーシェイの仲介でスカイプのチャットをしたりしていたが、直に会ったのはそのときが初めてだった。オーシェイもその討論を聴きに来ていた。また、才能ある独学の電気技術者で、最近オーストラリア北西部から同社で働くためにやって来た若手社員、マーロー・ウェバーもいた。ウェバーはピッツバーグへ来て以来、キャノンのところに押しかけていた。同社がいずれ就労ビザがとれるような賃金が支払われる地位に就けてくれると見込んでのことだった。

この三人はサイボーグのようには見えなかったが、そうなると、サイボーグはどういうふうに見えるものなのかという疑問も生じる。そのとき思っていたのは、とくにギークには見えなかったということかもしれない。オーシェイは、どちらかというと、独立系映画製作会社でアルバイトしていて、前は米議会議員の仕事を手伝っていたという人ならこんな感じに見えるかと思われるような外見だった。整った金髪で、レイバンの度付き眼鏡をかけ、ベージュのスラックス、チェックのシャツ——その身なりは今風《ヒップスター》と良家《プレッ》の子《ピー》弟の間の、実際にどこにあるかについては意見の分かれそうなどこかにあった。ウェバーは小柄で細身、ジーンズと黒いデニムのシャツという格好で、強情なティーンのような、いつも自分の何らかの不条理を楽しんでいるような、思いついたしゃれた意見を口に出そうかどうか秤にかけているような半笑いを浮かべた顔をしていた。

そしてキャノン。その仕事がそもそも徹底した自己改造だということを考えれば、一六歳で自分用の美意識を築き上げていて、基本的に一九九〇年代の末からずっとそれでぶいぶい言わせてきた奴、という感じがする。黒い平べったいキャップをかぶり、グラインドハウスのTシャツを着て、厚手のスケートシューズをはき、緑の迷彩模様の短パンで、右のふくらはぎには、自分の頭に銃を向けているパンク（モヒカンで、デッド・ケネディーズのシャツを着た）を描いたタトゥーが見えている。左腕の白い内側にも、丸い歯車の中にDNAの二重らせんが描かれた大きなタトゥーがあった。このキャノンの機械論的なホモ・サピエンス観——人間のコードを整える《グラインド》——を絵にした表現は、文字どおり、木の皮のように節くれだった、肌《き》理《め》の粗い、目に焼きつかざるをえない派手な傷で裏打ちされる。これは前年、三か月間埋め込んでいたサーカディアという装置によってできたものだった。その装置は、五秒ごとに体からいろいろな生体計測値《バイオメトリック》のデータを取って、それをブルートゥースで携帯電話にアップロードし、そこからインターネットにアップされる——そうして、体温に応じて家の暖房システムを適温に調節したりする。

その頃のキャノンに会っていたら、前腕の掌側にできたトランプ一箱ほどの大きさに膨らんだ突出部にどうしたって目が向いてしまっただろう。この、技術が押し込まれた、肉体の過激なマシン化の姿を見るだけでも気が遠くなるか、吐き気がするか。この装置の埋め込みには長い切開が必要で、さらに皮膚の上層部を下の脂肪組織から引きはがして持ち上げ、ぱっくり開いた口を作り、それから体に装置を埋め込み、最後に装置の上で肉を延ばし傷を縫合して閉じる。医療のプロがそんなことをしたら医師免許を失いかねないので、すべてはベルリンの、肉体改造をする「肉体技工士《フレッシュ・エンジニア》」によって、キャノンの言う「生《なま》で」、つまり麻酔の恩恵なしに行なわれた。

「荒っぽい九〇日だったからね。それは確かだ」とキャノンは言った。

私たちはNPRのスタッフがパネルディスカッションの準備をして、ポップコーンと炭酸水とクラフトビールを並べている部屋の外に置かれたアームチェアを囲んで集まっていた。

「最初の二週間は、水が一杯たまって、何度も抜かないといけなかった。埋め込んだ装置で拒否反応があって、それを止める治療も受けなければならなかったしね。ずっと妄想状態だったよ。頭の中はちくちくするし、バッテリー液が血管に漏れて脳が中毒しているんじゃないかと思った。それからくしゃみをしたくなる、というかくしゃみしないといけなかったんだ」

なぜサーカディアはそんなに大きいのかと尋ねられることが多く、キャノンは、小さくしようとしていなかったからだと答えるのが常だった。それは概念実証、つまりその技術が体内で要求どおり機能するかどうかを確かめる実験だった。そしてそうなった。キャノンの死ぬほどの恐怖はともかく、それは立派に機能した。今ではそれはもっと新しい、もっとコンパクトな形で、人間と機械の間の壁をそれほどグロテスクに、無体に突き破らなくても機能していた。

キャノンは、きつそうな日課について話した。ソフトウェアを請け負っている企業と行なう、日中のプログラマとしての仕事、地下室でグラインドハウスのことをする夜間の仕事など。キャノンには九歳の息子と一一歳の娘がいて、その親権をめぐって、不和になった元妻との長引く厳しい法的争いにもかかわっていた。そうなると睡眠時間もあまり残らないので、多相式の睡眠を実行している。日中に二〇分の昼寝を二回し、毎晩、たいていは午前一時から四時、合計三時間の活動停止《シャットダウン》モードに入る。

それはすべてシステムで、システムを理解し、操作することだとキャノンは言った。一日というシステム、体というシステム、生活というシステムだと。

ウェストの高いパンツとサンダルばきの中年女性が、私たちが座っているところへ迷い込んできた。余計なものを洗い流したような奇妙にうつろな外見で、髪は顔から後ろへきつく引っぱられていた。女性は討論会でキャノンと話し合う二人のうちの一人だと自己紹介した。その名はアン・ライトといい、カーネギーメロン大学の教授で、自己の数値化（Quantified Self＝QS）という、技術を使って自分の毎日の生活についてデータを記録し、分析する運動に密にかかわっていた。キャノンはライトに、自分がQSに手を出していて、最近は自分の動きをすべて記録して、後で分析できるように、データをクラウドに上げるウェアラブルのガジェットを買ったと言った。キャノンはQS関連のことにはすべて関心があるが、よくわからないところもあると言う。

ライトの方はキャノンに、「それは実際に自分の生活についてできるだけデータを集めて、そのデータを使って、自分を人としてどう最適化するかをはじき出すということですよ」と言った。

キャノンは言う。「そのとおり、ただ、僕は『人』という言葉は完全に方程式から取ってしまいたいんだけど。人は本当は決定で動いているんだ。車を運転するみたいなことなんだけど。人は『人間を取り除くなんてできない、自分は人間で運転もうまい』みたいな感じだけど、僕はいやいや、あなたが運転がうまいんじゃないですよ、あなたは猿で、猿は決定で動きますよってところかな」

ライトはおざなりの笑いを発し、不快そうな様子を見せた。私はこの不快感は、キャノンの物言いが、QS運動の機械論的な原理をあからさまにしてしまいそうなところへの反応ではないかと思った。要するにそれは、自己とは、自己の活動を伝え、それによってさらに生成されるデータを伝える、読み取り可能な事実と統計数字の集合にすぎない――入力と出力のフィードバックループとしての人間――という見方のことだと。

キャノンはさらに、「僕に関するかぎり、このほとんど進化していないチンパンジーの最適化には価値のあるところは全然ないね。倫理的になれるとか、僕らがなりたいと思うものにしてくれるとかのハードウェアは持ってないし、持っているハードウェアは実は、ほら、〔人類が登場した〕アフリカのサバンナで頭蓋骨を割るのには良くできているけど、今暮らしている世界にはあまり役に立たない。ハードウェアを変えないと」と言った。

アフリカのサバンナを頻繁に持ち出すのは、キャノンの常套《じょうとう》手段で、多くのトランスヒューマニストに共通だった。われわれが進化して適応するはずだった世界からは、今のわれわれは遠く離れているというのが大筋の論旨だった。

「この人は引用句生成マシンのようだね」と、討論会が始まるのを待ちながら私はウェバーに言った。私は手首を揉《も》んで、靭帯《じんたい》と腱という、それを収納する皮膚の下にある、こわばった手根《しゅこん》部機構という原始的な技術をほぐしていた。

「私の字を書く方の手はもうだめになっています。あなた方は文字書き補助アプリみたいなもので直せるのかもしれませんが」

ウェバーはくすくす笑って、自分の手の甲に埋め込んである無線タグのチップを、人差し指で薄い肉の層を探りながら見せた。それはおおよそ解熱剤のカプセルのような大きさと形をしていた。中心街に、高度な装置が必要なときに使う「ハックピッツバーグ」という実験室スペースがあり、ウェバーがそこに行って手を振れば、理論上は正面玄関の解錠もできる。しかし、新入りのウェバーにはまだその権限がないので、チップは基本的にそこにただあるだけの、指令を待ち受ける技術の休眠区画になっていた。

パネルディスカッションは「ボーグ・イン・ザ・USA――サイボーグとデジタル時代の公共政策」と題され、アン・ライトとともに、もう一人の講演者、ペンシルヴェニア州のACLU〔米市民的自由連盟〕の法務担当で、優雅な身なりのウィトールド・「ヴィック」・ワルチャクがいた。ジョシュ・ローラーソンというNPRの番組司会者が司会を務め、キャノンのことを「この会場に文字どおりのサイボーグがいると言っても良いでしょう」と会場に向かってアナウンスし、それからキャノンを見て、これは言っても良いことですか、それともひょっとして不適切な用語を使ってしまったでしょうかと尋ねた。

「別にどう呼んでもらってもかまいませんよ」とキャノンは言って、肩をすくめた。

話はビッグデータや、情報が流れるノードの集合としての現代人、といった話題を行ったり来たりしていた。アン・ライトは、自分について集められた情報が、自分が買いたい物や旅行したいところを予測するために企業が使うことの不快感について時間をかけて話した。キャノンの方は、人々をただ使う《ユーズ》こととと有効《ユーティライズ》に用いることとには違いがあると言った。なぜみんなが予測されることをいやがるのか理解できないという。

「それは自分がかけがえのない小さな花だと信じているのを侵害するのだと思う。でも僕らは動物で、動物には行動のパターンがある。みんなは自分が予測できると言われると怒るんだね」

ライトは「私は予測可能じゃありません」と言った。予測どおり怒ったのだ。

「みんな予測可能だよ。十分に高度な情報があって、十分な処理能力があったら」と、キャノン。

そこでライトは「筋書きへの取り込み《エンプロットメント》」という学問風の概念を持ちだした。この考えでは、人は何らかの外部の構想のなかに「エンプロット」され、自分自身の筋書きとは別の筋書きで用いられていることになる。ライトは「人のパターンをまとめるということには間違ったところがあります。それは人を他の誰かの筋書きの中の登場人物にしてしまいます」

そこで私は、それまでずっと無料のペールエールを無遠慮に飲んでいたウェバーが、議論にうんざりした様子で首を振るのに気づいた。

キャノンは言う。「コンピュータが人の購買履歴や検索履歴から、九九・九九九パーセントの正確さで、その人が妊娠していることを予測できるなら、それは『エンプロットメント』じゃなくて、ただの事実だね。僕らは決定論的なメカニズムなんだ。問題は、たいていの人が自分を人間なんだと思い込む間違いを犯しているところだよ」

この警句は、居合わせた五〇人かそこらの人々のうち、たぶん半分くらいの人にじわっと広がる、笑っていいのかどうかという笑いをとっただけだった——押し殺したような笑い、とまどった笑い、不確実な主体の笑いだ。

キャノンが言うには、われわれのプライバシーの必要は原始的な動物的本性から生じるのだという。われわれがもっと高度な脳を持っていれば、プライバシーという衝立《ついたて》を必要とすることはしないだろうと。それを解決するには、進化はそんなに早くは進まないので、こちらから脳の内部に入り込んで、もはや有効ではない、昔の名残でしかない行動を破壊することだという。

「人は地球で、持続可能ではない速さで増えて、資源をすべて貪り喰っているということだ。僕らのリビドーは氷河期用にできていて、その頃なら四人に一人は産まれるときに死んで、それと一緒に母親も死んでた。今はもうそんなことはない。それでもこの部屋にいる誰もがとってもファックしたがっている。でしょ？」

また引きつった笑いがざわわっと広がった。ジョシュ・ローラーソンは聴衆に不安そうな笑顔を向け、ライアン・オーシェイはごそごそと席をずらした。

「生放送じゃないといいんだけど、生？ 僕は言いたかったことを何でも言っちゃってたからね」

私がピッツバーグにいる間にティム・キャノンやその仲間のグラインダーの話を聞いていたことからすれば、この人々の論法は強力で、聞いている方も自分が支持しているかどうか確かではない立場の擁護につい乗せられてしまう。ここでの行動原理《エトス》は、ある意味で、典型的にアメリカ的な自己改善信仰を徹底して推し進め、自己の概念をすっかり消し去るほどにするということだ。リベラルな人間観なのに、それをとことんつきつめると導かれる冷たい帰結に追い込まれているのだ。われわれが本当に今の自分よりも良くなりたい――もっと道徳的で、自分や自分の運命をもっと支配したい――と思うなら、自分は生物学的という修飾がついてもマシンなどではなく進化の至上命題で動かされている、という建前は捨てる必要がある。そういうものは、われわれが創造したいと言っている世界の構図全体に占める位置はない。ただの動物以上のものでありたければ、自分をマシンにする技術の力を取り込む必要がある。

サイボーグのアイデアと言えば、連想されるのはほとんどＳＦ――フィリップ・Ｋ・ディックやウィリアム・ギブソンとか、『ロボコップ』や『６００万ドルの男』とか――ばかりだが、その起源は第二次大戦後のノーバート・ウィーナーが「機械のものでも動物のものでも、制御と通信の理論の分野全体」と定義したサイバネティクスの分野にある。サイバネティクスのポストヒューマニズム的な見方では、人間は自律的に目標に向かって行動する個人とか、自分の目的地を追い求める行為主体といったものではなく、もっと大きなマシンの決定論的ロジックの中で動作し、広大で複雑なシステムの中の生物学的な構成部分となるマシンだった。そしてこうしたシステムの中で各要素をつなぐものは情報だった。サイバネティクスの鍵となるアイデアは、システムの構成部分――たとえば一人の人間――が環境についての情報を受け取り、その情報に反応して環境を変え、それによって次に受け取る情報が変わるという、「フィードバックループ」の考え方だ（「自己の数値化」運動は、この意味で、サイバネティクスの世界観にしっかりと収まる）。かつてはエネルギーと、その変容、転送が宇宙の根本的な要素と見られていたが、今や情報こそが宇宙的な交換の単位となった。サイバネティクスでは、すべてが技術だ。動物と植物とコンピュータは、すべて基本的に同じタイプの物で、同じタイプの処理を実行している。

サイボーグという言葉は「サイバネティクス生物体《オーガニズム》（Cybernetic *Organism*）」という意味で、これが最初に用いられたのは一九六〇年、『アストロノーティクス〔宇宙飛行学〕』という専門誌に発表された、神経生理学者のマンフレッド・クラインズと医師のネーサン・クラインによる「宇宙のサイボーグ」という学術論文でのことだった。論文は、人体が生まれつき宇宙探査に向いていないという、まあ異論のない説から始まり、そこから、宇宙飛行士の体に、過酷な地球外環境で自己維持するシステムとして機能できるようにする技術を組み込むのが良いと論じた。そこには、「意識しないでも統合的恒常性維持《ホメオスタティック》装置として機能する、外部に延長された組織複合体を表す言葉として、『サイボーグ』という言葉を提案する。サイボーグは意図的に外部の成分を自らに組み込んで、生物体の自己調節的な制御機能を新しい環境に適応させるために、それを拡張する」と書かれている。

このようにサイボーグは、冷戦時に、効率と自立と技術掌握というアメリカ資本主義の理想を夢のように強化した空想の産物として登場した。ダナ・ハラウェイが「サイボーグ宣言《マニフェスト》」という文章で提示した様々に対立しからみあうサイボーグの定義の一つは、「『西洋の』エスカレートする抽象的個人化によって昇天する天使、すべての依存からとうとう切り離された究極の自我、宇宙空間の人間という恐るべき終末的な究極の目的」だった。それは、人体と脳についての機械論的・軍事的な見方が行き着く一種の背理でもあった。サイボーグは、人間がただマシンになったものなのではなく、とりわけて戦争マシン――現代戦争の情報システムとの強制的フィードバックループにある人間の心と身――になったものなのだ。

意外なことではないが、アメリカ政府は軍事目的で人間を機械装置と融合するというアイデアに対して長年にわたり関心を見せている。一九九九年、DARPAは「バイオハイブリッド」研究に対して研究奨励金を出し始めた。その目的は、生物‐マシンの異種交配を生み出すことだった。それは同局が防衛科学研究室（Defense Sciences Office＝ＤＳＯ）を創設し、元マクドナルドの重役でベンチャー資本家のマイケル・ゴールドブラットを室長として採用した年のことだった。ゴールドブラットは、あるインタビューで言ったように、「次のフロンティアは私たち自身の内側にある」こと、人間は「進化をコントロールする最初の種」になれることを確信していた。アニー・ジェイコブセンが『ペンタゴンの頭脳』という、ＤＡＲＰＡについて容赦なく情報開示する著書で言ったところでは、ゴールドバーグは「軍に依拠するトランスヒューマニズム――人間をマシンなどの手段で増強することによって、人間の境遇《コンディション》を根本的に変えることができ、また変えようという考え方――のパイオニア」だった。

同局が資金を出した研究は様々な悪夢のようなキメラを生み出すようになった。ラットの内側前脳束《ないそくぜんのうそく》に電極を埋め込み、パソコンから動きをコントロールしたり、スズメガにさなぎの段階で半導体を埋め込んで、技術が成虫の発達の一部になるようにしたりというように。科学者は、ガの変態にかかわる組織発達の根底に介入して、「半分昆虫、半分機械の、舵取り可能なサイボーグを生み出すことができた」とジェイコブセンは書く（ウィーナーの「サイバネティクス」という造語はもともと、「舵を取る」という意味のギリシア語「*kyberman*」に由来する）。

ゴールドブラットはＤＳＯ室長として、人とマシンのハイブリッドで、戦闘の際の極限状況に耐えて生き延びるように作られたスーパー兵士を生み出そうという願望を、ある程度率直に示しており、ＤＡＲＰＡに採用されてまもない頃、部下の研究管理官への発言で、「将来、肉体的、生理的、認知的限界のない兵士が、生存率や作戦で優位を占める鍵になる」と説いた。実験の領域には、苦痛ワクチン、つまり負傷した兵士を一種の「一時停止したアニメ」のようにして医療救護が来るのを待たせるための化学物質や、

「補助による継続的行動能力」研究という、眠る必要がないことによって敵の戦闘員より優位に立てる「一日二四時間、週七日行動できる兵士」を生み出そうとするものなどがあった。

脳とマシンの接続は二〇世紀末にはＤＡＲＰＡの主要な関心領域となり、今も無視できない資金提供先となっている。要するに、兵士が考えるだけで通信したり操縦したりできるようにすることだ。ＤＳＯのエリック・アイゼンスタットが言うところでは、「人間の脳がそれぞれワイヤレスの送受信機を装備して、戦闘員は思考に基づいて行動するのではなく、思考がそのまま行動になるという時代を想像してください」

こうしたことはすべて、ポモーナのロボット工学チャレンジを取り巻いていた熱意ある人道主義の虚飾を突き破るように見えた。ＤＡＲＰＡの技術への関心は、ずっと、効率的な暴力の方法論への関心だったというのは明らかに見えた。


グラインダー運動は、サイバネティクスの理想を内面化することと、それを打倒することの両方を特徴とする。グラインダーの人々が求めることはＤＡＲＰＡと同じだが、その理由は個人的なことだし、その意味で軍産複合体を個人化したようなことを目標にしている。ダナ・ハラウェイの言い方では、「サイボーグの主な難点は、それが軍国主義と家父長制資本主義、それにもちろん国家社会主義の非嫡出子だということである。しかし非嫡出子は往々にしてその出自に対してまったく忠実でない。要するに自分の父親などどうでもいいのだ」

グラインダー運動にはパフォーマンスの要素が強くある。無視できない突出した例を取り上げれば、テイム・キャノンが腕に巨大な生体計測装置を埋め込んだのは、他の何にもまして、挑発的な行ないだ。この意味で、この運動の明らかな先駆けは、オーストラリアのパフォーマンス・アーティスト、ステラークで、一九七〇年代からの活動は、技術と肉体の境界を消そうとする点で、ますます極端になってきている。《ピン・ボディ》〔ピン（ping）は潜水艦が他艦船の位置を音波で探るためにピンという音を発すること、転じてネット上の機器が応答するかどうかを確かめる信号〕という作品では、自分の筋肉に電極をつけて、それによって体の動きをインターネットごしに離れたユーザが制御できるようにしている。《イア・オン・アーム》〔腕につけた耳〕はステラークが二〇〇六年に始めた企画で、細胞の培養と形成外科の方法を用いて左の前腕に耳を作り出し、それをインターネットに接続して、遠くにいる人のための「遠隔聴取装置」として使えるようにすることを試みる。ステラークの芸術上の企て全体は、あからさまにトランスヒューマニズム的なもので、身体を、情報時代用にアップデートする必要がある技術として表すことを意図した挑発的な行ないを次々と示している。ステラークがある声明で、クラインズとクラインによる当初のサイボーグの発言を直接まねて言うように、「両眼視で、一四〇〇ccの脳を持つ、二足歩行の呼吸する身体が適切な生物の形式かを問う時期に来ている。それは自ら蓄積した情報の量、複雑さ、質に対応できていない。技術の正確さ、速さ、威力に臆していて、新しい地球外環境に対処するには生物学的に装備が足りない」。ステラークにとって身体――われわれという貧弱な、裸の、二股の動物――は、旧式の技術である。肉体は通用しなくなったフォーマットなのだ。

　自分のことを――他ならぬ自分を――サイボーグと考えるとはどういうことなのだろう。ある意味で、サイボーグの概念は、人間についての特定の考え方以上でも以下でもない。人を情報処理のための仕掛と見る、とりわけ現代的な人間像ということだ。眼鏡をかけていたり、靴に矯正具が入っていたり、心臓にペースメーカーが仕込まれていたり。スマホが、バッテリー切れとか、画面が割れたとか、着替えたときに元の服に入れたままにして出かけたとか、何らかの理由で使えなくなって重要な情報を得られなくなったら、あるいはGPSを使ってナビを利用したり、地球を回る衛星を使って自分の位置を測量したりできなくなったら、失った四肢を奇妙にも感じてしまうのと同じような感覚を得るのだろうか。そのために途方に暮れるだろうか。その喪失感、その喪失そのものは、体から外部に延長された組織複合体と補助的技術が故障したり、統合的ホメオスタティック装置が故障したりしたことを示しているのか。技術によって増強され拡張された人体がサイボーグなら、今のわれわれは基本的にサイボーグだということだろうか。哲学的議論で言われるように、われわれはもともとずっとサイボーグだったのではないか。こうしたことを私は反語としてではなく、本気で問うている。

ピッツバーグ二日めは、タクシーを拾って再びグラインダーに会うためにキャノンの家へ行く前、午後に時間が空いた。市街地のホテルを出て、スマホの画面で、私の体の位置を示して脈打つ青い円が、街路を表す白抜きの格子を少しずつ進むのをたどって川に向かって歩いた。この都市の有名な市民の一人、アンディ・ウォーホルの作品専用の美術館の地下で、シルクスクリーンの網目にかがみ込んでいる画家のモノクロの画像が載ったポスターを見た。その下には引用句が印刷されていた。「僕がこういうふうに描いているのは、マシンになりたいからだ」

後でミュージアムショップ――この美術館では、普通の美術館以上にこれが要所のように見えた――をぶらぶらしながら、その中のある棚から、『I SHOT ANDY WARHOL アンディ・ウォーホルを撃った女』という、一九六八年にアンディ・ウォーホルを殺そうとした元セックスワーカーのライター、ヴァレリー・ソラナスをリリー・テイラーが演じた映画の脚本のペーパーバック版を引き抜いた。本の裏表紙には、ソラナスの、狂気としか思えない、困惑するほど洞察力のあるSCUM〔Society of Cutting Up Men ＝男性粉砕協会〕マニフェストの全文が転載されていた。ぱらぱらめくっていると、こんなくだりに出くわした。「男を動物と呼ぶのは男にへつらうことになる。男はマシン。歩く張形《ディルド》だ」

私は本を棚に戻し、喜びもせず、傷つきもせず、美術館を出て、また川向こうに戻った。

「人はいつも自分に信用を与えすぎだ」とキャノンは言った。

天井の扇風機の羽根が頭上でゆっくりと回転していて、キャノンの家のキッチンの網戸ごしには夕方の蟬の声が聞こえ、夜間のシステムに接続された無数のマシンのかたかた、ごうごうという音がしていた。

キャノンは言った。「脳という論理中枢の進化を見れば、それが成長するうちに創造の中枢も広がっている。そしてそのことがこの、人はどうでもいいことに反応するただの化学物質の袋ではないという、実に強力な幻想を生み出す。それが人だ」

キャノンはキッチン窓際のシンクにもたれていて、頭の後ろの壁には、ステンシルによる装飾的字体で、「よく生き、大いに愛し、よく笑え」という文句が刷り出されていた。この感情は周囲となじんでいたし、部屋で化学物質の袋に囲まれながら論じられていることとともなじんでいた。このインテリアの華やかさは、キャノンの明るく控えめなガールフレンドで、ピッツバーグ文化トラストに勤めるウェブ開発者、ダニエルの仕事だと私は推測した。ダニエル自身はとくにトランスヒューマンになりたいという気持ちはなかったが、どこかにインプラントをするかもしれないという考えは頭から否定はしなかった。

「このあたりかも。あまり目立たないでしょ」と、ダニエルはお尻を指さしながら言った。

キャノンと暮らしてもう八年になるダニエルは、キャノンの仕事や生活ぶりの奇妙さや、その未来主義的な展望の極端さにも慣れていた。キャノンが初めてサイボーグになりたいと決心したときにも、そのような処置が利用できるようになったらすぐに自分の腕を切断して技術的に優れた義手にするとキャノンが予告したときにも一緒にいた。

キャノンがそのことを言ったときには二人は車にいた。自分の本来の腕よりも優れた義手を作り始めてしまえば、その腕を取り除いてもっと進んだ技術に置き換えることに嫌悪感は抱かないだろうという。ダニエルは仰天し、最初は怖いとも思ったが、そういう考えにも慣れた。

「それであの人が幸せになるんなら、私は幸せです。それが何でも」とダニエルは言った。

「人はこの肉体に魔法《マジック・イン・ザ・ミート》があるという気持ちを持っている」とキャノンは言った。「人は何かが自分の体にとって自然だからそれの方が現実で本物だという考え方をする」

ダニエルが時間をかけて身に着けたこの姿勢は、不合理でセンチメンタルだとキャノンは言う。キャノンが言うには、人の体は七年ですっかり入れ替わるので、細胞レベルでは、八年前にダニエルと出会ったときのキャノンではないし、八年経てば、また今の自分とはまったく違っていることになる。別の体、別の物だ。その入れ替えが「自然な」手段、つまり細胞の死と再生によろうと、生物工学的な補綴によろうと、キャノンがダニエルを抱き寄せる腕は、八年後にはもう存在しない。

私はランダル・クーネが、われわれが住みついている物理的形態、われわれの存在の基板はどうとでもなると考えていたことを思い出した。ネイト・ソアレスは「有機物に特別なことは何もない」と言っていた。体の細胞はすべて七年周期で入れ替わるという考え方が正しいかどうかは私にはわからなかったが、それが正しいとすると、トランスヒューマニズムからすれば、基板非依存だとか、全脳エミュレーションに含意されるテセウスの船のような見方だとかを売り出すプロパガンダに勝利をもたらしそうに見えた。それはくらくらする考えだった。一〇年前にダブリンで初めてトランスヒューマニズムのことを読んだ人間と、今ピッツバーグの一室でトランスヒューマニストと体の細胞がすべて七年周期で入れ替わることについて話している人間との間には物理的なつながりはないというのだ。そのような物理的つながりがないのなら、どうすればその「二人」が私、あるいは私の「自己」でありうるか？　それにそもそも「自己」とは何なのか？　人格とは何か？　人は原子の集まりにすぎないのか？　原子はほとんどが隙間——虚無に浮かぶ一個の原子核が収まった殻——にすぎないのではないか？　人は要するに隙間だらけなのではないか？　そうして問いが、意味のある形で自分は存在すると言えるのかどうか？にさしかかった頃、キャノンの飼い犬の一匹が裏口から入り込んできて、人なつこい、ほとんどおせっかいな関心を私のズボンの股に向けた。これを私は自分が確かに存在するしるし——少なくとも他の話題に移るべきだというしるし——だと受け止めた。*

＊結局、心配したようなことは正確には正しくはなかった。われわれの器官の多くは、速さは違っても細胞を入れ替えるが、脳の皮質にある細胞のように入れ替わらないものもある。この事実を知って、私はほっとすると同時に、何となくがっかりもしていた。

私はインプラントを見てみたかった。そこでキャノンとマーロー・ウェバーが自分たちの作業を見せに、地下室へ連れて行ってくれた。目下の主な仕事は、ノーススター〔北極星〕と呼ばれる技術で、ウェバーはそれを「ベイビー」と言っていた。電流を反復させることによって磁北極が検出できて、それに応じて赤色LEDが皮下で光る。ウェバーが構築中の新型は、身振り認知を組み込んでいて、それを埋め込んだ顧客は、たとえば掌を丸く動かして車のドアを開けたり、十字を切ってエンジンをかけたりすることができる。

こういうものは見事に好奇心はそそっても、人間の境遇に革命的介入をすることにはならないのではないか、という私の意見に、キャノンもウェバーも反対はしなかった。車のドアを身振り《ジェスチャー》で解錠するというアイデアは、それだけでは兆し《ジェスチャー》――もっと大きくて根本的な変容を指し示す兆し――でしかない（それにともあれ、キーを使うより不便だ。キーを使うにはもぐりの手術をしなくてもよい）。しかし二人が力説するのは、これは始まりにすぎないということだった。人類を工学の問題として取り上げるなら、達成できることにほとんど限界はなかった。しかし生物学が根本的な難所だった。問題の本質《ネイチャー》は、当の自然《ネイチャー》だった。

キャノンは「もう生物学ゲームにはかかわるべきじゃない。それは種としてのわれわれにとって正しいゲームじゃないんだ。それは野放図な残酷さを必要としすぎる」と言った。

キャノンは裸足の脚を組んでオフィスチェアに座っていて、改造ベイプボックス〔電子タバコの一種〕の蒸気を吸い込んだ。顔はときどき開いた口から流れ出るキャラメルの匂いの大きなきのこ雲で隠れた。

眼鏡が地下室のハロゲンランプできらきら輝く中、「みんな僕が自然を馬鹿にしていると思っているけど、そんなことはない」と言った。

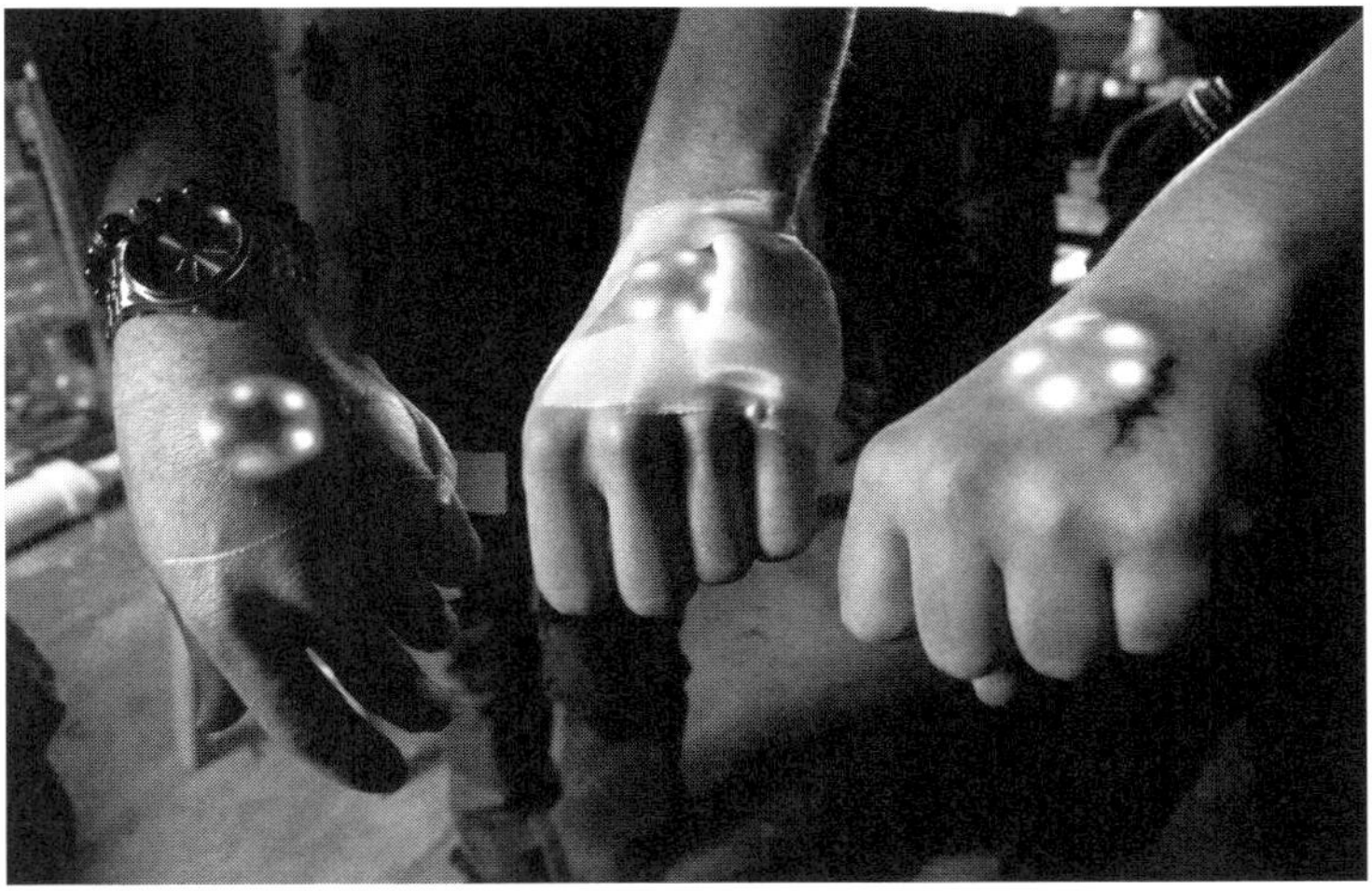

グラインドハウス・ウェットウェアのノーススター、Ryan O'Shea 撮影、2015年11月（CC BY-SA 4.0） https://commons.wikimedia.org/wiki/File:Ryan_O%27Shea_Northstar_Photo.JPG

ウェバーは部屋の奥にある何かの配線だらけの回路をいじっていて、座っていた人間工学的椅子《エルゴノミック・チェア》を四分の一回転させた。「公平に言っとくとね、自然を馬鹿にしている奴みたいになってることはありますよ」とウェバー。

キャノンは鷹揚に笑いながら言う。「僕は馬鹿にしてない。ただ限界を指摘しているだけだ。みんな今の猿の状態でいたがっていて、自分の脳が全体像を見せてくれてないし、合理的選択をさせてくれないのを認めたがらない。自分が操縦していると思っているけど、そうじゃないんだ」

キャノンは操縦していないということの意味を知っていた。自分を欲望マシンとして、必要と満足の回路にある導体として経験することの意味を知っていた。キャノンは高校を卒業すると軍隊に入った。9・11と、それに続いたアメリカの軍需産業の好景気より前のことで、キャノンは海外派兵されることはなかった。除隊すると飲酒量が増え、二十代はずっと、混乱した、自分の内外の無慈悲なシステムに左右される無力な存在だったと言う。朝、目覚めると、今日は飲みに行くまいと思う——そしてそのつもりだったが、欲求が、欲望の肉体的衝動がしゃしゃり出て、脳内の化学物質の命令に従う以外の選択肢はほとんどなくなる。飲酒という行為は決定の結果というよりは、自分自身の決定をはるかに上回る力に屈することで、方程式のどの部分が本当の自分なのかわからない。欲求か抵抗か、今日はもう飲めないと主張する頭の中の声か、飲まなければならないと主張する体内の発作か。

　キャノンは酒癖が悪かった。むら気で、卑劣で、知らないうちに怒りや自虐に動かされていた。パンク全盛のピッツバーグで十代を過ごし、兵士となった。そうしたことがすべて、素手の殴り合いをかぎつける力と自分で呼ぶ能力の元になった。それは大きな性格の欠陥だと自分で認めていたが、自分の素手で他の奴を負かすのは華々しいことに思えた。今でも、自分が加わらなかった喧嘩《けんか》はすべて、忘れていたか、行けばよかったと思うかだと、本人は言う。

　ある日、目が覚めると病院で、自分が自殺を図ったと言われたが、何があったのかまったくおぼえがなかったと、キャノンは私に言った。文字どおり自分が何をしていたのかわからなかった。そうなるまでのどこかで、自分は二人の子の父親になり、その母親との関係は冷たく、とげとげしく、憎悪を生むものになっていた。自分を操縦できていなかったのだ。

　自殺を図った後、退院すると、ＡＡ〔Alcoholics Anonymous、断酒会の一団体〕に入り、自由意志の幻想をすっかり捨てた。キャノンは無神論者だったが、そこで求められるとおりに、高次の力《ハイアーパワー》〔ＡＡで用いられる概念〕に自分のすべてを委ね、そんなぼんやりした存在を信じざるをえなくなったものの、その信仰を信じることはなかった。この方式、この仕組はうまく行き、キャノンは七年間、酒を飲んでいない。

　キャノンが体について話したとき、人を猿のように、あるいは決定論的機械仕掛のように語ったとき、一般論のような言い方をしていたが、私には、キャノンがとくに自分自身について、自分の依存症やその克服について語っているのも明らかに見えた。もう依存症ではないというのは、将来のどこかで人間ではなくなり、動物的な欲求や弱点には左右されなくなるに至る旅の始まりだった。

　二〇一一年一月、キャノンは、Lepht Anonym《レフト・アノニム》と名乗る若いイギリス人女性が語るインターネット上での話に遭遇した。この話は「大衆のためのサイバネティクス」と呼ばれ、レフト・アノニムは、皮下にマグネットなどの装置を挿入して自身の感覚を拡張する自前の実験について語っていた。実際の医者による支援を確保できず、こうした自分への処置を自宅で、道具――ピーラー、ナイフ、針――をウォツカで消毒して行なった。解剖学入門の教科書も参考にして、主要な神経や血管を傷つけないようにし、自分の体を切り刻み《ハック》、マシンになる作業にかかった。

　キャノンは、「レフトはちょっといかれてるんだけど、すごいタフだったんだ。本当に感心するよ」と言った。

　ウェバーは「彼女、ばりばりのハッカーでしたね」と賛成した。

「骨の髄までね」とキャノン。「だからあれを見たときは、自分がいないところで革命が始まっちゃったように見えた」

　biohack.me というネット上のフォーラムで、キャノンはピッツバーグ在住の、ショーン・サーヴァーという名のエンジニアを知るようになり、二人で独自のサイボーグ技術を設計、構築しようということになった。サーヴァーも元軍人で、9・11の後に空軍に入隊し、二〇〇三年から二〇〇五年にかけてイラク勤務を三度経験し、航空電子工学技師として、撃墜された航空機の素材の回収を専門にしていた。その人物を見れば、必ずしも元軍人とは思わないだろう。私がキャノンの地下室でサーヴァーにあった日には、肘当てのついたツイードのスポーツジャケットを着ていて、豊かなブロンドの口髭の両端がカールした、ちょうどヴィクトリア朝時代の児童書に出て来るダンディな悪役のように見えた。サイボーグの未来に関する仕事をしていなかったときは、ピッツバーグで理髪師をしていたという（これまでの数年は、自分で「昔ながらの職業リスト」と呼ぶものに載った仕事を次々と経験しており、これまで軍事、消防、電気工事、理容という様々な分野をこなしてきた）。

キャノンとサーヴァーは、軍の基礎的訓練は個人としての自己の概念を乱暴に消去するとか、AAで求められるのはいろいろな形での人格の崩壊、自己の追放だったとかの話をしていた。私は、そうしたことがすべて、人であるということが意味すること／しないことのキャノン流の見方、キャノンの過激で文字どおりの自己改造を教えてくれるようだと言った。キャノンは私が言おうとしていることを理解したが、人間は予想可能で決定論的な機構だという論法をとっているにもかかわらず、そのような本人の生の決定論的解釈を受け入れたがらないように見えた。

金曜の夜、一同は週に一度の打ち合わせを終えたところだった。全員――全国のメンバーと一人か二人、外国在住の人もいた――がキャノンのリビングのあちこちに腰を下ろし、自分がしていることについて話す。私と他に何人かはキャノンの家の裏口から出て、放棄されたモーテルの眺めを楽しみ、何かのベリーを漬けた恐ろしげなビールを飲んでいた。

会話はベン・エンゲルという、ユタ州出身の若いグラインダーのことになった。グラインドハウスにも、カリフォルニア州ベイカーズフィールドで行なわれたグラインダー祭で最近エンゲルに会ったという人が何人かいた。エンゲルは音波を頭蓋骨を通じて内耳に伝えるブルートゥースによるガジェットを作っていた。装置は指に埋め込まれた磁石を使ってスイッチを切り替え、理論的にはインターネットからダウンロードしたデータを圧縮した音波に移し替えて、それを感覚代替と呼ばれる技を使って解釈するよう自分で訓練することになる。エンゲルは自分の計画についてグラインドハウスと連絡をとっていて、グラインドハウス側は、それは本人が死ぬ可能性があるので、断念させようとしていた。

ジャスティン・ワーストというグラインドハウスのエンジニアは、エンゲルに装置を見せてもらったことがあって、「あいつは基本的にクソの塊を使ってこんなものをフランケンシュタインみたいにつぎはぎしているだけだ。電動歯ブラシの充電器とか、携帯電話の部品とか。できたものは馬鹿みたいにでかいし」と言った。

そのときは、みなエンゲルに骨伝導装置をあきらめさせ、グラインドハウスの技術を使わせようとしていた。

「僕らは本当にインプラントが脳にはみ出すのを心配しているだけだ。これであいつが死ぬことになるのはこの運動にとって良くない」とキャノンは言った。それからキッチンに戻り、地下室の暗がりに下りて行った。飼い犬の一頭で、ジョニーという名のテリアがとこところと駆けだして玄関に出て来て、私の足の下の方にこれが礼儀というようにくんくんし始めた。その犬の脚が一本ないのに気づいた。

「ジョニーの脚はどうしたんですか」と私は尋ねた。

オリヴィア・ウェッブという安全検査主任が「車に轢かれたのよ」と言った。その日はウェッブがこの仲間といる最後の夜で、これまで何年か過ごしたピッツバーグを離れ、シアトルで新しい職に就くところだった。

「それから自分の脚を食べたんだ」とワーストは言った。「ティム〔キャノン〕とダニエルが朝起きたら、ジョニーは一晩中それを舐《な》めていて、切断するしかなかったんだ」

ライアン・オーシェイはポテトチップスの袋を念入りに調べながら、人間がマシンと融合できるようになったら、その措置はペットにも拡張していいかと問うた。

「そうするのが倫理的か？　それとも、貧弱な生物学的な一生をまっとうさせて死なせるだけにするのがいいのか？」とオーシェイ。

ウェッブは「私たちはもうあちらの同意なしにやっているわ。『玉を取ってください』みたいなことを言う犬はいないけど、そうしてるのよ。犬にとってその方がいいって。要するに、ジョニーは三本脚でやっていけるけど、生体工学で四本めの脚ができたらどうするかってこと」

ジョニーはオーシェイの袋から落ちたポテトチップの残った何個かのかけらをさっさと食べると、リズミカルではない速歩でキッチンへ移動した。言われていることに受動的攻撃で非難するかのように。

グラインドハウスで過ごすにつれ、そこでの究極の関心は人体の増強そのものではないことが明らかになっていった。つまり、ここの人々は、磁北極を向いたらランプが点《つ》くかバイブが生じるかするインプラントを皮下に入れれば、人間としての生がどの程度便利になるかというような、利得の面――あえて言うならばきわめて論争になりやすい面――にとくに関心を抱いているのではなかった。確かに、肉体の限界には不満を抱いていて、その限界を技術によって改善したがってはいた。たとえばキャノンは、最初に磁場を感じる電磁インプラントを指先に入れたとき、その新たに拡張した感覚能力で、人が思うような、突然に活力が上がるようなことを感じたわけではないと言った。

「まあひどかったね。こういうのは何から何までとんでもないしろもので、なんにも見えないって感じだった。僕らは何にも見えてないんだ」

ウェバーは「そのとおりだね。X線だって見えないんだから。どれほど何もできないの？ってことなんだけど」

一同の関心が向いているのは、基本的に、単に人の能力を増強するよりも変わったこと、あらゆる意味で、それよりも特定しがたいことだった。関心を抱いていたのは最終的解放だったが、私はそれを絶滅以外の何になぞらえてもわかりにくいと思った。

私は、新型のノーススター・インプラントの作業をしているキャノンやウェバーやワーストと地下室にいた。ウータン・クランの「自分の身を守れ《プロテクト・ヤ・ネック》」がデスクトップのスピーカーからしゃかしゃかと流れていて、キャノンは曲のビートに合わせて頷きながら、パソコンでコードを猛スピードで打ち込んでいた。私はトレーニングマシンのサドルのような形の席に不安定に腰掛けていて、誰にともなく、部屋全体に向かって、「ここのゲームセットはどんなんですか？　みんな何を達成しようとしてるんですか、長期的に」と言った。

大事そうにはんだごてを手にしたウェバーがくるっとこっちを向いて、純粋に個人的な能力で言うと、自分は宇宙全体を使い尽くしたいと思っていると言った。本人としては、自分の外には自分を超えては何もなく、存在のすべて、空間と時間のすべてが、以前はマーロー・ウェバーと呼ばれていた存在と一体となるほどの想像を絶する広大な力と知識を持った存在になりたいのだという。

私は、そんなことはアメリカの労働ビザの申請用紙には書かない方がいいですよと言うと、ウェバーは笑ったが、本人はそれまでそれが笑うべきことだと思っていたような感じには見えなかった。冗談を言っていたのかもしれない。先にも言ったように、ウェバーはいつも自分の中の個人的な冗談を伝えようとしているような表情を浮かべていた。そして、この自分の中に宇宙全体を吸収したいという個人的な野心が、オーストラリア風のゆっくりとした話し方の余裕のある正確さ、かすかによそよそしいものの、もの柔らかい調子とは相反するように見えるのに比例して、魅力的な不条理があると私は思った。しかし私には、ウェバーが不誠実とは見えなかった。

「私をからかっているんじゃないかと心配なんですが」と私が言うと、「ちっともからかったりしてませんよ」とウェバー。

「こいつはからかってなんかいないよ」とキャノンも請け合った。

「じゃあ、ゲームセットはどうなるんですか？　あなたも宇宙全体を吸収しつくそうと思ってるんですか？」と私はキャノンに尋ねた。

「僕にとってのゲームセットは、人類すべての、わずかな馬鹿以外が基本的に宇宙に飛び立ったときだね。僕の目標は、個人的には平和に、情熱的に永遠を求めて宇宙を探検することだ。それはきっとこの体ではできないことだね」

「でもあなたはどうなるんですか。それはあなたなんですか？」と私はキャノンに尋ねた。

キャノンは、自分がそうだと想像する姿は、情報を求めるノードが相互に接続されたシステムで、それが宇宙全体にどんどん広がって進み、広大な全宇宙で知性を共有し、学習し、経験し、対照していくのだと言った。そして自身の見当では、この想像を絶する広大なシステムが、今は身長一八〇センチの骨と組織の集合体という形の自分がそうなっていく先なのだろうとも言った。

それってものすごく高価そうです、誰がその費用を払うことになっているんですかと聞こうとした。しかし考え直した。わざわざ説明してもらった人の信仰の中心的信条に関して冗談は言わない方が良さそうだと思って。

そして私たちが、宗教的信仰という伝統的な領分に押し入りつつあるのは明らかに見えた――その越境こそ、キャノンや他のトランスヒューマニストの人々と交わした多くの会話の特徴だと私は思っていた。

現地最終日の午後、キャノンと私が、例のリビングにL字形に並んだカウチでくつろいで未来について話していると、ジョニーが私の隣にひょっこり現れ、膝によじのぼり、頼まれてもいないのに熱狂的な情愛で夢中になって私をぺろぺろと舐め始めた。私は顔や口に犬のべとべとする息や、舌のなめらかな温かさを感じ、私はかまってもらってうれしいよと、実際以上にそう見えるよう努力した。

そして話が始まった。われわれとは体のことなのか、だからジョニーは体の一部を失っているために、存在が少し弱くなっているのか、ただの肉体とは別のところでどこか弱いのか、話し始めた。

私は自分が信じていることがまったく定かではなかったが、私が体を持つことは生きていることの還元できない、定量化できない要素で、人が人で、犬が犬なのは、われわれの体がこうであればこそだと思うと言った。自分の息子のことを話し、その子に対する愛情の多くは、さらには根本的にも、体による経験で、哺乳類的現象だと言った。息子を腕に抱いているとき、その小ささ、細さ、小さな肩の華奢《きゃしゃ》な骨を感じるし、首の柔らかさ、か弱さを、柔らかく膨らんだり、鼓動が早くなったりする肉体的感覚として経験する。私はしばしば、息子がこの世界でどれほど小さな空間しか占めていないか——その胸が私の広げた親指と小指の間くらいしかない——ということに驚き、文字どおり小さな物体で、もろい骨と柔らかい肉と温かい、何ともわからない生命とがしつらえられたものだということに驚いた。そしてそれこそが私の愛情を、小さな生き物である息子への動物的な不安やいたわりを構成していた。

私はキャノンに、この何日かの間に何度か私に語っていた自身の子に対する愛情について尋ねると、キャノンはやはり自分は子どもを愛していること、その子たちが人生に現れたことがどれほど自分の救いになったかということを話した。そして、確かに自分もそういう感覚、動物的ないたわりや心配を抱くと認めた。

「お子さんはあなたがマシンになりたいというのをどう思っているんですか？　あのインプラントのことをどう思ってるんですか？」と私は尋ねた。

キャノンは新入りインターンが前夜にくれた自家製ジュースをベイプボックスに充塡《じゅうてん》しながら、その顔は目がすわったまっ白の仮面になった。私は質問が聞こえなかったのか、それとも無視しようとしているのかと思った。青白い細い腕を見て、その皮膚の、タトゥーあり、インプラントの傷あり、傷の跡が盛り上がったところありのややこしい歴史を読み取ろうとした。

まだベイプボックスに集中しながら、やっとキャノンが言った。「子どもは僕がしていることを知っている。すっかりなじんでるよ。娘は一一歳だけど、ちょっと前、僕に言ってた。『パパ、私はパパがロボットになっても気にしないけど、顔はそのままにしないとだめよ。顔は変わってほしくない』って。僕自身は他の体の部分と同じで、この顔に感情的な愛着はないんだけどね。火星の探査車《ローバー》みたいに見えてもぜんぜん構わないんだけど。娘はこの顔に愛着があるらしいよ」

長いことジュースの蒸気を吸って、大量に吐き出した。まっ白なうねるような煙が一瞬、キャノンの自分では感情的な愛着のない顔の、黒いかすかにアジア的な眼や、プライドがあり奇妙に駆り立てられた男の熱がこもって開いた鼻孔を隠した。

キャノンはその子たちをダニエルがどれほど立派に扱っているかを話した。母親のようだという。ダニエルが自分でも子どもを欲しがったこと、キャノンがもう親にはなりたくないと断ったこと、「問題にもうかかわりたくない」と強硬に主張したことがどれほどダニエルには辛かったかも語った。

そうして、意味の点でも表現の点でも、基本的に宗教的にも見えた感情を表した。自分の胸や、ソファでヨガのように折り曲げられた自分の足に目を向けながら、「ここに閉じ込められている。この体に閉じ込められているんだ」と言った。

それはグノーシス派みたいに見えると私は言った。西暦二世紀の異端派だ。

キャノンは辛抱強く首を振った。「いやあ、ただの宗教の考え方じゃないんだよ。トランスジェンダーの人に聞いてみてよ。間違った体に閉じ込められてるって言うよ。でも僕には、そもそも体に閉じ込められてることが、間違った体に閉じ込められてるってことだよ。体はみんな間違った体なんだって」

私たちはトランスヒューマニズムの中心にあるパラドックスに近づいていると私は思った。啓蒙の合理主義が過激の極みに押しやられ、信仰の目に見えないところ《ダークマター》の中に消える「事象の地平」に近づいていると。それはフェアではないダブルバインドだったかもしれないが、キャノンが自分の考えと宗教の神秘とのつながりを否定すればするほど、キャノンは宗教的に思えた。

しかしたぶん、トランスヒューマニズムはほとんど宗教のような運動なのだというよりも、従来は信仰の領分だった根本的な人間の矛盾と不満に向かっているということなのだろう。自分が弱点だらけでどうしようもなく有限の体に閉じ込められている――イェイツの言うところでは死につつある動物に留められている――という経験は、人間の基本的なありようだった。あるレベルでは、体を持つことの本質には、体から出たいという思いがある。

D・H・ロレンスはこう書いた。「今日、人は、科学や機械、無線、飛行機、巨大な船、飛行船、毒ガス、人絹《じんけん》などから、奇跡的なものの感覚を得る。こうしたものは、過去なら魔法が行なったような奇跡の感覚を育てる」

人類が必要とする謎や宇宙への畏れが、このとき科学によってますます提供されつつあったように、何らかの救いの約束に対する希求が、同様に技術のもたらす産物になっていたのだ。キャノンはそうした言葉では言わなかったが、キャノンの言いたい、サイボーグのメッセージは、つまるところこういうことだった。われわれはいずれ自らの人間的本性、動物的自己から救われ、この救いを確保するためにわれわれがしなければならないのは、寿命のある体に技術を取り入れ、それによって、マシンとの一体化に与るという自己の最終的な赦免を達成することだけなのだ。

信仰

装備に不具合があって、ことが円滑には運ばなかった。トランスヒューマニズムと宗教に関する大会に出席しようとサンフランシスコからピードモント〔対岸のオークランドに隣接する町〕へと向かう道のりは、あらゆる面でこまごまとした困難に襲われた。私が街中で数日過ごすためにAirbnb《エアビーアンドビー》で部屋を借りていたミッション地区から、地下鉄に乗って湾を渡った。土曜の朝の八時半頃、五月の容赦ない熱波で、オークランドの中心街は酔っ払いとホームレスのゆるい集団以外はひと気がなかった。そのためこの地は悲惨な事件の後のようで、手際よくあっさりと片づけられた最後の審判ですべての魂が昇天してしまったかのようだった。貧困が染みついた人々以外は。

私はピードモントに午前九時に着かなければならなかったが、タクシーは見当たらなかった。二日前、サンフランシスコ国際空港に降り立ってから何分もしないうちに、データローミングの枠を使いきってしまい、大会会場まで東へあと一〇キロ足らずをウーバーやリフト〔ウーバーと同様の、合衆国中心の配車ネットワーク企業）を使うことはできないことはわかっていた。人間にしかない能力の一部を奪われたようになって、裸にされたような感じがした。しばらく迷いがあって（Wi-Fiのあるカフェを探すべきか、二五セント玉を手に入れて公衆電話を探すべきか。公衆電話なんてまだあるのか？）、私は結局、型どおりに手を振ってタクシーを止めた。すべてがもう奇妙に昔懐かしい感じに思えていた。ピードモントに着くと、さらにややこしいことになった。運転手はかろうじて通じるだけの英語で、私の行き先まで行くのにダッシュボードに立てたスマホとグーグルマップに頼っていて、グーグルマップはというと、行かなければならない場所が存在することさえ頑固に認めようとしなかった。運転手がやっと退役軍人会館の外に車を着ける頃には、大会開始時刻の九時をゆうに一五分は過ぎていて、私はすでに何かの優れた内容を聴き逃しているかもしれないと思っていた。

会館の裏手に集まって話している人々の一団があって、その一人が大会主催者のハンク・ペリシャーだった。ペリシャーは四十代の終わりで短いグレーの髪をしていたが、細身の体つきで、ティーンの少年のような、不器用な熱情のようなものがあった。この印象は、ペリシャーの浮ついた若い身なり（虹のストライプが入ったTシャツ、派手な緑のズボン、『となりのサインフェルド』に出て来るようなテニスシューズ）で強められた。報道機関用のパスを用意してもらい、私が話したくなりそうないろいろな人とのコネをつけてもらったことのお礼を言うために、来ていますよということを知らせたかった。ペリシャーは私を、温かい熱意と少し上の空の両方で歓迎してくれて、すぐに集まった他の雑多な白人アメリカ人に紹介した。

ごつい体の髭の生えた柔らかな物腰の人物がいた。ナッシュビルから来ていて、トランスヒューマニストであり、信仰を取り戻したキリスト教徒でもあった。バークレーにある、太平洋ルーテル神学校の、六

○がらみの組織神学〔聖書に書かれていることを整合的に体系化しようとする学問分野〕教授がいた。頑丈そうな男で、着ていたオリーブ色の生地のフィールドジャケットには、容量のありそうな、ジッパーとボタンの両方がついたポケットがたくさんあった。出かけている間にこの世の終わりが来て勢いよく肉体ごと昇天《ラプチャー》することもあるかもなと思うような人が選びそうな装飾だった。ニューメキシコ州ラスクルーセスから来た、厳粛そうな仏教徒のトランスヒューマニストもいた。ユタ州から来た二人のモルモン教徒のトランスヒューマニストもいた〔インターネットを探り回った何か月かで、モルモン教徒がトランスヒューマニズム界では小規模ながら声の大きい一群だということ、それはトランスヒューマニズム運動と末日聖徒イエス・キリスト教会〔モルモン教の正式名称〕との予想外の相乗作用によることを私は知っていた〕。ブライス・リンチという、三十代終わりの、色白の、ぴりぴりとして、眼鏡をかけた暗号学者が、後退した長い髪と、快活でもあり超然ともしているたたずまいをしていた。リンチに何かの宗派に属していますかと尋ねると、一瞬曖昧に返事をして、それから現代版のヘルメス思想を実践していると教えてくれた。おおよそ古代末に栄えた秘儀的な異教だった〔錬金術のルーツ〕。私はそっとその話の方に水を向けたが、リンチは少し話したくないようで、ヘルメス思想を信奉する暗号学者ならそういうものと思うのが賢明なことかもしれない。

リンチは、私には意味がよくわからない文句で飾られた黒いTシャツを着ていた。

私はいつもコードを試すわけではない
が、試すときは
本番《プロダクション》で行なう

――しかし私はそれを、きっと間違っているにちがいないが、プログラミングの世界のしゃれに基づいた何かの性的寓意だと解した。モルモン教徒トランスヒューマニストの一人は、そのシャツに喜んでいて、写真に撮っていいかと尋ねていた。リンチは応じ、雄々しく脚を広げ、胸を前に押し出し、腕をおどけたように腰に当てた。このポーズはシャツをさらに目立たせ、その文句は、今度はこの集団全体の軽いお祭り気分を誘発していた。私はそのお祭り気分に乗れなかったし、礼儀正しくくすりと笑うだけだったし、その意味について感想を求められないよう願っていたしで、奇妙にも自分がこの人たちとは異なることを意識することになった。考えれば考えるほど、根本から折り合いがつかないように見えてくる違いだった。私は基本的に技術の言語はわからないというのがいちばんだった。私は技術の利用者であり、多くの進歩から受動的に恩恵を受けているが、技術そのものについてはほとんど何も知らない。ところがここにいるトランスヒューマニストたちは、マシンの論理に密着したところに根ざし、われわれの文化を動かすソースコードを把握していた。

ダークスーツを着た、背の高い、銀髪の男が玄関に現れ、ペリシャーはちょっと失礼と言って、その人物と話しに行った。組織神学教授と仏教徒トランスヒューマニストはわけ知り顔でお互いを見やった。何かの欠かせない要素がその場に収まったことを認識するかのように。一同はしばらくお互いどうしで話し、私は電話を取り出して、この時点で携帯のボイスレコーダーで会話を録音し始めるのはまずいかなと考えていた。ペリシャーは今、銀髪の紳士が部屋の後方、座席の最後列のさらに後ろにある架台式テーブルをしつらえるのを手伝っていた。

組織神学教授は半分だけ私の方を向いて口の片側だけで言った。「あれ、ウェスリー・J・スミスですよ」

私は知ってますよというふうに頷いた。私はその人物のことを聞いたことがなかったので、そんな頷き方をする権利もないのだが。

スミスは『ナショナル・レビュー』誌によく寄稿しているのだと、一方のマイク・ラトーラが教えてくれた。スミスは宗教人で、東方正教会に改宗し、近年はバイオエシックスの問題についての保守派の論客としての地位を得ていた。そうしてトランスヒューマニズムについて書くようにもなったのだ。ここへは『ファースト・シングズ』という宗派をまたいだ雑誌にこの大会についての記事を書くために来ていた。

二〇一三年、スミスは同誌で「唯物論者のラプチャー」という記事を発表し、トランスヒューマニズムを、それは基本的に宗教だという論拠で批判していた。宗教を基本的に良いことだと見ていると考えられる人物のものとしては変わった攻撃地点だった。『トランスヒューマニズム』に改宗した人々は、技術の驚異を通じて自分や自分の子が永遠に生きることになると説く。それればかりか、何十年もしないうちに、自分の体と意識を、無限の種類があるデザインや用途に収まるように変形し、自分で進化の方向を決めて、コミックの登場人物のような超能力を有する『ポストヒューマン』種を生み出すことになる。何と、いつか神のようになるのだ」と、スミスは書いた。トランスヒューマニズムとキリスト教が似ていることの指摘は、私には完璧に成り立っていて、キリスト教の終末論でのラプチャーと、シンギュラリティの概念との類似も言えそうに見えた。どちらも特定の時期に起きると展望されている。どちらも最終的に死に対する勝利となる。どちらも「新しいエルサレム」での調和したエデンの園の時代を告げる――ラプチャーは天にあり、シンギュラリティは地上にある。そしてキリスト教徒も、シンギュラリティを信じるトランスヒューマニストも、まっさらの「栄光の」体を与えられることを期待する、等々。

このように宗教と結びつけることには、どこかトランスヒューマニズムの信用を落とす含みがあるという点はともかく、この指摘のいずれについても私は異を唱えようがなかった。トランスヒューマニズムは、自らの崩壊の暗い影におびえる体の混乱、欲求、無能力、不快から超え出たいという人間の深い希求の表れと私には見えた。この希求は歴史的には宗教の領域にあり、今ではますます肥沃な技術の領域にある。ウェスリー・J・スミスはトランスヒューマニズムを、嫌悪、逸脱、浅くグロテスクな宗教のパロディと見ていた。私はそれをこうした同じ昔からの希求と不満の新しい表れと見た。

スミスは今、部屋の奥で自分のノートパソコンと架台式テーブルに落ちついていた。一種のジャーナリスト的防壁のような印象を放つ状況だった。その奥で、自分が取り上げて記事にする人々や考え方から自分を遮断していた。私はこの姿勢の率直でおおらかに敵対的なところ、つまり大会から距離を置いていることを告げるスミスのそっけなさに魅了されていた。

その夜、借りたアパートに戻り、一〇分か一五分、何か出て来ないかと気になってメモをめくり、メールをチェックし、「トランスヒューマニズム」を検索条件にしておいたグーグルアラートで、スミスがすでに大会に関する記事を、『ナショナル・レビュー』のブログに発表していることを見た。掲載は午後七時三三分になっていた。まだあの会議室の後ろのデスクに座っていた頃だ。確かにそれは傑作ではなかったし、すでに本人がトランスヒューマニズムに対して取っていた姿勢を前に進めたり発展させたりするようなことはほとんどしていなかった。「今のところ私は、トランスヒューマニズムを唯物論的宗教――あるいはたぶんもっと良い言い方をすれば、罪の概念や高次の存在を信仰する自己卑下なしに宗教の恩恵を獲得しようとする世界観――とする、以前からの私の見解が大いに裏づけられつつあると言わざるをえない」（私が思うに、業界を渡っていく上では、自分が考えていることをちゃんと規定できたり、世界を自分の意見が実質的につねに裏づけられていると見たりするのには良いことがあるのかもしれない）。

ペリシャーによるこの催しの開会の挨拶からして、特有の奇妙でまわりくどい話だった（ペリシャーはベイエリアのパンク文化で育っていて、一九九〇年代には、ハンク・ハイエナというペンネームでパフォーマンス詩人として名をなしていた。その作品は、エロチックな不条理表現に向かう傾向があったと、本人は私に言った）。ペリシャーは相当長く、自分の宗教との関係の複雑な履歴について話した。どうやらそれにはわかりにくいプライドを抱いているらしい。数年前には、家族を連れてクェーカー教徒のコミュニティで暮らしたこともあった。すぐに「疑いに襲われて」、短期間は戦闘的な無神論者になり、それから戦闘的無神論の好戦性がいやになってそこを抜け、トランスヒューマニストになった。そのときはだいたい偶然でそうなったと本人は言った。その頃、以前に一緒に働いていた編集者が、『h⁺』というトランスヒューマニズムの出版物の仕事に転じて、何か書いてくれるよう依頼してきたのだという。執筆は引き受け、トランスヒューマニズムのことは何も聞いたことはなかったのに、すぐにその運動に参加することになり、本人の言い方では、自分はずっと本能的にトランスヒューマニストだったが、それが前からあったのを知らなかっただけだということに気づいたのだという。今はユダヤ教とくっついたり離れたりの浮気の最中だと言った。

「レズビアンのカップルに精子を提供しています。一方はラビですよ。自分の生物学的な息子のために改宗するかもしれません。まだそのことを考えています」と、ペリシャーは明かした。

その日、私は多くの変わったことが、実に様々な人々によって語られるのを聞き続けた。

『ボーイフレンドをやっちゃえ《ベンド・オーバー・ボーイフレンド》』という、ペニスバンドの解説を書いたこともある、大人の玩具店の女性店主が、自身が魔法使いとして精神的に成長したことについて語るのを聞いた。

モルモン教徒のトランスヒューマニストの一方が、自分はモルモン教徒なのに、ではなく、モルモン教徒だからトランスヒューマニストになったことを語った。

きわめて狭くて変わった関心の話題が専門の独立系出版社を経営する男が、人類を創造した古代エイリアンが著者に口述したとされる巨大な宇宙創成の物語、『ウランティアの書』について長々と話すのを聞いた。その男がルシフェルの反逆について、また旧約聖書の巨人ネフィリムがイルミナティの系譜の源流だという個人的確信について話すのを聞き、私はこうした話が、ボートシューズや着心地の良さそうなジーンズやぱりっとした青いスポーツジャケットを身につけた人物によって語られるのを聞くことがどれほど奇妙なことかと思った。この男は最後には、アトランティスとエデンの園の両方があった沈んだ陸地を探す探検隊での役割について話したが、ペリシャーにすでに時間が大きく超過しているという理由で遮られたので、私は沈んだ陸地が実際に発見されたかどうかの話は聞けずじまいだった。

マイク・ラトーラという仏教徒のトランスヒューマニストが、自分は実はすでに輪廻で永遠に生きているという信仰や、その輪廻をただ現に持っている体よりも優れた体で生きたいという望みについて語るのを聞いた。

文学的でおもしろいロバート・ウォルデン・カーツという名の、カルトについてもある程度知っている安息日再臨派《セブンスデー・アドベンチスト》の牧師（知り合いには、一九九〇年代にデーヴィッド・コレシュのブランチ・ダヴィディアンに入信し、ウェイコーの教団本部で集団自殺して死亡した人物もいた）が、トランスヒューマニズムがこれほど極端で奇矯なスピリチュアルの流れに安易にくみするようになったいきさつを話すのを聞いた。

資格をもったマッサージ治療師で、人類セクシュアリティ高等研究所で博士号を取った、フェリクス・クレアヴォワヤント〔透視術師〕という人物——半分透けて見える薄いシャツを着て、黒いスリッポンの靴を履き、靴下は履いてなかった——が、人類は何千年も前にＵＦＯに乗ってやって来た科学者たちが創造したものだというラエリアンの信仰を話すのを聞いた。

そして私は、こうしたことすべてが相まった豊かな共鳴に、つまりここにいる人々が、自分の信仰とは相容れないかもしれなくても、他の人々の信仰についてこれほど知りたがっているのだということに、感心せざるをえなかった。モルモン教のトランスヒューマニストは意外にも魔術の実践とそこで信じられている内容についてよく知っていた。再臨派は仏教徒と友好的で洗練された対談を行ないたがっていた。ラエリアンのマッサージ師さえ、スポーツジャケットとボートシューズという身なりのアトランティス探検家に対して、敬意のこもった好奇心の精神で相手をしていた。

こうした話を聞くのには何時間もかかったし、それを聞くためには学生時代に座っていたような、今や私の腰を痛くしているスチールの椅子に座っていなければならず、尻は痛くてしびれるし、脚はこわばるしで、私の考えは、どうしても傾いてしまう体の方に——他ならぬ人の定めに、死につつある動物に拘束された存在の他の多くの不都合に——ばかり向いていった。

午後の休憩のとき、私はマイク・ラトーラと、退役軍人会館からちょっと先のサンドイッチ店に歩いて行った。私たちは暖かいカリフォルニアの午後の戸外に座り、ラトーラは仏教と自身のトランスヒューマニズムが様々な点で互いに補完したり矛盾したりすることを話した。豊かで落ち着くバリトンで、海のようにどっしりした、また少々悲しげな静けさのある雰囲気のラトーラは、仏教は、それからとくに瞑想の実践は、苦痛からの解放に向かい、ふつうの人間の経験につきまとう煩悩《ぼんのう》を超える次元の意識への到達を目指していることを話した。

ラトーラはオーガニックのビートの根のチップが入った小さな袋を、静かにまた丹念に探りながら言った。「人生は苦しい。歴史上のどの時点でどんな人の集団を調べても、大多数の人は、世の中は明らかにもっと良くなっていいんだがと言うでしょう。私たちは地獄にいるわけではありませんが、この世界のすぐ下は地獄だと思うかもしれません」

ブッダの教えは、ある意味でトランスヒューマニズムの教えだとラトーラは言った。確かに人生は苦しいが、その苦しみの終わりに向かう道はあると。ラトーラは、仏教とトランスヒューマニズムはこの意味で、基本的に満たされない人生の問題全体に取り組む異なる二つの方法だと見ていた。仏教の中にある、スピリチュアルな上昇、人が完全な覚醒〔悟り〕に向かう途中にある四つの段階〔四諦《したい》〕という深遠な思想について話した。人がもっと高い次元に達するということの考え方は、技術を通じて人間の境遇《コンディション》を超越するというトランスヒューマニズムの理想と深いところで両立するものと、自分では見ているとラトーラは言った。

私は、心が体とは別に存在しうるというトランスヒューマニズムの信念が、体を具えた存在——自己はそれが収まっている動物とは別の、霞のような存在ではない――という仏教の考え方とどれほど対立するかについて知りたかった。

ラトーラが言うには、「それについては仏教の中でもいくつもの流派がありますよ。あなたが考えているのは禅宗でしょうが、そこでは私と私の体の分離はありません。機械の中の幽霊はありません。でも最も古い系譜の上座部仏教では、私たちは体ではありません。体は拒否すべきもので、馬鹿にされています。超越すべきものです」

ラトーラは、上座部仏教の新入りの僧が唱えさせられる、身体を堕落と腐敗の場として退ける宣誓について話した。「初期の仏典には一種の嫌悪があります。人体とか生物学の嫌悪です」

われわれの最初の父母はやりそこなった。知恵の木の実を食べれば二人は神々のようになれると吹き込む蛇の助言に従ってそれを食べるというあの決断が、すべてを台なしにした瞬間だった。ユダヤ・キリスト教の伝統に関するかぎり、人間の境遇とはそもそも、人類が生まれてまもない頃の、知識経済の最初の崩壊の際までさかのぼる大それた違反に対する罪なのだ。

まったく別の結果になっていてもよかったのだ。一七世紀、啓蒙の夜明けの最初の光の中では、アダムは先駆的トランスヒューマニズムの理想のようなものだった。哲学者で聖職者のジョセフ・グランヴィルによれば、最初の人は他の何よりも、超人的視力に恵まれていた。アダムに「眼鏡は要らなかった。生来の視力の鋭さで……アダムは天の壮大さとすばらしさの多くを、ガリレオの管〔望遠鏡のこと〕がなくても見ることができたのだ」。神秘学者で薬学者のサイモン・フォアマンは、禁断の実はわれわれの始祖の体に致命的な毒をもたらし、時代とともに悪化する退化を引き起こしたと説いた。アダムは「怪物になり、当初の神々しい姿かたちを失い、永遠の苦痛と病に満ちた地上のものとなった」という。薬剤師のサー・ロバート・タルボーは、人間の魂と体は「最初の完成態から外れてきた」のだし、「記憶は誤りがちで、判断は間違いまみれ、意志は往々にして意のままにならないことで知られ、進んで情念の奴隷になる。体も多くの病気にかかる」と書いた。

近代科学の方法を創始したと見られることの多いフランシス・ベーコンは、著書の『学問の進歩』で、ユダヤ・キリスト教流の想像力では知識という概念に古くから蔑視がつきまとい、知ることと罪がもともと一体とされていたことを取り上げた。学識のある人々が「知識は大きな限定や注意書きとともに受け入れるべきものであり、過度の知識を求めることは原初の誘惑であり罪であって、それによって人間の堕落が始まる。知識はその中に蛇を抱えていて、したがって、知識は人に入っていくと人を腫れ上がらせるのだと言う」のを聞いたと書いている。

しかしベーコンは、われわれは科学の適用を通じて、堕落以前の完全さ——不死や神の知恵や平和という当初の状態——のようなものを取り戻せると信じていた。言い換えると、エデンに戻る道は、最初に逸れた道をさらに進み続けることによってのみ見つかるということだった。ベーコンは晩年、科学によって原罪の結果を逆転させる可能性について考えることに夢中になった。人生を延長することは、ベーコンの「大革新」という、天地創造の六日間の神のわざを手本にして科学的知識について唱えた改革の根本的な狙いの一つだった。文化史家のデーヴィッド・ボイド・ハンコックは書く。ベーコンは、地上はその最後の時代に近づいているという、一見すると至福千年論的な信条にもかかわらず、「自然史を悲観的に見ることは拒否した。これは地上の老化だとしても、ベーコンにとっては、それはヨーロッパの学者が神の恵み深い創造の最後の果実をもぐことになる、深遠なる知恵と知識の成熟した老年期となるべきものだった。自然哲学者は、自分の前にあるものをすべて利用し、かつてアダムのものであった偉大なものを回復することになる。その最後の偉大な進歩の時代が達成されて初めて、世界は最後の審判を受けるにふさわしくなる」と。

ベーコンは六十代半ばで亡くなった。当時としては悪くはなかった。しかし亡くなった事情にはつまらない皮肉があった。同じ時代のジョン・オーブリーによれば、ベーコンは、冷凍によって動物や人の肉を保存できることを明らかにしようと、締めたばかりの鶏を素手で雪の中に埋めていて、そのために肺炎にかかったのだという。

われわれはつねに、堕落、分離、喪失の前のまったき状態に戻ろうとしている。われわれは知識こそが自分たちを罪を犯す前に戻してくれると感じているのだ。一八世紀ドイツの作家、ハインリヒ・フォン・クライストが「人形芝居について」という異彩を放つ文章に書いたところでは、

われわれは有機的な世界に、思考が暗く弱くなる中で、恵みが輝かしく圧倒的なものとなって登場するのを見る。しかし線分が二本の線の一方をどこまでも進むと、無限を通り越してもう一方の線の反対側から現れてくるように、あるいは凹面鏡に映った像が、遠くに小さくなった後にまた正面に現れるように、言わば知識が無限のかなたに去ると、恵みが戻って来る。意識を持たないか、無限の意識があるかいずれかの人間の形をとって、つまりは操り人形の中か、神の中か、いずれかに、恵みは最

も純粋に姿を現す。……しかしそれは世界史の最後の章になってからのことである。

大会の最後の討論会が終わったところだった。私は私物をかき集めていて、どうやって湾を渡ってサンフランシスコへ戻ろうかと考えていると、ペリシャーが通りがかって、これから始まることについて知らせてくれた。私が関心を持つのではないかとペリシャーが思ったことだった。ジェイソン・シューという、シリコンバレーでテラセム運動のコミュニティ作りをしている人物が、主会場から離れた部屋で小さな集会を準備しているという。テラセムについては読んだことがあり、トランスヒューマニズムが生んだと言える、本物の宗教的派生物に最も近いものらしかった。テラセムは、マインド・アップローディングや徹底的生命延長といったことを、むしろスピリチュアルな側で捉えた「個人的サイバー意識」というアイデアに基づく信仰、あるいは「運動」だった。ジェイソン・シューについても読んだことがあった――大会直前、アメリカで初めてのトランスヒューマニズムの街頭行動を組織するために手伝った抗議行動の話だった。マウンテンビューのグーグル本社の外に、シューと仲間のトランスヒューマニストの小さな集団が、「今こそ不死を」とか「グーグルさん、死を解いてください《プリーズ・ソルブ・デス》」と書いたプラカードを持って立った。死という扱いにくいことで知られる問題を解くのは、グーグルが、バイオテクノロジー研究開発グループのキャリコに何億ドルもつぎ込んで、まさにしようとしていたことだったのを考えると、その抗議はわかりにくい話に思えた（この意味では、それは抗議というより、グーグルにちゃんと仕事を続けろという組織化された激励だった。いずれにせよ、一団はやはりセキュリティによって敷地から追い出された）。

私はシューが、この大会で実際の会合を催そうとしているとは知らなかったので、私はそこに潜り込めることに高揚した。しかし、無料のピザつきという謳い文句に魅力がなかったと言ったら嘘になるだろう。そういう気になるのは私だけではなかった。テラセムの会に集まったその小集団——私、マイク・ラトーラ、ブライス・リンチ、トムと呼ばれていた誰か——の誰一人として、自分の動物としての体に起こる身も蓋もない要求から解放されていなかった。そこでさしあたり、それぞれ自分の分と思われるペペロニ・ピザに黙って与ることに没頭した。

　シューは、それぞれ自己紹介してなぜここに来たかを話しましょうと言った。まずトムを指して、口火を切ってくれますかと言ったので、トムがやってみることになったが、そのとたん、口にピザをほおばりすぎていて、まともな自己紹介はできないことが明らかになった。そこでシューはトムの隣のブライス・リンチに向かって頷きかけたが、リンチは首を振ってみんなに顔を向け、自分の口もピザだらけで、今はまともな自己紹介はできないことを示した。そこでシューは腕時計を見て、みんなが食べ終わるまで待ってから会を始めた方がよさそうだということを認めた。このとき、シューは各人に、コピーを綴《と》じた冊子を渡した。「テラセムの真実——技術時代の宗教を超えた宗教《トランスレリジョン》」という題がついていた。

　五人全員が簡単に自己紹介をして、シューが前置きの話をした。「トランスレリジョン」というのは、すでに他の何かの宗教に帰依していても、この教会に加わることができるということです、とシューは説明した。テラセムがともかくも宗教であるとすれば、それは他の西洋の一神教よりも仏教に近かった——少なくとも中心に神という、天を支配して祈りや服従の誓いを要求する一個の存在がいるわけではないという狭い意味で。テラセムの第一の真実は、冊子によれば、「テラセムは、多様性、統一性、喜ばしい不死に専念する集合的意識である」という。

この宗教でおそらく最も目を引く面についてでは、シューがそこではまったく言及していなかったものの、私は自分でネットを調べて知っていた。それは「マインドフィリング」という、カーツワイルの『シンギュラリティは近い』から取り入れた概念の実践だった。これは日々のテクノスピリチュアルな生活習慣で、人々は自分についてのデータ——動画、記憶していること、感動したこと、写真など——をいくらか、テラセムのクラウドサーバにアップロードする。そのデータは、今はまだどんなものかわかっていない技術によって、将来、その人、あるいはその人の魂そのものの一バージョンを、この蓄積されたデータから再構成できるようになり、それがまた人工の体にアップロードできるようになって、死すべき肉体に邪魔されることなく、永遠に、幸せに生きられる時代が来るまで、サーバに保存される。この生活習慣が象徴的なこととして行なわれているのかどうか、まったくはっきりしない。考え方全体が、細かいところを見れば、少々粗雑だ。

シューは足元のショルダーバッグから、MacBook Airをひっぱり出した。膝の上でぽんと開くと、テラセムの会歌《アンセム》、「地の種子《アースシード》」の録音を再生した。まず、ピアノによる短調のアルペジオで始まり、その堂々としつらえられた場に、女性のソウルフルなビブラートが割って入る。ノートパソコンのスピーカーの音質と音量は貧弱で、この歌がかき立てようとする感情が何であれ、少なくとも私の疑いに満ちた心ではかき立てられることはなかったが、歌詞ははっきりとわかった。

地の種子よ、我に来たれ！
地の種子よ、君に来たれ！

地の種子よ、我らは一つ！
地の種子よ、それが真理！

君への真理、我への真理！

地の種子よ、我らとともにあれ！
地の種子よ、我らとともに進め！
地の種子よ、我らを強くせよ！
地の種子、意識よ！
集合的……意識よ！

シューの説明では、この歌はテラセムを創始したマーティーン（Martine）・ロスブラットが作曲し、ピアノ伴奏とフルート独奏も本人によるという。ロスブラットは、トランスヒューマニストにとってさえ、とりわけて変わった興味深い人物だった。史上初の衛星ラジオ会社、シリウスＦＭを興して相当の財をなし、後にバイオテクノロジー会社のユナイテッド・セラピューティクスも設立した。こちらにはカーツワイルも経営陣に加わっている。私は『ニューヨーク・タイムズ』に掲載された「ＢＩＮＡ《ビーナ》48」についての記事を読んだことがあった。これはロスブラットが妻のビーナを元にして作ったしゃべれる分身ロボットだった。ビーナとの間に四人の子をなした後、四〇年間マーティン（Martin）・ロスブラットとして過ごした一九九四年、性転換をした。この一〇年ほどは、イスラエルとパレスチナをアメリカの五一番めと五二番めの州にすることによって中東和平を保障しようと訴えるキャンペーンの先頭に立っている。そうした点では、ロスブラットは億万長者になった個人主義者ならこうなるかというパロディのような人物に見えた。

ロスブラットがトランスヒューマニズムを支持するのは、性転換した女性という属性と密接に結びついていた。私が読んだロスブラットの書いたものには、いつも解放のレトリックが躍っていた――ジェンダーからの解放だけでなく、体があるという事実からの解放であり、肉そのものからの解放でもある（「肝心なのは心《マインド》であって、それをとりまく物《マター》ではない」と、ロスブラットは「心は物より深い――トランスジェンダー、トランスヒューマニズム、形式の自由」という文章で言っている）。

シューは今夜はみんなで「テラセムの真実」の第三節を声に出して読みますと告げた。少しずつ切って、反時計回りに順番にという。シューはさっとページをめくり、喉を整えるために短く咳払いして読み始めた。

「テ、ラセム、は、ど、こ、に、あ、る、で、しょ、う」。その声は平坦で表情がなく、読みながら目はページに向けられたままだった。「テラセムは、意識がまとまって多様性、統一性、喜ばしい不死を生み出すどんなところにも、どんなときにもあります」

シューはマイク・ラトーラに向かって頷き、その右手に座った。

ラトーラは「どんなところにもとは、物理的空間とサイバー空間のこと、現実と仮想現実のことです。バイトロジー（vitology）はいろいろな空間で育つからです」と読み上げた。

シューは私に向かって頷き、私は読んだ。

「テラセムが育つ空間は、意識を支える力だけに制限されます」。私は懸命にその言葉を押し分けて進み、厳密に必要な程度以上に大きく、明瞭に発音した。それが自分の声となって口から出るのを聞くと、そのばかばかしさが増すようだった（私は中学生時代に三週間に一度行なわれた朝の集会のことを思い出した。同級生と私は聖書の各節を朗読させられ、賛美歌を歌わされた。そして口の中にある言葉の、私には他のどんな非現実的抽象物とも同じく想像はできないのに、世界が編成される中心となる空虚である神を呼び、称える言葉の奇妙さを思い出す）。

バトンはトムに移され、こちらは重度の発話障害があることがわかった。室内は、吃音《きつおん》が長く続く中でのほとんど瞑想的な中断という、奇妙な状態になった。トムが割り当てられた文――「テラセムの意識を支える物理的な場所は地球、天体、スペースコロニーを含みます」――の半分ほどまで進んだとき、シューは身を乗り出して、きっぱりと、音を飛ばしてもまったく構わないと伝えた。そうする方がいいのは当然だろうという意味になるような言い方で。シューは本当にこの宗教コミュニティ全体の出先機関《アウトリーチ》となるベンチャーに向いているのかと私は思った。シューが手を伸ばそう《アウトリーチ》としていたのはシリコンバレーだとしても。

そこに今度は、遅刻者が騒がしく入って来た。典型的なヒッピー風の、六十代も終わりくらいの人物だった。髪は長く、すっかり白髪になっていて、髭も同様に長く白く、二本に分かれて先が細くなっているドレッドヘア風の形だった。その男は私の隣に座り、公然と楽しそうな雰囲気を見せて一座の人々を見回した。それは過去のカリフォルニアの亡霊がその現在と未来につきまといに来たようだった。

男はゆっくり、なめらかに話した。「ここはまったくの初めてなんだが、どうすればいいのかな？」

シューは自分について少しみんなに話してくださいと言った。シューが少々怒っていたのか、それがシューのふだんの社交モードなのかはわからなかった。

「何が知りたいんだい？」と、私は名を知らない、というかそもそも名乗ってもいない男は言った。

「まあ、たとえばこの集まりのことをどうやって知ったのかとか」

男はゆっくりと、不必要に念入りな肩のすくめ方をして「わからないんだよ」と言った。自分で言っていることを静かに楽しんでいるようだった。あるいは状況が楽しいのか、両方か。「ネットを見て回ってだと思う」

私たちは朗読に戻った。

「自分自身をソフトウェアの中の実体《インスタンス》にするのは教育を受けるようなものです——変わるものもあれば変わらないものもあります」とラトーラが読み上げた。

「様々な形の自分を恐れないこと——すべて家族のように互いをアップデートします」とリンチ。

「自分のサイバー自己を生み出すと、喜ばしい不道徳《イモラリティ》を加速します」と、髭の遅刻者が読んだ。

シューは口を挟んだ。「そこは実際には『喜ばしい不死《イモータリティ》』になっているはずです」

「ここは『不道徳』になっているぞ」

「いいえ、そこは明らかに『不死』と言っているはずです」

「そうか、ええっと、なってない。『t』はない」

「どうしてそんなことが——」

男は冊子のコピーを顔に近づけて、よく読めるようにした。

「ああ確かに。すまん、私が悪かった」と、あまり申し訳なさそうには見えない言い方で言った。「『t』

がある」

私たちはさらに五分ほど音読を続け、各人がおそらく信じても理解してもいないことを交互に読み上げた。愛する者が亡くなっても、決してさよならは言わない、サイバースペースでまた会えるからだ、とか、エミュレートされた環境で生きることは、「生《なま》で」生きることに勝る、苦痛が「消去」されているからだ、とか。読めば読むほど、意味はとれなくなった。入って来ない言葉の奔流、圧倒的な量のただの断定だった。「実効的な不死は、現実を符号化《エンコード》したデータでエミュレートしたものを銀河や宇宙全体に拡散させることによって達成される。過去にあった不滅の喜びや幸福を保存しておき、それを再生することによって自然が称えられる」

その後、シューはその夜の音読は終わったと告げ、どなたか何か質問はありますかと尋ねた。私はすでに自分が物書きだということを言っていたので、この運動について何か尋ねるのが何となく職業的、社交的義務だとは思ったが、自分では何も浮かんで来なかった。私は今終わったばかりの、抑制のきかない洪水となった宣言に少々圧倒されたままだった。

「では質問はありませんね？」とシューは言った。

老ヒッピーがふざけておずおずという仕草で手を挙げた。

「質問を思いついた」とヒッピーは言った。「あのピザを一切れもらえるかい？」

老ヒッピーが、ピザが載せられている車輪つきの病院風のトレーの方へ行く間、そしてペペロニとチーズの一切れをもってまた席に着く間、みんな黙ったままで、食べながらヒッピーは冊子のページを裏からめくり、そこを表に向けて、掌に載せて持ち上げた。まだ咀嚼《そしゃく》し終えていないピザでこもった声で、シューにこの冊子にはウェブのアドレスが全然載っていないのはなぜかと尋ねた。

「うちに帰ってからこの、テラセムのこと全体を調べたいというようなとき、ウェブサイトを見つける方法がわからないよね」

「『Terasem』でググればいいと思いますが」とシューは言った。この会合、自分の運動、自分の信仰に対するこのいたずらな闖入者《ちんにゅう》の態度にいらだっていることを隠していなかった。

「ああ、そうだね、確かに。でも、PRとかそういうものからすると、載せておいた方が良いと思うんだが。ウェブアドレス。人々の便利のためだけにでも」

シューはそれから冊子は持ち帰らないことになっていて、この会が終わったら回収します、終わりは（シューは腕時計を見た）もうすぐです、と言った。

この時点で私は少しあわてた。午後早いうちまでは、後で参考にするのに必要になりそうでも、自分の怪しい記憶力をあてにはできないことを残しておくための記憶補助装置としてもっぱらスマホに頼っていた――後で参照したい来場者の写真を撮り、会話の切れ端を録音し、ときには短い動画も撮った。すぐに私のスマホのメモリは一杯になるわ、データローミングの割当ては使いきってしまうわ、クラウドストレージにアクセスできないわで、そこに記録を続けられる方法と言えば、妻や子どもの写真や動画を容赦なく消すことしかなかったが、それをする覚悟もできていなかった。

そこでそれからは、主として自分でとりとめもなくメモを取り、印象を殴り書きし、目や耳に入って来れば何でも引用しておくことに依存していた。この一時間ばかりは、そうした引用や印象をテラセムの冊子に書きつけていて、何か書くときこの場面を再構成するにはそのメモが必要だったので、これをシューに返す気にはなれなかった。返せないさらに深刻な理由は、テラセムやシュー本人について、いくつかに、べもない印象を冊子に書きつけていたことだった（「『音を飛ばしてもいい』？　シュー＝馬鹿みたい」とか）。取材源になりそうなところとの関係を悪くしたいとか、自分が不必要に無礼な奴だと思われたいという気はなかったので、その時点でしなくちゃと思ったことをした。椅子の背もたれから上着を取り、部屋から私を追って来たかもしれない疑問の視線に構わず、まっすぐドアに向かったのだ。

外の何もないロビーには、モルモン教徒が一人だけ座っていて、ノートパソコンを、その白っぽい光を受けて覗き込んでいた。私がWi-Fiのパスワードを尋ねると教えてくれた。スマホでウーバーのアプリを開き、自分ではよくわかっていない自分のいるあたりへ車を呼び、技術による恵み深い斡旋《あっせん》に感謝した。

死を解いてください

テラセムの会の後の何日間、何週間か、私は頻繁に、ジェイソン・シューのグーグル本社での「抗議」について考えた。とくに、「グーグルさん、死を解いてください」のプラカードのことを。この文言は、ばかばかしいにもかかわらず、その中に、トランスヒューマニズムの核心にある欲望とイデオロギーの奇妙な一群を、テクノ資本主義の力と恵みへの信仰とともに内包しているように見えた。

それは抗議というより嘆願、祈りだった。「私たちを悪い者から救ってください」。私たちをその体から、堕落した自己から救ってください。「御国が来ますように、御心がおこなわれますように」「解く《ソルブ》」という言葉は、この文脈では、生のすべては問題と解決――いつも何らかの技術の応用という形を取る解き方――にきちんと分けられるという、シリコンバレーのイデオロギーを要約しているように私には見えた。問題がクリーニングを取りに行かなければならないことか、性的関係のややこしいところや不確実なところを何とかしなければならないことか、自分がいつか死ぬことになるという現実に直面することか、いずれにしても、その問題に取り組むことができる。この見方では、死はもはや哲学の問題ではなく、技術上の問題なのだ。そして技術上の問題なら、すべて技術で解決可能だ。

エド・ボイデンがスイスで私に「私たちの目標は、脳を解くことです」と言ったことを思い出した。

ピーター・ティールは、寿命延長の科学に関する二〇一三年の著書につけた序文に、「コンピュータはビットと可逆的過程にかかわる」が、「生物学は物《スタッフ》と不可逆的に見える過程にかかわる」という、計算機科学と生物学の要となる違いは消えつつあると書き、計算機の性能はますます生物学の領域にかかわるようになり、私たちは「コンピュータのプログラムにあるバグが処理できるのと同じように、人間の病気をそうなる前に戻せる」ようになると論じた。「物《スタッフ》の世界とは違って、ビットの世界では、時間の矢印は逆向きにできる。死はいずれ謎ではなくなり、解決可能な問題になるだろう」

脳を解き、死を解き、生きているということを解く。

ティールの研究補助金を受け取ったことのある寿命延長研究者の中に、イギリスの生体医療老年学者、オーブリー・デ・グレイがいた。デ・グレイはＳＥＮＳ（Strategies for Engineered Negligible Senescence＝工学によって老化を無視しうるようにするための戦略）という非営利団体の長で、現在、今生きている人間がいくらでも寿命を延ばせるようにする処置法を開発中だと説いて相当に悪名をはせた。老化は病気で、しかも治療できるし、そういうものとして取り上げるべきだというのがデ・グレイの独自の主張だった。われわれは、自分たちに共通の敵、死そのものに対抗する大きな反転攻勢を推進すべきだという。

私はデ・グレイに会う数年前からその研究のことを知っていた。トランスヒューマニズム運動の世界では際立った人物の一人だったのだ。マックス・モアとナターシャ・ヴィータ＝モアは二人ともデ・グレイの仕事のことを肯定的に話していたし、ランダル・クーネもそうだった。いくつかの本やドキュメンタリー番組が取り上げていたし、肯定否定いずれにせよ多くの記事にもなっていた。デ・グレイが（とりわけ、広く視聴された二〇〇五年のＴＥＤトークで）広めたアイデアの中には、「寿命脱出速度」と呼ばれるものがあった。これは生命延長の分野での技術進歩のペースがいずれ、一年で平均余命が一年以上延びる速さになるという考え方だ――そうなると、理論的には、自分と自分の死の間に距離をとれて安心ということになる。過去一世紀ほどにわたり、平均寿命は一〇年あたり約二年ずつ延びてきたが、生命延長運動の世界での楽観的な予想では、まもなくこの率の分母と分子が逆転するに至るという――それによって、デ・グレイの言い方では、「自分が何歳になろうと翌年自分が死ぬ可能性とは実質的に無関係になる」

この寿命脱出速度はトランスヒューマニストや生命延長ファンの間では信仰箇条のようなものになっていた。それは、たとえばマックス・モアが私と話したとき、何度か――モア自身は自分の生命を徹底的に延ばすために冷凍による一時停止に頼らなくてもよくなるという希望の源として――持ち出した考え方だった。レイ・カーツワイルとテリー・グロスマンはそのことを中心的な前提にして、二〇〇四年の共著『*Fantastic Voyage: Live Long Enough to Live Forever*〔途方もない旅――永遠に生きられるまで長生きする〕』で、著者二人のような中年男性の場合、一二〇歳まで生きさえすれば、全然死なない地点に達することができるだろうと論じている。

私はデ・グレイに、八月のある午前中、サンフランシスコのユニオンスクウェア付近にある、洞穴のようなバーで会った。本人が不動産投資家の大会で講演を行なったばかりのヒルトンの、通りを隔てたすぐ向かいだった。朝食のすぐ後で、デ・グレイはその日の一杯めだかもう何杯めだかの泡の出る飲み物に口をつけていた。

身体的には規格外だった。かかしのようにひょろ長い背格好で、とてつもなく乱雑な髭を生やし、ラスプーチン風の、大量の針金のような赤茶けた髭で、それがみぞおちの下のあたりでもじゃもじゃっと終わっていた。デ・グレイは、そのプロメテウス的主張と同じくらい、この髭で有名で、髭は私とのやりとりをほとんど文字どおりに覆い隠すような作用を及ぼした。見た目でもたっぷり楽しませてくれただけでなく、大声でかつこもった声として発せられる話にも影響を及ぼした。そのため、その論述が劇的に響いてきても、私はときどきもう一度言ってくださいと頼まなければならなかった。

それまでの何年かは、イギリスのケンブリッジとカリフォルニア州で仕事を半々に配分していた。ロンドンのヒースロー空港から前の晩遅くに飛行機で来ていたが、時差ぼけのそぶりも見せていなかった。どういうわけか自分にはそれに対する免疫があると言っていた。その間に、SENSの活動の大半をシリコンバレーに移していた。そこにある土壌の方が、際限のない再生と若さという構想、つまりは死に対する最終的勝利の可能性に大いになじみやすかったのだ。

デ・グレイは「こちらの方が、予言者《ビジョナリー》というか、上を狙う力を失っていない人の割合が高いです」と言う。

自身の手順に従って、手で髭を上から下へ撫で下ろし、紛れもなく気取ったイギリスの上流階級の、生まれつきのもってまわった屈折した話し方をした。

ティールはSENSの主要な慈善的寄付財源の一人だったが、この頃は、デ・グレイ本人が図抜けて多くの資金を出していた。二〇一一年に母親が亡くなると、ロンドンのチェルシーにある一一〇〇万ポンド相当の不動産を相続し、その大半を、登録非営利団体であるSENSにつぎ込むことで、相続税を回避していた。

しかし老化の治療法を見つけるのは費用のかかる事業だった。デ・グレイ側が給料を払わなければならない、よそから出向してきた常勤の科学研究職チームがいた。デ・グレイ自身の計算では、SENSがもつのは、その遺産による資金であと一年ほどだった。そのため私が会ったときは、デ・グレイは外部資金源を増やすことにほとんどかかりきりで、通りを隔てたところの会場を埋めた裕福なベイエリアの不動産投資家に永遠に生きるという展望を売り込んでいた理由もそれだったし、今私に話している理由も、それほど直接的なことではなくても、同じだった。

ついでながらデ・グレイは、説得の技術に相当の才能があった。話し始めた頃、私の懐疑的な気配を察知して、容赦なくその懐疑の根底にある前提を問いただし、崩そうとし始めた。何から何まで効果的だったわけではないにしても。

最初は人間の死を根絶することが望ましいかどうかについて、私をどっちつかずの状態から脱却させようとした。徹底的生命延長の原理を拒否する人々によくある理由――それはわれわれの人間性を奪い、生命は有限であることによって意味を与えられ、際限なく生きるのは実際には地獄のようになるだろう――は、「困惑するほど小児的でおめでたい」合理化だという。死はわれわれを捕らえ、責めさいなむものなのに、その状況を一種のストックホルム症候群〔人質に取られた人々が心情的に犯人の方に一体化する現象〕のようなもので処理していて、そんなものは軽蔑にも値しない、とデ・グレイは言った。

身も蓋もない事実を言えば、老化は想像を絶するほど大規模な人間の災難だとデ・グレイは言う。ひどい虐殺が起きていて、すべての個人の医学的で包括的な消去であり、自分はそれを人道主義的に見て本当の破局だと本気で考える、ほんの一握りの人間の側にいるのだと。

論法はそういうふうに、計算され、冷静で、演技的だった。

デ・グレイは言った。「老化の打倒に向かう一日で、私は一〇万もの生命を救っているんだ」。そして拳で傷だらけの木製テーブルを激しく叩いた。

「毎週、九月一一日三〇回分だ。つまり私が防いでいるのは世界貿易センター三〇回分だよ」

再生医療の科学は複雑だが、デ・グレイは、素人相手に話を単純化する道具をいくつも手にしていた。お気に入りの論法の一つでは、人の体を標準的な車のような、からみ合う仕掛による複雑なシステムだと考えることを求めていた。ただ、通常の保守作業は、運行中に、まず何度でも行なえる。

「人間の体は基本的にマシンのようなものです」と、二〇一〇年のTEDxで話している。要するに、われわれは「損傷が広がってしまうのを遅らせるために、介入して損傷を定期的に修繕する」ということだった。

今のデ・グレイは、私に「要するに、体の分子や細胞の構造を、成体のもっと前の状態に戻すということなんです。それは結局、ものすごいことに、生まれたときから基本的な動作の副作用として当の体に生じる、いろいろなタイプの損傷を修復することになります」と言う。

そうしてSENS事業の二段階構成の構想について説明した。この組織が今主としてかかわっている「SENS1・0」には、デ・グレイが、十分な資金があれば今後の二〇年か三〇年の間に開発可能と唱えている様々な治療が含まれる。この治療は、今、中年の人々――デ・グレイ本人のような――に、さらに三〇年の健康な生活をもたらすだろうと言った。同業の老年学者のほとんどは、これはあまりに楽観的すぎると考えているが、その主張の価値には納得している人々もいる。「SENS２・０」になると、話はSFの領域に重なる——要するに寿命脱出速度論だ。

デ・グレイは言う。「その最初の三〇年の後、同じ人々が、振り出しに戻ってさらに若返るのを求めます。その時点での治療は相当に進んでいるでしょう。どんな科学の活動でも三〇年は非常に長い時間ですからね。そうすると、その人たちを最初のときよりも二度めのときの方がさらに効果的に若返らせることができるのは、ほぼ一〇〇パーセント確実です。そうして行き着くところは、いつも問題の一歩先にいられるということです。人々が生物学的には永遠に二十代か三十代にとどまれるように処置できるところまで。それは簡単に言えば、控えめに予測しても寿命が四桁になるということになります」

「四桁とおっしゃいましたか」と私は言って、ボイスレコーダーをテーブルの反対側の、デ・グレイのものすごい髭の方へ向けた。「一〇〇〇年とかそういうことなんですか？」

「そうです。ただそれは、言っているように控えめな予測ですよ。もちろんこれは完全に明らかなことで、文句なく論理的に言えますよ。老年学の分野では、再生治療こそ老齢の作用を先延ばしにする最善の方法だという点で私が正しいという合意になってきています。でも、みんな研究資金を徹底的生命延長という考えを思わせるようなことにつぎ込むリスクを負いたいと思っていません。それはまったくの空想科学小説《サイエンスフィクション》だと見なされているからです——それでも私が言っているように、それは完全に論理が通っています。みんな、私の見通しのこの部分からは絶対に距離を置かないと、と思っていますが」

「ちょっと確かめておきたいのですが、私は三十代半ばです。私が一〇〇〇歳まで生きられる可能性はどのくらいか言えるんでしょうか」

「あえて言うなら、たぶん五分五分よりちょっといいかなというところでしょう」と、デ・グレイは言い、残ったビールを流し込んだ。「資金の水準に大きく左右されますけどね」

デ・グレイはちょっと失礼と言ってまたバーへ行き、私の方は一人でテーブルでコーヒーをすすりながら、デ・グレイが今私に言ったことの意味を消化しようとした。合理的に見える道筋をたどって私にはまったくの不合理としか見えない結論に達するというその論理の進め方には、いつもながらの落ち着かない感じがあった。しかし遺伝学や老年学の分野について私が知らないせいで、自分の懐疑を適切に弁護できず、あなたの言うことは私の限られた理解力にとってはまったくの狂気に聞こえると、伝えようとは思えない。それもただの礼儀からだけではなかった。

デ・グレイはまた大ジョッキを手に戻って来た。私は棒読みのように、あなたでも他の誰かでも死の治療に達する可能性に私は納得していませんと言った。

「まあそうだろうね」とデ・グレイ。ジョッキの縁ごしに目を細め、その視線をめいっぱい私に向けた。

デ・グレイが言うには、私の問題は、一般に認められている権威、いわゆる「専門家」の意見をすぐに受け入れてしまうところだという。その「専門家」には既得権があって――デ・グレイの仕事について、また徹底的生命延長の実現可能性について――自分で言っていることが、実際に信じていることと必ずしも一致していなくても、そう言わなければならないから言っているだけだということを、私が調べもせずに受け入れているところが問題だと。研究補助金が自分の研究に入るのが危うくなるのを心配して、論争の的になる立場にあえて立とうとしないのだ。

他の老年学者は、デ・グレイについてメディアで言われていることを気にしていて、意識してその研究には近寄らない――はっきり言って読むことさえ避ける――ようにしていると本人は信じていた。そんなことをすると、科学者として、デ・グレイの言い方では「論理的に、またきちんと成り立つことを、正しいと認めずに読むことができなくなる」からだという。

つまり問題は、同業の科学者がデ・グレイの説を馬鹿げていて間違いだと思うことではなかった。事態はもっとひどかった。その説の正しさを納得させられ、それによって自分も馬鹿に見えるようになることを恐れていたのだ。つまり同業の老年学者の集団がデ・グレイの研究に納得できないのは、私の理解が正しければ、まさしくその説得力の抗しがたい力のせいだった。

それがデ・グレイの自己信頼という鉄壁の循環論法だった。

「予言者の割合が高い」シリコンバレーでは、話はまったく別だった。ベイエリアの一般的な文化的風土となっている、技術には可能性があるという空気が快いこの地は、デ・グレイのアイデアの支持層が見つかるようなところであり、急進的楽観論という社会状況の中にある場所だった（ついでながら、この後の方の言い方には、デ・グレイは真剣に異を唱えた。「急進的楽観論《ラディカル・オプティミズム》？」と私の使った言葉を芝居がかった嘲りで復唱して言った。『急進的楽観論』？　それは私には過度な楽観論と言っているように聞こえるけど。明らかにあてはまりませんね」と）。

ＳＥＮＳが大西洋を渡って移転したとき、新しい本部はマウンテンビューのグーグルの敷地から通りをちょっと行ったところに置かれた――近さはおそらくただの偶然ではないだろう。生命延長は、グーグルの創始者であるラリー・ペイジとセルゲイ・ブリンにとっても長年の関心事で、徐々に同社の「大当たり《ムーンショット》」文化の一部となっていった。グーグルの社内企業ベンチャー資金、グーグルベンチャーズが設立されたのは二〇〇九年、元テック起業家のビル・マリスという人物の主導による。マリスは、自分は今生きている人の寿命は五〇〇歳まで延ばすことが可能だと信じていて、自分は全然死なくなるまで生きることを希望していると言ったことがあり、バイオテクノロジーに多大な投資をしていた（マリスの友人、レイ・カーツワイルは二〇一二年、『ブルームバーグ・マーケッツ』誌の言うところでは、「マリスなどのグーグル社の面々が、人間の生物学をマシンが追い越す世界を理解できるようにするため」に、首尾良くグーグルに採用された）。

二〇一四年、グーグルがキャリコという新たなバイオテクノロジー企業——老化やそれがかかわる病気と闘うことを目標にして設立された研究開発企業——を設立したとき、デ・グレイは大喜びした。『タイム』誌には、その特徴的な尊大さで、ウィンストン・チャーチルを敷衍《ふえん》してこう書いた。「人の寿命を延ばすための新たなベンチャー、キャリコ社についてのグーグルの発表は、終わりでも、終わりの始まりでもなく、たぶん始まりの終わりだ」。ペイジとブリンの同社設立の判断はデ・グレイの援護であり、老化との闘いが勝ち目のある話だと認識されていることを示す、きわめて勇気づけられるしるしであるとも見た（デ・グレイが私に対して言ったところでは、自分がペイジとブリンの立場にあったら、「当然、オーブリー・デ・グレイに金を出しただろう」）。

私はバーを出た。テイラー街に出ると、窓ごしに中を眺めてみた。デ・グレイはまだテーブルに着いていて、その正面にノートパソコンが開かれていた。指がキーボード上を猛烈な勢いで動いていた。バーの昼間の薄暗がりを背景にしたその顔は、画面の柔らかい輝きで照らされて非現実的な白さになり、その瞬間に中世の聖者のような変わった輝きを帯びた。狂信的に痩《や》せた体で、目には神々しいような怒りがあった。私は立って一分ほどデ・グレイを見ていて、これほど激しく何かを信じるとはどのようなことかと思っていた――駆り立てられ、定められ、命じられている。デ・グレイは顔を上げなかった。もう私のことは忘れているのだろうと思った。

二〇一一年の『ニューヨーカー』誌のプロフィール欄で、ピーター・ティールは、デ・グレイの企てのような生命延長研究に対する出資について語った。そのような企画でいちばん利益を受けそうな人々は富裕層だということからすると、それがもともとひどかった経済格差をさらに猛烈に悪化させる可能性があるのではと問われて、ティールはこう答えた。「おそらく最も極端な形の不平等は生きている人と死んだ人の差でしょう」。富裕に伴うすべての利点と同じく、死を免れることもいずれはトリクルダウンして、何らかの形で他の私たちのところへも届くと。

ティールのさらに物議をかもす慈善ベンチャーの一つにティール財団奨励金があって、才能ある二〇歳未満の人々に、大学を中退して二年間、起業の活動に集中するという条件で一〇万ドルを与えている。二〇一一年、その奨励金の一口が、とくに優れたMITの学生、ローラ・デミングに与えられた。デミングはもともとニュージーランド出身で、アメリカには一二歳のとき、MITの生物老年学者で、その後長年の恩師となるシンシア・ケニオンの被験者を務めるためにやって来た（ケニオンは当時、一九八六年に線虫の*C. elegans*の寿命を六倍に延ばす、制御突然変異を発見したことで知られていた。この線虫にある一個の遺伝子をいじることで、自然の寿命が二〇日ほどのこの生物を一二〇日生かしておきつつ、その間、通常は生後五日で達する成体の活動水準を維持することができた。二〇一四年には、キャリコ社の老化研究担当副社長になった）。デミングは一四歳のとき、生物学専攻でMITの学部に入学し、一七歳のとき、ティールから奨励金を受け取って、人間の生命延長を直接の対象とする初のベンチャー投資ファンドを準備するための資金とした。

私がミッション・ベイにある、何もかもが特徴のない建物の最上階のオフィスでデミングに会ったとき、この奨励金を元手にした、長寿基金《ロンジェビティ・ファンド》というベンチャーキャピタルの会社は、創立三年めになっていた。私が最初目を引かれたのは、デミングがいろいろな点で、生命延長専門のベンチャー資本家と言えば私を含めたほとんどの人が心に思い浮かべるようなステレオタイプに合致しないところだった。たとえば技術で巨万の富を築き、資本主義の果実を享受する時間をどこまでも確保したいと思う中年の白人アメリカ人男性ではなかった。デミングはと言えば、アジア系の若い女性で、一四歳でMITに入学したものの、私がこれまで出会ったどんなギークのステレオタイプにも一致していなかった。デミングの心地よくビジネスライクなところ、少々自虐的なところも、目を引く知的表情を隠すことはなかった。会議室のテーブルの向こうに座っているこの人物が、私が何年か前から受け持っている英文学の講義の、二日酔いで熱が入らない学部学生の多くより若いという逃れられない事実を考えると、さらに顕著だった。

つまり、デミングの極端な若さ、ビジネス界での地位、仕事の性質という三つが並ぶところから強い認知的不協和が生じたが、デミングは一三年前から偏執的に死を気にしていたという事実を考えると、筋が通り始めた。

慎重に言葉を選びながらデミングは言った。「人間の寿命を延ばすのが正しいと思わなかったことはありません。八歳のとき、おばあちゃんが家に来て、一緒に遊びたいと思ったんですが、おばあちゃんは走り回れないことがわかったのを思い出します。そのとき、おばあちゃんに、何か、壊れているみたいな感じがあることに気づいたんですね。それで思いました。当然、誰かがおばあちゃんがかかっていたみたいな病気を治す仕事をしてるにちがいないって。その後、おばあちゃんは病気だとは思われていないので、誰もそういう仕事はしていないということを知りました。間違ったことにさえ見られていなかったんです」

ほどなくして、デミングは自分の祖母の体の壊れ方は、絶対の最終的破壊の事前の症候にすぎないが、結局それによって、祖母はまったく存在しなくなるということを知るようになった。祖母の運命に対するこの気がかりな見通しには、すぐにもっと深い認識が続いた。これは実は、普遍的な現象の一つ——というか、これこそが普遍的な現象——で、したがって両親にも、友だちにも、知り合いでもそうでなくても誰にでも、自分自身にも待ち受けている運命だということだった。

「私は三日ほど泣きっぱなしでした」とデミングは言う。

そうして自分の人生を、この受け入れがたい状況を何とかするために捧げるという考えに取り憑かれるようになった。一一歳になる頃には志望は固まっていて、本人が言うところでは、「老化生物学の世界で営利企業を始める」ということだった。

「生命延長《ライフ・エクステンション》」という言い方には慎重で、私と話すときに何度か使ったものの、すぐに訂正して、自分はむしろ「老化の過程を逆転させる」とか、「年を取ってももっと快適でいられるようにする」というふうに言いたいと言っていた。「生命延長」という言葉の問題点は、それによって「科学的素養がなくて、非常識な人々が、自分たちが決して死ななくなると思い込む」ようになることだとデミングは言う。

デミングからは、自分の仕事をそれより熱狂的なテクノ不死論の類とわざわざ区別しようとしてはいても、やはり死を根絶することに自分が執着していることを、賢明にも控えめに言っているという感じを受けた。

現代医学の奇妙なところは、厖大な数の製薬会社がかんとか糖尿病とかアルツハイマーとか――圧倒的に老化の結果として生じる病気――の治療薬を追求しているのに、生物としての人間の細胞が時間とともに劣化するという根底にある事情そのものを追求する企業は事実上ゼロということだとデミングは言った。

「私は老化による死は人類が直面する最大の問題だと信じています。でも私は実は、人々に投資とかベンチャーキャピタルの資金源の話をしているときには、そういう話はしません。カルト宗教について話すみたいになるんです。みんな、徹底的に寿命を延ばすことを、投資の対象になるモデルとは見ません。そういうのは、科学に足を踏み入れて可能性を理解しきれていなければ、馬鹿げたことに見えるんです」

直接の投資という点では、デミングはとくに、すでに市販されている薬品に期待している。とりわけ糖尿病治療は、生物の寿命を延ばす未開発の可能性を見せる傾向があるとデミングは言う。

「インスリンと血糖濃度と寿命の間にそういう奇妙なつながりがあって、どうしてそうなるかは明らかになっていません」

デミングがとくに注目する薬の一つが、II型糖尿病の治療薬メトホルミンで、これは血中に糖分を放出しすぎないようにして、細胞の入れ替わりを遅くする。それがマウスの寿命を有意に延ばすことは試験で確かめられていると、デミングは言った。デミングと話してからほどなくして、私は米食品医薬品局（FDA）が、ニューヨーク州のアルバート・アインシュタイン医科大学で、「メトホルミンによる老化ターゲティング」（TAME）という人間での治験が五年から七年かけて行なわれるのを承認したという記事を読んだ。私はこの薬品名でグーグルニュースを検索し、ローラ・デミングのインタビューを取り上げた

『テレグラフ』紙の記事を見つけた――デミングを「科学の神童」と呼び、「『魔法の』抗老化薬研究の先頭に立つ」と書いた。デミングが実験室で検査を行なっている写真の上にある見出しは、〔断定ではなく〕ただ疑問の形にしているだけという新聞にはよくある見出しの書き方で、「この薬が永遠の若さの鍵か？」となっていた。

私の息子は三歳の誕生日から一週間ほどして、死の問題に関心を向けるようになり、とくに自分の両親の死に関心を抱くようになった。妻の祖母の話が出たとき、すぐに、その人が誰で、どこにいるのかを知りたがった。私たちはとくに宗教を信じてはおらず、嘘もつきたくなかったので、おまえが生まれる前に亡くなったから、もういないんだよと言うしか選択肢はなかった。その点で息子はすでに死の概念は知っていたが、実際には、そういうものがありえて、あるかもしれないという、抽象的で原理的な意味だけでのことだ。私と妻は子どもに死の概念を、実はまずもって、車の前に飛び出さないようにする手段として手ほどきしていて、おまえが車に轢かれたら、すべて終わりになるんだと教えていた。おまえはいなくなっちゃうんだ。

ぜんぶなくなって、おしまいになると。

息子のいとこの飼い犬ウーフィが老衰で死んだばかりだったが、私たちはウーフィがただキッチンの床に寝そべったまま いなくなったんだという説明ではなく、気をつけなかったら車に轢かれて死んでたんだと言っていた。バーン！　で、もうウーフィはいない。

しかし今度は、母方の曾祖母が亡くなったわけを知りたがっている。

「その人も気をつけなかったから？」

その問いで私たちは少し笑ったが、結局はまったく笑うような話ではない。妻の祖母はその時点で何年も前に亡くなっていて、私が妻の祖母とやりとりをしたのも数えるほどだが、それでも亡くなったんだという悲しみを、かすかにでも今も感じる。それはただごとではない固着だ。私は祖母がどういう人だったか思い出そうとするが、年配の女性の一般的なイメージにすぎないものを思い浮かべることしかできない。小柄の、白髪の、眼鏡をかけた姿。杖もついているか？　なるほど、最も極端な形の不平等だ。

私たちは息子に、ひいおばあちゃんが不注意だったというより、とてもとても年を取ったからだと言った。人はものすごく年を取ると死ぬんだと。

それは息子にとっては寝耳に水だった。それまで息子が知っているかぎり、死ぬとは車に轢かれる、あるいは――もっとどきどきすることに――悪者を正義の味方が撃ったときに起きることだった。

パパやママも、ものすごく年を取ったら死ぬのかと知りたがった。

他に選択肢はなかったので、私たちはそう、パパとママもいつかものすごく年を取って死ぬんだと言った――でも、ものすごく先のことでもないと。今から見ると長くて、そうなってもそんなに恐ろしくは見えないんだ。しかし息子は最初からその考え方には強硬に反対した。私たちがものすごく年を取って死ぬことは望まなかった。いずれのことであってもだめだ。ものすごく先のことでもだめ。

ある晩、妻が息子を寝かしつけようとするとき、再びその話になった。

「ママもパパも本当に年をとって死ぬの？」

妻はものごとの実相を知る恐ろしさから息子を守らなければならないと思い、言った。たぶん、あなたがママやパパくらいの年になったら、もう死ぬなんてことはなくなってて、全然心配しなくてもよくなるかもしれないわね。それはずっと先のことだから、今とそのときとの間に何があるか、わからないわよ。とっても頭のいい男の人や女の人がいっぱいいて、いっしょうけんめい死ぬことを研究していて、たぶん、謎を解いてくれるわよ。

「パパがときどきアメリカへ行かなきゃなんないことは知ってるでしょ？　今書いている本のことで」と妻は言った。

「知ってるよ」と息子。

「パパの本もそういうお話なのよ。あなたが大きくなって、もう誰も死ななくなる世の中のことよ」

私と妻に天国の扉はないが、これは有効な代替策に見えた。強力とか、心を揺さぶられるアイデアではないかもしれないが、それでも死の心理的圧力を解放する弁にはなる。それにうまくいくように見える。死の問題は解かれつつあった。少なくとも私の家では、少なくともさしあたりは。

永遠の命のキャンピングカー

二〇一五年秋、私の知人の一人が全長一三メートル余りのキャンピングカー——正確に言うとブルーバード製一九七八年型さすらいの山小屋《ワンダーロッジ》——を買い、この車を巨大な棺に見えるように改造して、西から東に向かい、東西に幅のあるアメリカ大陸の横断に出かけた。この知人がそうする理由には複雑で矛盾する面もあったが、この旅は二つの別々の、それでも関連しあう事項について知ってもらうために行なわれたと言っておけば、さしあたりは十分だろう。一方の項目は、人間は死ぬという残念な事実と、それについて何かする必要があるということであり、もう一つは、翌年の大統領選に立候補するということだった。

この男の名はゾルタン・イシュトヴァンといい、この時点で私とは一年半ほど前からの知り合いだった——このときのイシュトヴァンはくだんの全米横断旅行に出たところだった。住まいのあるベイエリアからフロリダキーズを経由し、そこから北に転じてワシントンＤＣに向かい、そこで議事堂の階段を上がり、マルティン・ルターの九五か条の提題のひそみに倣い、トランスヒューマニスト権利章典を議事堂の大広間の壮大なブロンズ製ドアに貼りつける計画だった。

『ハフィントンポスト』紙の、「ある大統領候補が不死《イモータリティ》バスと呼ばれる巨大な棺を運転してアメリカ横断するわけ」と実務的に題された記事で、イシュトヴァンはそのことの理由を披瀝している。「私はこの不死バスが世界中で成長中の長寿運動の重要なシンボルになることを願っている。これは、死ぬことが良いことかどうかに対する公衆の無関心に異を唱える私なりの方法となる。人々に、何かを喚起し、運転できる巨大な棺とかかわらせることによって、きっと全米で議論が起きるし、できれば世界中でそうなってほしい。私は次の大きな公民権論争の的はトランスヒューマニズムになると確信している。われわれは科学と技術を使って死を克服し、もっとはるかに強い種になるべきか、というように」とイシュトヴァンは書いている。

私がイシュトヴァンと初めて会ったのはピードモント大会のときで、ハンク・ペリシャーが引き合わせてくれた。立派な体格で、押しが強く、それでもどこか軽い感じの美男子だった——実物大のケン人形〔バービーのボーイフレンド〕、あるいはアーリア人の優生学的理想の体現のような。私はすぐに、イシュトヴァンがトランスヒューマニストの典型ではないことに気づいた。礼儀正しくカリスマ性があり、いかにもギークっぽいとか人見知りというようなところはなかった。

自費出版したばかりの『*Transhumanist Wager*〔トランスヒューマニズムの賭け〕』という本をくれた。主人公がジェスロ・ナイツという名のフリーの哲学者〔主だった伝記的細部は著者と共通する人物〕で、この人物についての非現実的な思想小説だった。ナイツは生命延長研究の必要を広めるために世界中を旅して回り、トランスヒューマニアという海上リバタリアン都市国家——邪魔されずに人間の長寿研究ができる聖域、テック系億万長者や合理主義者にとっての規制のないユートピア――を建国し、神権支配のアメリカに対して無神論者の聖戦を戦うに至る。

何日か後、サンフランシスコのミッション地区にあるカフェで、イシュトヴァンは、この小説が、前の年に六五六のエージェントと出版社に原稿を送ったのに認められなかったという話をしてくれた。郵便代だけで一〇〇〇ドル以上使ったという。できることはもう自費出版しかなかったが、本の売れ行きに、つまりはトランスヒューマニズム運動の中でそれが及ぼしつつある打撃にイシュトヴァンは喜んだ。それは対話を始めることだと言う。本の表紙には、自分でデザインした、人間の頭蓋骨のうつろな眼窩《がんか》を見つめる自分の横顔を撮った緑色のネガをあしらっていた。それが美的観点からすべて成功しているわけではないことを自身がまっさきに認めていた。

ゾルタン・イシュトヴァン、Zoltan Istvan撮影

「ハムレットみたいになる予定でした。ヨリックの場面のようなな。死のありさまやら何やらを見つめる私です。でも、実際そういう風になっているかどうか」

私は目の前のテーブルにある本を見やり、否定はしなかった。私たちはカフェの中庭で、真昼のまばゆい日差しを浴びて座っていた。ふと気づくと、その場のテーブルは満席だったが、話しているのは私たちだけだった。他はみなお一人様で、アップルのノートパソコンでタイプしていた。サンフランシスコではよくあることだが、自分がどこかの企業ユートピアの超写実的《ハイパーリアル》なシミュレーション——あるいはそういうものを雑にまねたもの——に閉じ込められている感じがした。光景としては、それは少々押しつけがましい象徴表現という感じだった。それは現実が抱える問題の一つだ。つまりそれほど現実の方が下手なフィクションに似ているのだ。

「もっとひどい表紙を見たことがありますよ」と私。案外本当のことだったかもしれない。

　イシュトヴァンについては、印象は、四十代になったばかりの、若い頃の活力を取り戻そうとしている人物という感じだった。二十代の頃は、コロンビア大学を哲学で卒業してから、古いヨットを修理して、船に積み込んだ何十冊かの一九世紀のロシア小説だけをお伴に一人で世界一周の旅に出た。旅行資金の一部は、ナショナルジオグラフィックチャンネルに、自分が訪れる遠くの土地についての短いドキュメンタリーを作ることで得ていた。そのとき、火山《ボルケーノ》ボーディングという極限《エクストリーム》スポーツを考案した（要するにスノーボードと同じだが、活火山の斜面でするというところが違う）。ベトナムの非武装地帯に今も残っている、地中に埋まった多数の地雷について伝えるとき、自分でもそれを踏みそうになったことがあった。歩いているイシュトヴァンをガイドが後ろから組み止めて、地面に引きずり倒したほんの一〇センチばかり先に、まだ爆発していない地雷が地中から突き出ていたのだ。

　自身の人生についてイシュトヴァンが語った話——自身の起源譚——では、そのときが、死や、人間生の受け入れがたいもろさが気になってしようがなくなってトランスヒューマニストになった瞬間だという。カリフォルニアに戻って不動産業を始め、当時の金融業界の緩い風土をめいっぱい利用して、いくつもの不動産を次々と買っては転売した。その仕事は嫌いだったが、腕はあって、すぐに大きく稼いだ。二〇〇八年の恐慌〔リーマン・ショック〕の直前、不動産の半分を売却し、その取引で億万長者になった。西海岸の何件かの家、カリブ海諸国のいくらかの土地、アルゼンチンの立派なぶどう園など、もう半分は残しておいた。自分の両親が共産圏のハンガリーを脱出してから四〇年後、イシュトヴァンはアメリカ資本主義の理想を実現していた。変わったヨーロッパ風の名の移民の息子が、自力で本物の億万長者になったのだ。それほど難しいことでもなかった。金融経済システムは機能した。金は通用した。

その金は、仕事をやめて、科学によって肉体的な不死を達成する可能性や必然性についての自説をまとめた『*Transhumanist Wager*』を何年かかけて書いていても、十分やっていけるほどだった。

ミッション地区で会った日、イシュトヴァンは、プランド・ペアレントフッド〔全米家族計画連盟〕というNGOで婦人科医として働く妻のライザが、最近、イシュトヴァンに「あなた、人生を生産的なことに使って」とせっつくようになったことを話してくれた。そのときのライザは第二子を産んだところで、ベイエリアでの生活費は急激に増えていたが、イシュトヴァンはこれ以上不動産を売る気はないので、ライザはますます、二人の娘の教育資金を貯めておかないと、と思うようになりつつあった。イシュトヴァン自身は、その子らが十代も終える頃には、ハーバードやイェールを卒業するために必要な情報コンテンツを脳に直接アップロードできるようになること――今の教育費の何分の一かの費用で――を考えると、そのようなことに金をかける気にはならなかった。

ライザはイシュトヴァンの見方におおむね寛容だが、子どもの未来を、近い将来の技術的介入という空想的な認識に賭けることは別だと見ているとイシュトヴァンは言った。

「もちろん、ライザにはトランスヒューマニズムの考え方に少し抵抗があります。近い将来、自分の仕事がお払い箱になるような話ですからね。実際の出産に伴うことは過去のことになりますよ。子どもは体外受精やら何やらで生まれますから」とイシュトヴァンは解説する。

「奥さんは頭の良い方のようですね」と私は言った。

イシュトヴァンはラテを飲み干して言った。「そうですよ。ものすごく頭が良い」

何か月かして、イシュトヴァンがメールをくれて、大統領選に出るというので、私はすぐに電話して、まっさきに、ライザがその計画をどう思っているか尋ねた。

「うん、ある意味、そのアイデアをくれたのはライザだったんですよ。ライザは私に具体的なことをしてほしい、ちゃんとした仕事に就いてほしいと言っているという話はしましたね」

「うかがいましたが、大統領選に不死を公約に掲げて出るなんてことは考えてなかったでしょう」

「そのとおりです。その考えに乗ってくれるようにするまでちょっと時間がかかりました」

「どうやって話をつけたんですか」

「冷蔵庫にメモを貼っておいて、何時間か外出しました」


私はイシュトヴァンに当然感じてもよさそうな恐れを感じたことがないことを認める。つまり、私は仕事で必要とする以上にイシュトヴァンが好きだったということを認める。それは私には重要な点だと、さらにはたぶん構造的なものだというふうに映った。イシュトヴァンは多くの点で、トランスヒューマニズムについて疑問となりそうなすべてのこと——極端さや、人間の心の機微や無味乾燥な道具的な尺度以外での人間の価値に無頓着なところ——を具現していた。

一度、イシュトヴァンが家族と暮らす高級住宅地ノースベイ界隈にある、ミル・バレーのよく行くコーヒーショップで起きたあることについて話してくれたことがある。そこへは家をちょっと出て、ノートパソコンで少し仕事をしようと出向いたところだった。ある男性とその十代の息子が入って来て、重度の知的障害のある息子が、握った父の手を放して、コーヒーショップを走り回り始め、テーブルにぶつかっては上にあるものを落とした。ぶつかったテーブルの一つがイシュトヴァンがいたテーブルで、コーヒーがノートパソコンにこぼれた。

そのこころは、イシュトヴァンにはお決まりの、こうした不幸な人の状況を技術で何とかできるのではないかということだった。この出来事から、そのように深甚な障害に苦しむ人々を幼いうちに冷凍で一時停止して、いわば氷漬けにして、そのような症状を治せる技術が得られるまで待つ方が賢明だ——全体としては、本人にも親にも、社会全体にも良い——のではないかと考えることになったという。

ついでながら、パソコンは無事だった。

「こういうことを考えるべきでしょう。自分がそういう立場だったら、自分もそうしてほしいと思うか？ものを考えることができない人生、いつもめちゃくちゃに走り回るだけの人生を生きたいか？社会に望むことは、子どもを抱き上げて、あのねえ、と言うだけのことか？もちろんこれは倫理的にやっかいな問題ですが、五〇年後には、こうした人にできることすべてが科学でできるようになるでしょう。だからその子を冷凍で停止すれば、その未来でふつうの暮らしを送れる見込みを与えられます」

この見方はトランスヒューマニズムの極端な道具主義から導かれていて、知能、というか純粋な使用価値が他のあらゆる関心事よりも優先されるという見方に思える（私はティム・キャノンやマーロー・ウェバーのこと、アンダース・サンドバーグやランダル・クーネのこと、そうした人々の、純粋な心《マインド》への上昇という陶酔的な展望のことを思い出した）。イシュトヴァンはその話に出て来る少年を壊れたマシン、つまり自分にとっても他人にとっても機能しないが、技術があればそれを直して救えるかもしれない装置と見ていた。理解しておかなければならないのは、このイシュトヴァンの話は楽観論を語るところに意図があるという点だ。楽観的でないイシュトヴァンはイシュトヴァンではなかった。

　私〔アイルランド人〕の目には、何かの大義の名のもとに、自分自身の名の下に絶対的な権力、絶対的な影響力を求めるのは、あらゆる個人の権利であり可能性である――それが理論上のこと、あるいは象徴的なことでしかなくても――と考えて、具体的に大統領選に出るという身の振り方をするところが、大仰な、どうしようもなくアメリカ人的なところであるように映った。

　断っておくと、イシュトヴァンがきわめて野心的な人物だとしても、大統領選に出るという決断は決して、ともあれ出馬にこぎつければ得票数でそれなりの結果が出せる、という妄想が動機になっていたわけではなかった。動機になっていたのは、死は解決できる問題であり、われわれはみな、技術で直せるという、これまた抑制のない楽観論が表れた考え方だった。

　そしてこれは、トランスヒューマニスト全体について、その価値観や動機について、有無を言わせず奇妙だと私が思うこと、つまりわれわれは文化として、種として、死をめぐる現状追認の姿勢から抜け出す必要があるという考えの核心に迫る。死は避けられないと常に意識して生きるべきだという実存的なことを言っているのではなく、まさしくその正反対の、死が避けられないと信じること自体が一種の自己満足で、問題に取り組まないための言い訳になっていると考えているところだ。

　私はこの思想にできるだけ迫りたいと思った。その思想がベイエリアからアメリカの中心部へと広がるところを追いたいと思った。そこで思いついたのが、例のバスに乗る計画だった。

二〇一五年一〇月、選挙運動の旅に加わる頃には、イシュトヴァンの運命は多くの点で好転していた。出馬がマスコミの関心を集めたせいで、今やイシュトヴァンはトランスヒューマニズム運動でも目立つ人物の一人となった。ヴァイス〔米ウェブメディア〕やショウタイム〔米テレビ局〕のドキュメンタリー番組取材班がカリフォルニア州からネバダ州への道のりを追ったこともあり、イシュトヴァンのネームバリューも相当に高まっていた。金になる企業言論《コーポレート・スピーチ》というありがたい世界にも入って、何かの会合に出れば一万ドルの出演料が得られるようになった。

つい最近まで未知数だった人物がこれほど素早く有名人になり、トランスヒューマニスト党の党首という自称のせいで、メディアがトランスヒューマニズム運動そのものの事実上の指導者と見るようになったことは、運動内部に相当の不安を引き起こしつつあった。古株の運動家の間では、イシュトヴァンは簒奪《さんだつ》者であるという感覚、つまりどこの馬の骨ともわからない奴が運動と「トランスヒューマニズム」という言葉を自分の目的のためにのっとっているという感覚が高まりつつあった。

私が金曜の朝（イシュトヴァンの計画ではテキサス州をバスで横断して、月曜の夜には州都オースティンのバイオハッキング大会で選挙演説をすることになっていた）、ニューメキシコ州ラスクルーセスで追いついたときは、イシュトヴァンはフェニックスでアルコーのマックス・モアと会ってから車でそこまで来たところだった。その会合にイシュトヴァンはいささかの心配をしていた。マックス・モアは、他の何人かの古株トランスヒューマニズム運動家——イシュトヴァンの皮肉でも何でもなさそうな呼び方では「長老《エルダー》」たち——とともに、イシュトヴァンの大統領選立候補を否定し、本人やその党との関係を断つという署名簿に署名していたからだ。党と言っても、実際には、自分と何人かの顧問しかおらず、政党としてはまったく意味をなさないものだと、イシュトヴァン自身が認めざるをえないしろものだったが（その時点で、選挙運動には、オーブリー・デ・グレイが「アンチエイジング顧問」として、また、マーティーン・ロスブラットの息子ガブリエル――自分自身が二〇一四年の下院議員選挙に出馬していた――が政治顧問として加わっていた）。

その朝、私が泊まったエルパソのホテルでネットを見ると、フェニックス市のチャンネル3がイシュトヴァンが選挙運動で同市に立ち寄ったことを取り上げていた。記者はゆっくりとした口調で「計画ではこの車輪つきの棺をワシントンDCまで運転して、ホワイトハウスや議会に、不死の研究にもっと資金を投入するよう訴えることになっています」と伝えた。このニュースはイシュトヴァンがアルコーを訪れたことも報じ、見てとれるかぎりでは、それは友好的なようだった。

私はイシュトヴァンとラスクルーセスの中心街に面した誰もいない古本屋の外で合流した。髪は七か月前に最後に会ったときより整えられ、ますますブロンドになり、顔も首も砂漠の太陽にさらされて斑《まだら》になっていた。そのイシュトヴァンに、髪を中央で分け、目を行者のように見開いた、並外れた背丈の、すらっとした青年が同行していた。青年は片手に三脚に載せたビデオカメラを持ち、もう一方の手を厳かな挨拶のように私の方に差し出した。

「ローエン・ホーンです。永遠に生きたいですか？」

私は「そう思うかどうかはっきりしません」と、差し出された手をこちらの手で受け止め、その骨の細さを感じながら言った。

「おや、思えばいいのに。死にたいですか？　死ぬのが良いことだと思いますか？」

「それはやっかいな問題ですね。バスで考えて、それから返事していいですか?」と私は言った。

不気味にひとけのない中心街を歩いているときに、このローエン・ホーンはイシュトヴァンの選挙運動を応援するボランティア運動員の一人だということを聞いた。徹底的生命延長の熱心な支持者で、「不死バス」というドキュメンタリー番組も製作中だった。この超越のための乗り物は、今、近くのバンク・オブ・アメリカの駐車場に駐められていた。これから、車で砂漠へ行って、アメリカで最大の軍事施設、ホワイトサンズ・ミサイル実験場へ行く予定だとイシュトヴァンは私に言った。そこでは、公的資金を兵器の費用から引き上げて生命延長に移す必要があると抗議するのだという。

ワンダーロッジは予想よりもさらに奇異な外観だった——茶色のやたらとでかい車体に「**不死バス　トランスヒューマニスト　ゾルタン・イシュトヴァン乗車**」の文字が、胴体部の幅一杯に、整った手描きで白く書かれていた。後部には「科学か棺か」という文言。屋根にかけては内側に傾いた、やはり茶色の木の板の構造物が取り付けられていて、その上には造花が念入りにあしらわれていた。そうしたところは棺らしくないこともなく、人が自分の見ているものは何であるかを知る役には立った。

内部には、一九七〇年代半ばの装飾と生活用品があった。製氷機つきの簡易キッチン、電子レンジ、食卓、車内でくつろぐには十分のベンチ式の座席、後方には二つの狭い簡易ベッドとバスルーム(使用不可)。全体にオレンジ色のもじゃもじゃのパイル地のカーペットが敷かれていた。

車両はまあまあ旅行向けに作られている——あまり傾斜のきつい坂を上らなければ、また、約九〇分ごとに、実に派手な勢いで脇から漏れるエンジンオイルを交換していれば。この漏れはイシュトヴァンの心配のたねだった。不死バスが長期的にもつかどうかの観点からだけでなく、もっと緊急には、高速道路でハイウェイパトロールに脇に寄せられる可能性があって、目立つ車両であることを考えれば、こちらの方が、無視できない心配だった。

苦難はラスクルーセスを出て三〇分ほどで始まった。高速道路はオーガン山地のがたがたの斜面を大回りして走り、バスを上へ押し上げようとするエンジンの音は、心配なほどぎいぎい言い始めていた。せいぜい時速五、六十キロほどで、イシュトヴァンの大きな体がハンドルに覆いかぶさり、目はダッシュボードの謎の古風なダイヤル群を見つめていた。

「ひどくオーバーヒートしているみたいだ。赤の部分にこんなに入るなんて見たことないぞ。とくに大きな山じゃないんだけどな。みなさん《ジェントルメン》、まずいことになるかもしれませんよ」

ローエン・ホーンと私をまとめて「ジェントルメン」と呼ぶのはイシュトヴァンの習慣だった――儀礼としてというより同志に向けての言語的ジェスチャーだ。

上り道は避けられればいちばんいいんだけど、とイシュトヴァンは言う。ワンダーロッジの古い機械には残酷なちょっとしたパラドックスが働いているからねと。上へ登るほど、エンジンはバスをのろのろ動かすにもきつくなる。遅くなるほど、外気の循環が悪くなって、エンジンが冷却されにくくなり、それによってオーバーヒートへの悪循環が回り続けることになるというわけだ。

別のもっと単純な言い方をすれば、それはラジエーターのファンがいかれているということだろう。

私たちは山を登りきり、それから下り坂でスピードを増し始めた。エンジンのきしみは音程が少し下がり、私は初めて、砂漠のみじめな熱の中でエンジン停止になることはないと確信がもてた。

「ああほっとした」と私は言った。

イシュトヴァンは「実際には下りの方がずっと危険なんだよ。この四〇年もののブレーキが頼りなんだから」と言った。「このバスは、減速もしないといけない。壊れかけのブレーキから身を守るにはそれしかないんだ」

この新情報に照らして、私はもっと相当遅くしてもいいのにと思った。私は今この車を運転しているのが火山ボーディングというスポーツを考えた人物だということを、少々不安をもって思い出した。私は自分が永遠に生きたいかどうかはっきりしなかったが、不死バスという名の車の座席にシートベルトで縛りつけられたまま谷底に落ちて、安っぽいアイロニーの炎に倒れたくないのは確かだった。*

運転席と同乗者席の間には、広くて一段高くなったパイル地のカーペット地帯があり、私はそこに自分の様々なライターらしい装備——ボイスレコーダー、ノート、ペンなど——を広げていた。そこに実はワンダーロッジのエンジンが収まっていた。旅の途中でイシュトヴァンは、そこを開放して「エンジンに息をさせる」ことにすれば、オーバーヒートの問題は改善されるかもしれないと考えた。エアコンが壊れているせいで、ワンダーロッジの室内はもうすでに相当に暑かったが、エンジンルームの蓋を上げたとたん、室内全体がすぐに、開放されたエンジン部分から放出される熱い石油の揮発した気体で加熱され、一種の地獄のような、騒々しいサウナになった。

私はシートベルトを外してソファの一つに移動した。そこならエンジンルームから出る大量の熱と煙は少しだけ穏やかだった。

「快適というわけじゃないのはわかっているけど、オーバーヒート対策には実にいいよ」と、イシュトヴァンは耳をつんざくエンジン音に抗してどなった。

エンジンを冷やすために長いこと脇に止まっている間、イシュトヴァンはオイル交換のために外に出ていた。ホーンは手を頭の後ろで組んで長椅子にもたれ、平然と天井を見つめていた。移動する間はずっと、何もなければそういう姿勢をとるようになった。

私は自分の席から首を伸ばして、ホーンにイシュトヴァンの選挙運動を手伝うことになったいきさつを尋ねた。

「僕は本当に死にたくないんですよ。死ぬことほどいやなことは思いつきません。だから生命延長科学が必要な資金を得られるように、自分にできることをしているだけです」

「すると何をなさっているんですか」

「何のことですか」

「仕事関係です。ゾルタンの選挙運動を手伝っていないときのことです」

「永遠の命《エターナル・ライフ》ファンクラブというのを運営しています。本気で永遠に生きたい人々のためのネット上の団体です。五〇〇年とか、そういうんじゃありません。トランスヒューマニストにはそう思っている人は多いですけど、こちらは永遠です」

ホーンは多くのトランスヒューマニストのように、オーブリー・デ・グレイのＳＥＮＳ事業が重要だということを深く確信していた。ホーンにとって、デ・グレイはほとんど救世主のような人物だった。生命延長支持者としてホーンが稼いだわずかな金の大半はＳＥＮＳの支援に向けられた。

ホーンはローラ・デミングの大ファンでもあった。私がデミングに会ったと言うと、私が映画スターの名を口にしたかのような反応をして、「あの人は僕にはヒーローですよ。大好きです。実際に死と闘っているんです。あの人の言葉をいっぱい、ミームに使ってますよ」と言った。

自分のノートパソコンを開き、あちこちクリックして、私に証拠として自身のフェイスブックのページに投稿したデミングの画像を見せた。下にはデミングの言葉が添えられていた。「私は老化を治療したい

＊そういう思いは私がバスに乗っている間じゅう、何度か浮かんだ。イシュトヴァンは死が人間の生にふるう圧政を罵《ののし》り、自分の政治的な足場を、肉体の不死は種としてのわれわれの手の届く範囲にあるという独断の上に置いているというのに、その基本になる交通安全に対してはひどく無頓着だった。全長一三メートルの棺形バスを運転してテキサス州西部を進んでいるというのに、何分かおきに携帯をチェックするのを——メッセージやメールへの返信や、最新の『テッククランチ』に上げた記事に関するSNSのアクセス解析チェックなどのために——やめなかった。ある夜には、フォートストックトン〔テキサス州西部〕のファーストフードの駐車場（夕食に結構な量のウイスキーを飲んだ）から近くのモーテルまで、短距離とはいえスピリットの入った飲酒運転までした。この違反——連邦法と生命延長の精神両方に対する——を、イシュトヴァンはバスのハンドルは感度が鈍いので、運転が少々定まらなくても、車の軌道は比較的安定しているのだと言って正当化した。行なうことすべてについて、死に対する圧倒的恐怖を動機とする人物であるホーンの方は、奇妙なことに、シートベルトを装着したがらなかった。移動時間のほとんどを、運転席の後ろにあるソファで仰向けに寝そべって過ごしていて、その姿勢は私には基礎的な交通安全だけでなく、自身がしばしば述べる人生の目標とは正反対を行っているように見えた。私は『ニューヨーカー』誌に出ていたピーター・ティールのプロフィールに、ベイエリアの高速道路でスポーツカーを乗り回すときシートベルトをしなかったという話があったことを考えていた。シートベルトが生命延長技術として効果が高いことが知られていることからすると、こうしたことはとりわけ奇異に見えた。

と思っています。みんなが永遠に生きるようにしたいと思っています」

ホーンは二八歳、サクラメント在住で、保険会社の苦情処理係を退職したばかりの父と、映画館で働いている母と暮らしていた。両親は、選ばれた人が行く天国での永遠の命と、選ばれなかった人が行く永遠の地獄を信じるカルヴァン派に帰依していた。父はとくに強硬で、自分の無神論者の息子が地獄で永遠にさいなまれる運命にあるという確信を声高に言っている。

私は「お父さんはこの不死バスのようなことをどう思っているんでしょう」と尋ねた。

「実はそれはオーケーなんです。私がテレビのニュースやら何やらに出ればクールだと思っているんですよ」とホーンは答えた。


ニューメキシコ州ホワイトサンズの軍の試験場は孤絶した静かなところで、オーガン山地から東へ広がり、トゥラローサ盆地の誰もいない砂漠にまで及ぶ。この地では、技術の可能性の限界、あるいは恐怖を感じる限界が、第二次大戦末期の科学者によって画定し直された。一九四五年七月、最初の原子爆弾、すなわち二週間後には長崎の人々の頭上に投下されることになるファットマン型プルトニウム爆弾の試作弾が爆発したのがここだった。

施設入り口の検問所を通過すると、すぐに屋外軍用品展示場のようなものがあって、ファットマンのずんぐりした模型も、他の何十もの退役したロケットや爆弾と一緒に展示されていた。砂漠の波打つような熱の中で、こうした傾いた細身のオベリスクは、古代の死者の場所《タナトピア》のはかりしれないモニュメントとなり、空へ突き出て宇宙のパワーとのめくるめく合一を果たす金属の男根の列のようにそびえていた。

イシュトヴァンはこのときのためにプリントしてあったバナーをリュックサックから取り出し、大きい方のロケットの一つの正面に陣取って、「**トランスヒューマニスト党は生存リスクを防ぎます**」というメッセージを広げる自分の写真を何枚か撮ってくれとホーンに指示した。そのような行動の意図は、画像や動画を撮ってイシュトヴァンの様々なソーシャルメディアのアカウントにアップロードし、何万という支持者に知らせるということだった。それは自意識の強い政治行動もどきであり、コンテンツとしての政治、純粋な形式としてのコンテンツだった。

ファットマンの模型にこれみよがしによりかかって、私はメモ帳にメモをとった。ホーンは携帯を取り出して、Vine《ヴァイン》に載せる六秒動画を撮影した。イシュトヴァンは「核戦争を止めろ。ひどい生存リスクだ」と言っていた。それから、政府の出費を戦争から生命延長研究に移せという選挙運動の中心にある主張について、短い演説をするイシュトヴァンの姿も撮影した。

私はメモ帳に、オッペンハイマーが引用したことで有名な、宇宙の維持管理を司るヴィシュヌ神の言葉を書きつけた。「私は死神、世界の破壊者となった」

このホワイトサンズでは、科学が神の似姿、あるいは神の知識に最も近くまで迫っていた。ここでの天界の暴力の実験で、人類は自らを超越し、自らの野心を達成するところに最も近づいた。

その核実験に「三位一体《トリニティ》」という名称を与えたのもオッペンハイマーだった。何年か後に、そんな神学的な名称を選んだ理由を問われて、はっきりおぼえているわけではないが、ジョン・ダンの形而上学的な詩が好きだったこととと関係があるんじゃないかと思うと言っている。

その夜遅くなって、私たちは州間道路から外れ、モーテルにチェックインした。私は玄関でイシュトヴアンとホーンが身のまわりのものをワンダーロッジから運び出すのを待ち、入り口の脇にあったパンフレット立てを見渡した。大半は一般の旅行客向けに観光地を宣伝していた――たとえばロズウェルにある国際UFO博物館・研究センターや、「世界最大のピスタチオの産地」、ピスタチオランドなど。キリスト教のパンフレットも何種類かあって、私はただ「永遠《エターニティ》」とだけ題された一冊を選んだ。「福音書・聖書協会」という団体が出しているこの世の終わりの案内だった。私はモーテルの誰もいないロビーに立って、すべてのものは存在しなくなるという神の定めを読んだ――「天は大きな響きをたてて消えうせ、天の万象は焼けてくずれ去り、地と地のいろいろなわざは焼き尽くされます」〔「ペテロの手紙 第二」3‐10、新改訳聖書 第三版〕――そして私はあらためて、自分がその日歩いて回った地上のものではないかのようなモニュメント、立ち並んだ死のマシンがつくる儀式的な環状列柱《サークル》のことを思った。

さらに読むと、私は、あるいは私の魂は、自分を完全に主に委ねることによって、肉体やこの世の他のすべてが滅んだ後も生き続けるのだそうだ。「すべての創造の中で、人間だけが変化して不死となった体をまとい、有限の時間から永遠への移行を果たすだろう。人は、神と同様に永遠に生きる『生命の息』(「創世記」2‐7)を持つ唯一の被造物である」

私はその日早くにホーンに、福音派の家で育ったことが、科学を通じて永遠に生きるという信仰の元になったのかと尋ねたのを思い出した。ホーンはもう神々は必要ではありませんと言った。「科学が新しい神で、科学が新たな希望です」と。

不死バスはオースティンに向かうのろく厳しい歩みを続けた。ときどき、農地に立つ、匿名で自尊心や抗議の意思を表明する手描き看板を通り過ぎた。「**アメリカを再び偉大に——オバマを追放しろ**」とか、「**テキサスに口出しするな**」とか。動物の轢死体《れきしたい》も多かった。何キロにもわたって、目印と言えば死骸だった——キツネ、アライグマ、アルマジロなど、腐敗の進み方も様々な動物が州間道路の縁にあった。

私はノートに書きつけた。「あちこちに死んだ動物。どこにもハゲタカ（あまりにべた？）」

イシュトヴァンとホーンは二人とも信仰篤い家庭に育った。それぞれカトリックとカルヴァン派ではあったが。二人の熱心な無神論、二人の熱狂的な合理主義は、そうした宗教的な生い立ちを拭い去ることでもあり、その延長線上にあることでもあった。二人の魂は科学の火にかけられ、理性とそのわざへの愛情で燃えていた。

しかし科学が冷たく説くのは、何も恒久的ではなく、何も永続はせず、すべては結局、当の道路も含め、路上の轢死体のようなものだということだ。熱力学の第二法則は断固、宇宙はいかんともしがたく進行する衰微の状態にあると言う。手にしているペンのインクが切れかけていることに私は気づいた。それを動かす体はゆっくりと、しかし容赦なく死に向かって引き寄せられている。不死バスは文字どおり壊れつつある。科学が冷たく説くのは、アメリカが再び偉大になることはなく、太陽もいつか爆発し、地球を呑み込み、すべては蒸発してしまい、テキサスは最後の口出しを受けてそこからは戻れなくなるということだ。

「地と地のいろいろなわざは焼き尽くされます」

この広大な崩壊の光景——地上には朽ち果てていくアルマジロやアライグマ、上空を旋回するハゲタカは、その最も直接的な表れにすぎない——の中から、科学はわれわれを救出してくれるという信念は、根本的に宗教的な本能が形を変えたものだった。精神分析で、患者が子どもの頃に親と結んだ関係が分析家の人物像に移し替えられるという、転移の概念を思い出した。トランスヒューマニズムもまさしくそれではないのか。根本にある神との関係をまるごと「科学」の姿に投映しているのではないか。すべて――脳アップロード、徹底的生命延長、冷凍保存、シンギュラリティ――は最古の説話の追記ではないのか。

私はノートに「すべての物語はわれわれの終わりから始まる」と書いた。

最大限の長寿を目指すホーンの厳しいカロリー制限食は、テキサス州西部のトラック用パーキングエリアやガソリンスタンドやドライブスルーのハンバーガーショップでは手に入らない。ホーンがアルコールなどあらゆる薬物を断っているが、それはホーンとの初対面のときに典型的な南カリフォルニアのマリファナをやっているタイプという印象を抱く元になった、大きく見開いた眼やおぼろげな感情といった、全般的な雰囲気とそぐわない感じがした。

私は今やホーンを、この世から決して去らなくてもいいように、この世からほとんど引きこもってしまった、トランスヒューマニストの青年修道僧と見るようになりつつあった。

ドストエフスキーの小説から出て来たような人物だった。とくにアリョーシャ・カラマーゾフで、『カラマーゾフの兄弟』の初めの方では、こんなふうに語られている。「真剣に熟考するとすぐに神と不死の存在を確信し、同時に本能的にこう口にした。『不死のために生きたい、いっさいの妥協は受け入れないぞ』」

ホーンはサクラメントの実家では寝室の床で眠っていることを私は知った。自分が持っているわずかな金は生命延長研究の支援に使った方がいいのでベッドを買いたくないからというのもあったが、主としては表面が柔らかいものに対して密かな敵意があるせいだった（この自分でも認める嫌悪は、先に述べた、ソファに寝そべることにほとんど熱狂的に専念するのとは正反対だった）。

私たちは、フォートストックトンの西に何時間かトラックを止めて、食べ放題の店に席を取った。私たちの隣のテーブルに、巨大なカウボーイハットをかぶった大男が座っていて、背中を丸めて聖書の「ヨブ記」のところを開いて読みながら、盛られた肉料理の、肉とキャベツと炭水化物各種の華やかな生態系を上から下へ順々に食べ進めていた。イシュトヴァンは、怒った妻からの電話に応対していた。不死を広めるために大陸横断に出かける前にしておいたトイレ修理がうまくいっていなくてあふれたらしい。その間に、私はこの機会を利用して、ホーンに生活様式の選択について聞き出そうとした。

「本当のことを言うと、この不死関係のことは支持しにくいんですよ。永遠に生きることにこだわれば、実際には全面的に死に囚われることになるんじゃありませんか」

「そうかもしれませんが、みんなそうじゃありませんか。それがこの考え方ということじゃないですか」

私がそうですねと言って、二人とも、笑い出した。少々ぎこちなかったかもしれない。そしてしばらく黙って食事をした。イシュトヴァンの妻とのそっけないやりとりが聞こえてきた。

ホーンは一口分のサラダに最適な咀嚼回数を割り当てるかのように、反芻《はんすう》するかのような注意深さで食べていた。厳格なベジタリアンであるだけでなく、食物とのつきあいは最低限にしているようだった。健康面での理由だけで肉は食べなかったが、もっと深いレベルでは、それは他ならぬ死という、自身の体の動物的なありようを拒否する気持ちの表れなのかと思わざるをえなかった。

精神分析家のアーネスト・ベッカーは、『死の拒絶』という著書で、このようなことを問う。「生物があたりまえの行動として他者を各種様々な歯で引き裂いている――噛みつき、肉や植物の茎や骨を臼歯ですりつぶし、そのすりつぶしたものを貪欲に食道に通して喜び、その栄養を自らの組織に取り入れ、残りは悪臭やガスとともに排泄する――世界を、どう解すべきだろう。誰もが自分にとって食べられる他者を取り込むために手を伸ばしている」

生きるということは、動物であるということは、死をもたらすということで、自然は、他に良い言葉がないのだが、悪だ。

一〇月も終わりの頃で、トラック用パーキングエリアは、この季節の悪魔的な装飾品――小型のプラスチック製かぼちゃランタン、綿の蜘蛛の巣、壁に貼りつけられた箒《ほうき》に乗った魔女など、お祭り用の飾り――がふんだんに設置されていた。ホーンの頭のすぐ後ろの天井からは、他ならぬ死神のゴム人形がぶら下がっていた。骸骨のような姿はぼろぼろの黒いフード付き外套をまとい、骨ばった小さな手にはプラスチックの大鎌が握られている。この漫画的な姿の人形は、ナイロンの糸にぶらさがってゆっくりと回転し、それが予兆するものとはうらはらの安っぽい過剰演技で私の気を紛らわせた。

ホーンは、サラダの乾いた野菜をフォークで青白い顔に運びながらくどくどと、「僕はただ永遠におもしろがっていたいんです。この食べ方で二〇年寿命が延びたら、僕は死ぬ前に寿命脱出速度に間に合うかもしれないいんです。後で余計に楽しめるように、今の楽しみはとっておくんです。僕は本当はとことん快楽主義者ですよ」

私は答えた。「私にはちっとも快楽主義者には見えませんが。酒も飲まないし、薬もやらない。ほとんど食べもしない。正直言って、中世の修道士みたいだ」

ホーンは首を一方に傾け、そのことを少し考えた。私はセックスの話題を持ち出したくはなかったが、そういう雰囲気があたりに漂っているようで、死神のゴム人形のように頭上でゆっくり回転していた。結局、私が持ち出すまでもなく、ホーンが自分流なりの流儀で持ち出した。

「未来に生きることで本当にクールなことをご存じですか」とホーン。

「何ですか？」

「セックスボット」

「セックスボット」

「セックスするために作られるAIロボットといったところかな」

「知ってますよ。聞いたことがあります。ずいぶん良いアイデアです。でも、本当にそうなると思いますか」

ホーンは、眼を閉じて、つかのま、いつかそうなる高揚のことを考えて、幸せそうに頷いてから言った。

「きっとなります。僕が大いに期待していることです」

ホーンは半分は逃げ腰、半分は立ち向かう気の独特の笑顔をしていた。こういう状況でなければ、乙にすましていると言いたくなるかもしれないが、その結果にはどこか深い愛嬌があった。

私は言った。「セックスボットにあると思う問題は、実際の人とセックスすればいいじゃないかということです。他のことが同じなら」

ホーンは言った。「からかってるんですか？　実際の女は騙《だま》したり、浮気したりするんですよ。性感染症があるかもしれないし、死ぬことだってあるかもしれない」

「それは少々心配しすぎではないですか？」

「そんなことないですよ。文字どおりいつでも起きてることです。個人用セックスボットなら騙すこともなくて、それでいて本当の女と同じです」

ホーンはしばらく何も言わず、のんびりとグラスの水を飲み、サラダを何口か食べると、窓の外のトラックでいっぱいの駐車場や、その向こうの州間道路、どこの空にも浮かんでいるハゲタカを眺めた。

私は、「こんなこと聞くのもどうかと思いますが、誰かに騙されたいやな経験があったんですか？」

ホーンは「今までセックスは避けています。恋人がいたことはありません」

「セックスボットのためにとっておくんですか？」

ホーンはゆっくりと頷くと、眉をいたずらっぽく上げた。確かにセックスボットのためにとっておくと言ったのだ。

私は自分の両手を参ったという感じで愛想良く上げると言った。「そうですか。それまで長生きできるといいですね」

「きっとそうなると思います」

イシュトヴァンと「長老」との間で広がりつつある溝のことが、バスでの会話ではますます主要な話題になっていた。それは複雑な状況で、いくつかの異なる因子が作用しているようだった。ブログサイトのVox《ヴォックス》〔「声」の意〕に投稿された選挙運動についてのインタビューでは、イシュトヴァンは投票前のあるところで選挙戦から撤退して、誰であれ民主党候補の支持に回ることをうかがわせていた。イシュトヴァンの支持者の一人、ハンク・ペリシャーは、この表明に抗議して、これは「我慢の限界」と言ってトランスヒューマニスト党の幹事長を辞任した。

ペリシャーの脱落は、ずっと密かにイシュトヴァンの選挙運動に納得していなかったトランスヒューマニストからのさらなる反感に火をつけた。そうした人々の一人がフロリダ州の長老《プレスビテリアン》派牧師のクリストファー・ベネクで、キリスト教徒トランスヒューマニストでは目立つ人物であり、最近まで宗派を超えてイシュトヴァンと関係があった人物だった（ベネク師は二〇一四年、自律型の知能は「ありがたいキリストの救済目的に参加する」よう促されるべきものだという理由で、進んだ人工知能はキリスト教徒に改宗すべきだと公然と唱え、一部の未来主義者の眉をひそめさせた）。『クリスチャン・ポスト』紙に寄稿したベネクは、イシュトヴァンの「イデオロギー的専制」と「皇帝のように全米のトランスヒューマニストの代表を自任している」ことに反対し、さらにその選挙運動を「トランスヒューマニズムをまずもって無神論的企てであると世界的に主張しようとしているにすぎず、組織的宗教と神を公然と拒否している」と規定した。

さらに不穏な空気を引き起こしたのは、イシュトヴァンが、選挙運動を終えたら、「世界政府を主導し、影響を与える存在になるという理念を掲げる世界政党」を創立するとする自らの意志をフェイスブックで発表したことだった。イシュトヴァンはずっと国境の廃止という信念については声高に言っていたが、今やリバタリアンの論理をたどって逆説的に独裁主義的目標に向かっているように見えた。『*Transhumanist Wager*』を読んだ人ならこれで驚くとも思えないが、この発表は、イシュトヴァンを支持する極端なテクノ合理主義者以外をさらに遠ざける作用をした。

それからイシュトヴァンの選挙運動を認めないという署名運動が起きる。それに署名した人々は、イシュトヴァンとトランスヒューマニスト党の両方を拒否した。「それが独裁的支配の隠れ蓑《みの》であるかぎり、それがトランスヒューマニズムの価値観の多様性を否定するかぎり、それが他者に対する不要な敵意を広めるかぎり」

イシュトヴァンがますます公然と変わった政治姿勢をとるようになったことが、この反感の高まりの要因だった。たとえばその春、イシュトヴァンはヴァイス・メディアの技術系ウェブサイト、Motherboard《マザーボード》に意見を発表していて、最近ロサンゼルス市が街路や連絡道路をもっと車椅子で使いやすくするための予算とした一三億ドルは、ロボット外骨格技術に投資した方がはるかに意味があると論じていた。「舗道は修理しないままにしておきましょう。その代わりに今のトランスヒューマニズムの時代には、障害のある人々を肉体的に修繕して、動きやすい、障害のない体を取り戻してもらいましょう」

私がイシュトヴァンにこの話をしたときは、この、「修繕」が必要なのは、都市環境やイシュトヴァンの意見に明らかな差別的姿勢よりも、障害のある人々の方だという主張に、なぜ障害のある人々があれほど心の底から怒るのか、本当に理解できないようだった。トランスヒューマニズムの根底にある前提は、要するに、われわれはみな修繕が必要で、われわれはみな、人体のせいで最初から障害があるということなのだ(ここで私は、トランスジェンダーが実感する言葉をトランスヒューマニズムの文脈に取り込んだティム・キャノンの言い回し――自分はそもそも体を持ったということによって、間違った体に閉じ込められているという主張――を思い出した)。

イシュトヴァンは外骨格をめぐる大失敗にもめげず、後にはオバマ政権の一万人のシリア難民を受け入れるという計画をめぐる論争について、それをすっきりと解くための策は、受け入れ手続きの一環として難民にマイクロチップを埋め込むことだと説いた。そういう方針をとれば、政府は難民の動きを追跡できて、テロ事件を企てているかどうかを判定できるし、「体制に貢献しているか、税金を払っているか、不和を引き起こしているかを監視」できるという。イシュトヴァンは人々がこのアイデアにどれほど反感を持つかは重々承知していたが、今度も基本的にそれを気にする風ではなかった。この政府が人の生に――体そのものに――未曾有の介入を行なうことについての懸念への応答として、「ビッグブラザーがイスラム国から守ってくれるのなら、悪い奴じゃないかも」と言った。加えてイシュトヴァン自身が、選挙運動を始めた頃のグラインダーの会で無線タグのチップを埋め込んでもらっていた。その処置は思われているほど苦痛を伴うものではなかった。当の難民にしても、公共の安全に対する脅威ではないとみなされた後も――たとえば三年間の仮受け入れ期間を経ても――この技術によってまもなく、スターバックでコーヒー代を払うときも読み取り機に向かって手を振るだけでいいということになるだろうから、マイクロチップを外そうと思わないかもしれない。

こうした発言が、語るべき何らかのイデオロギーを動機としているならば、私には、それは技術そのもののイデオロギーのように見えた。人間と機械装置を、必要ならどんな手段を用いてでも融合させようという至上命題だ（そういうところでは、イシュトヴァンは、テオドール・アドルノとマックス・ホルクハイマーが『啓蒙の弁証法』で論じた、科学的合理主義の前進とは専制に向かう前進のことだという説の生きた実例のように見えることが多かった。二人の言い方では、「今日の技術的合理性とは支配の合理性である。それは自己疎外された社会の強迫的性格である」）。

イシュトヴァンは打ち解けているときには、自分がいずれ影響力の点でカーツワイルを追い越す――「今の勢いが続けば」――と話していた。「もっと若い人々をたくさんトランスヒューマニズムに引き込めるからね。私は積極的にそういうミレニアル世代の人々と運動を築こうとしているから、風土も変えてくれるでしょう」。イシュトヴァンは影響力や注目度にこだわっていた。リツイートとか、つながり《エンゲージメント》とか、フェイスブックの「いいね！」とかの数字のことを、そういうものが新世界の本当の通貨であるかのように話し、何度も、「長老」たちはこの圏内でのイシュトヴァンの影響力に太刀打ちできる見込みはないと明言していた。メディアはイシュトヴァンが好きで、イシュトヴァンもメディアが自分を好きでいることが好きで、トランスヒューマニズム運動のかつての指導者がメディアがイシュトヴァンを好んでいるのを嫌っていることが好きだった。

私が感心したのは、イシュトヴァンの野心が領域横断的に広がっていて、自分が影響力と権力のさらなる高みへ昇ることをほとんど神秘的に確信しているところだった。イシュトヴァンはしばしば、トランスヒューマニズム、中でも徹底的生命延長を、一般の人々やいずれは政府が本気で取り上げざるをえなくなるようなものにするための計画を、環境保護運動をモデルにして立てたと言っていた。このモデルでは、イシュトヴァンは自分をアル・ゴアのような人物と考えていることは明らかだった。

私のイシュトヴァンに対する感情は複雑で、矛盾していて、突然変異して強まったり逆転したりしやすかった。イシュトヴァンの尊大さは、そのぶん、むしろ引き寄せられるし、また軽く自己否定することによって和らげられていた。肉体的不死は手の届くところにあると人々に納得させて世界を変えたいという話をしていたかと思うと、次の瞬間には、ワンダーロッジをさらに数時間動かし続けるための方法を思いついたことに、本気ともつかぬ喜びを見せていた。

「私はそれが得意なんだ。中途半端なところがね」と、イシュトヴァンは、ある日の午後、私に言った。何缶ものエンジンオイルと、漏れるオイルを回収するためのバーベキュー用のトレー何枚かをカート一杯に仕入れるために立ち寄ったウォルマートの駐車場でのことだった。

私は、この不死バスは「エントロピーバス」だと思うようになったと言った。そして私たちのテキサス横断は、すべては衰微が避けられず、すべてのシステムは時間が経つと崩壊することを表す移動する比喩だと思うとも。

「天の万象は焼けてくずれ去り、地と地のいろいろなわざは焼き尽くされます」

「エントロピーはいやだ」とホーンが言った。

「そういうことになっている。文句なくそういうことなんだ」とイシュトヴァン。

私は自分がこの二人に奇妙な親近感を覚え始めていたことに気づいた。二人の神秘的な目標に対して心から抱く共感ではなく、むしろ、二人とともにいて、二人とともに移動して、同じパーキングエリアで食事をし、同じモーテルで眠り、ワンダーロッジの古いカセットデッキでかける、エンドレスのトム・ペティ&ザ・ハートブレーカーズの歌をともに何度も聴いたことによるものだった。ある種の連帯感だった。私たちは仮そめの仲間で、もしかすると、人間のどんなつながり方についても言えるのはせいぜいそこまでかもしれなかった。しかし、二人は決してそのような状況の描き方には同意しないだろうし、その意味では連帯感ではなかった。

この仮そめという問題は、ワンダーロッジで何度も立てられた。イシュトヴァンとホーンは、生が死によって無意味にされると信じていた。いずれはすべて失われるのなら、ものごとにどんな意味があるのかと二人は問う。

私は自分がこの問いに答える資格があるとは思わなかったが、今の生命の立場に沿った主張をしてみた。つまり死を擁護するということだ。生命は終わるからこそ意味ができるんじゃないですかと私は尋ねた。私たちがこの世にいるのはほんの短い間だけで、いずれこの世を去らなければならないという事実そのものが、人生をこれほど強烈に美しく、恐ろしく、奇妙にしているのではないですか、と（さらに言えば、意味という概念そのものが幻想で、必然的に人間のフィクションではないのか。有限の存在が仮そめなら、不死は仮そめが永遠に続く状態にすぎないのではないか）。

二人の説では有限に美はないし、忘却から引き出される意味はない。ホーンは、私の論拠はすぐそれとわかる「死自然主義《デスィズム》」――死は実はそれほど恐ろしくないと納得させて自分を死の恐怖から守ろうとする欲求――のイデオロギーだと主張した。ホーンが言った他のほとんどのことと同じように奇妙に響いたが、この点では基本的にホーンの言うとおりだと私は思った。これはいろいろな形で、私がそれまでの一年半の間に話した多くのトランスヒューマニスト――たとえばナターシャ・ヴィータ＝モア、オーブリー・デ・グレイ、ランダル・クーネ――が唱えてきた考え方だった。

私たちは車で空虚をくぐり抜けている。「テキサス州に口出しするな」。砂漠の熱で腐敗する破裂したアルマジロ。「イスラエルに味方せよ」。イシュトヴァンは先ほどウォルマートに寄ったときに仕入れたマグカップほどの容器に入った緑色のエナジードリンクを少しずつ飲んでいた。私たちは何時間も話したかと思うと、何時間も何もしゃべらなかった。私たちはトム・ペティのカセットを最初から最後まで聴き、二度、三度と聴いた。「夢を追いかける。決して僕にはかなわない夢を」（「Runnin' Down a Dream（夢を追いかける)」という曲の一節」。四〇分後には同じ歌を歌っている。

いったいどういうことなのだろう。すべての企て全体が突然、私には社会的特権の不条理なパロディのように見えた。荒野を横切る三人の白人が、いつかすべての生物とともに苦しむ最後の不正義に抗議し、自分の方が審判を受けなければならない審判者に抗議している。年老いて死ぬというのは、この意味で、究極の「先進国《ファースト・ワールド》のぜいたくな悩み《プロブレム》」ではないか。

テキサス州オゾナから東へ一時間ほど行ったところで、イシュトヴァンがバーベキューのトレーを外すために州間道路を下りて、狭い脇道に入った。トレーは漏れたオイルがほとんどあふれそうになっていた。そこは広大な牧場の縁で、人間の目が届くかぎり、丸まった草や背の低いサボテンしかない半分不毛の平坦な景色だった。私は用を足しにバスの裏に行き、その間見上げると、頭上を徘徊《はいかい》するハゲタカが五羽いた。奈落を上下逆さにしたようなはるかな高みを飛ぶプレデター型ドローンのようだった。私はこうした死を司るような動物の厳かにも原始的な眼に、これといった目的もなく、直立して、大型の棺のような巨獣のまわりをのそのそと動き回る三匹の中型哺乳類の私たちがどう見えているかを想像しようとした。しかしこのいずれも——人も棺も旅も——こうした動物には何の意味もないだろう。あちらには何かを意味することなど必要ないのだ。おそらく、私たちはあちらが見ている景観の眺めにはどうでもよい存在なのだ。大きすぎて殺せないし、まだ死んでもいないのだから。

私は苦労してリルケの「ドゥイノの悲歌」の第八歌の一節を思い出そうとした。動物が生きている世界の自由——動物の目の前にある「開かれた世界」、自分の有限性という圧倒的な現実を眼前にするわれわれには見えない世界——について書いたところだ。私はバスに戻ってスマホでググり、見つけた。「死を見るのはわれわれだけだ。自由な動物からすれば／永遠に背後には堕落、前には神があり、動物が進むとき／すでに泉が湧き出るような永遠の中を進んでいる」

その後、私たちが州間道路を突走っているとき、ホーンがうれしそうに、「**今日死んだら、どこで永遠を過ごすのか**」と書いた巨大な看板の方に目を向けさせた。

「土の中でだよ」とホーンは言った。「土の中」

ホーンは私に六歳のときに遭遇した事故のことを話してくれた。自転車から転げ落ちて、脾臓《ひぞう》が破裂し、内出血でほとんど死にかけたという。何週間も入院して回復したが、ホーンには闇が露わになった。世界の板子一枚の下にある暗い恐怖だった。毎晩、同じ悪夢にうなされて目が覚めた。眠っている間に死んで、何も感じず、無力な体となってベッドに横たわっているのを感じて。毎晩、体験できないことの同じ経験、垣間見ることのできないことの同じ眺めで。それが親の信仰から離れるようになるきっかけだったと本人は言った。死んだ後の自分を待ち受けている無の眺めだったという。

さらに東のパーキングエリアで、ホーンはビデオカメラのスイッチを入れて、二人の若い女性に近づいて行った。二人はトタン屋根の日陰で両側から巨大なワゴンの車輪に挟まれたピクニックエリアに腰を下ろしていた。カメラを二人の顔に向けて、死ぬのは怖いですかと聞いていた。二人は怖がるというより困惑している感じだったが、私はそういうやりとりは聞きたくなかったので、パーキングエリアの反対側の方へぶらぶら歩いて行った。私の行く手から二人の若い男がやって来て、なぜ私の連れが自分たちのガールフレンドを撮影しているのかと迫って来た。私はワンダーロッジを指して、大統領選挙の第三陣営で遊説の旅をしていて、ホーンはその記録を撮っているのだと言った。

「あいつが大統領に立候補しているのか」と、大きい方の男が疑わしそうにホーンを見て言った——ホーンはジョーン・バエズ風の髪で、膝までの短パンで、瞬きをしない真剣な眼をしていた。

「あいつじゃなくて、もう一人の方」と私は言って、イシュトヴァンの方を指した。こちらはワンダーロッジの脇に立って電話を終えるところだった。「あれが選挙カーのバスだ。何なら紹介しようか？」

私たち全員——私とホーンと二人の若い女性とそのボーイフレンド——がイシュトヴァンのところへ向かうと、イシュトヴァンはこの有権者たちを迎える。あけっぴろげなしぐさ、温かい挨拶、政治家風の拍手で。

「このバスどうしたんだ」と背の低い方の強面風の男が言った。

「でかい棺桶に見えるように改造したんですよ。死を意識してもらうように」

尋ねた男の方は、「でかい棺桶には見えないよ。それより、でかい糞みたいだ」

イシュトヴァンはその意見を軽く無視して、少々傲慢そうに、この選挙戦の目標は「長寿科学への投資を促して、もっと長く生きられるようにすること」だと説明した。

隣のトラックの運転席から、三十代半ばに見えるいかつい、背の低めの男が降りて来て、ちょっと体を伸ばして眼を細めてワンダーロッジと集まった一団を見て、ゆっくりと歩いて来た。こちらは紫のバスケ用の短パンをはき、ゆったりした黒のTシャツを着て、オークリーのサングラスをかけていた。シェーンと名乗るこの男はトラックで大陸を横断してフロリダ州まで行くのだという。

「何か政治のことを話しているのか？」とシェーンが尋ねる。

ホーンが応じた。「そうですよ。永遠に生きたいですか」

シェーンは「そりゃあ生きたいね。俺は死ぬのはめちゃくちゃ怖いよ。永遠に生きたくない奴なんているのか？」と答えた。

イシュトヴァンは「私たちは、科学を使って老化とか死ぬのを終わらせようとしているんですよ。実際に老化が進むのをもうちょっとで止めそうな科学者何人かと組んでいます。馬鹿げていると思われるのは承知だけど、本当ですよ。これでも実は、アメリカの第三陣営政党ではトップクラスなんだ。政党はトランスヒューマニスト党と言います」

「『トランスヒューマニスト』というのは何だい？」とシェーンが尋ねる。

「そうだなあ、いろんな意味がある。死なないことというのもある。進化してマシンになりたいという人はいっぱいいるんですよ。たとえば私の父は四回、次々と心臓麻痺を起こしました。最近のことです。マシンになればそういうことが人には起きなくなります」

シェーンは社交辞令のように言った。「ぜひ頼むよ。応援してもいいよ」

男はもう少し話をし、耳を傾けてから、その場を辞して東への旅を続けた。どこのパーキングエリアにもあまり長居ができないんだと本人は言っていた。車載のコンピュータで進行具合や速さがきっちり監視されていて、それが雇い主に報告されて、認められている時間より長く止まっていたり、遅れた分を挽回《ばんかい》しようとして制限速度を超えて走ったりすると警告されるからだという。私は一瞬、この人は資本主義がすでに多くの人々をどれほどマシンにしているかについて絶妙なところを衝いていると思ったし、あるいは、この人の言う雇い主が人を自動運転技術に置き換えることになる差し迫った未来のことをそれとなく伝えているのではないかとさえ思ったが、その人がトラックの運転席に戻って私たちに手を振っているのを見て、おそらくそんな見事に毒のあることを言っていたのではないのだろうと見きわめた。その人はもっと直球勝負のタイプに見えた。

「あなたが神を演じようとしていると言って非難している人々をどう思いますか」と記者が尋ねた。

私たちは、選挙運動の催しが行なわれようとしている、樹木が盛大に並ぶ高級住宅街の街路に立っていて、イシュトヴァンはオースティンのテレビニュース番組の取材を受けていた。シャツとズボンという服装で、髪は広い額から後ろへきちんと櫛《くし》を入れられていた。

「実際私たちは神を演じようとしているわけで、そのとおりだと思います」とイシュトヴァンは言った。

そう言ったのは私に向かってだった——ともあれそう言ったときにイシュトヴァンが見ていたのは私だった。髭を生やして盛大に汗をかいているカメラマンは記者も兼任で、自分が立っている横に私も立つよう求めた。そうすると、イシュトヴァンが、予算削減のせいで一人で同時に二役をこなさざるをえなくなったカメラマンに向かってではなく、その横にいる専任の報道記者に向かって話しているように見えるからだ。

つまりイシュトヴァンが見ているのは私だが、オースティンのテレビ視聴者や、さらにその向こうのインターネットの人々という、クリックとつながり《エンゲージメント》から成る見えざる民衆に向かって話していた。その経験は何となく不気味だった。まるで私本人は存在しなくなり、世界そのものに向かって話すための通路となる空虚になってしまったかのようだった。

そういうことが最近、私の身に起きていた。私は自分を信号が通過するメカニズムと見るようになっていた。バスに座っていて、ノートに会話の端々、場面の詳細、感じたことを書きつけながら、自分を原始的な装置、情報を記録して処理するマシンと見ていたり、洞穴のようなウォルマートのレジでスナック菓子の支払いをするときには、富を上層に移転するための巨大でよくわからないシステムの中にある何百万というメカニズムの一つと見ていたりする。もちろん私はこれが機械論的思想に過度にさらされた結果だということは知っていたが、ある水準では、自分でもずっと自分をそういうふうに見ていたことに気づいた。チャペックが言っていたように、自分の姿ほど奇妙なものはなく、最もなじみのあるものほど奇妙なものはない。

「大統領選に出馬することにしたきっかけは何ですか」とカメラマン兼記者は尋ねた。

イシュトヴァンは、「私たちは技術を、それが連れて行ってくれるところまで進めるべきだと思います」と答えた。その手のしぐさには、本物の政治家にある鍛えられた断固としたところがあった。カメラがあるところで、瞬きもせず私の眼を見ているとき、突然、イシュトヴァンが巨大な物理的存在に見えてきた。大統領になりそうなオーラをまとい、自身の意義を示す大きな中空の記念碑になったようだった。

「そこには私たち自身が技術になることも含まれます。ある時点で、私たちは人間というよりマシンになるでしょう。私の大統領選挙戦が主張しているのはそういうことです。私はそういう対話を始めようとしています」

青年の集団が私たちに近づいて来た。それはオースティンのバイオハッカーのグループで、選挙運動の催しのためにやって来ていた。アレク、エイヴリー、ショーンという名の、トランスヒューマニストにしては驚くほど大学の学生社交クラブ風の、どこまでもゆったりしたテキサス風の乗りで、ゆるいベストを着た、栄養過多の上半身の面々だった。

ホーンは、伝統的な挨拶はせずに、永遠の命に対する立場を直接尋ねる〔「死ぬのは怖いですか、永遠に生きたいですか」〕といういつもの流儀で一同を迎えた。

「それはいやですね」と、アレクという男が、これから雑草を一オンス食べたいかと尋ねられたかのようにホーンに答えた。「生きましょう。そうなるようにしましょう。生きることはすごい」

「ほんとに？」とホーンは言って、意味ありげに私を見た。生きることはすばらしいという絶対の判断について私が留保を表明した以前のやりとりに対して、軽くどうだという感じでこちらを向いたのだと思った。

「なすべきことはたくさんあるし」とアレク。「八〇歳では死ねないな。全部やってしまうには二〇〇年はないと。二五〇年かも」

「そうかあ？　ほら、ものすごく年取った人を見たとき、どう思う？」

「いやだと思う。そう思うよ」とアレク。「あまり楽しくはなれないと思うな」

催しが行なわれる予定の家に向かい、中に入った。ほとんど家具のない、段差の上のフロア《スキップフロア》に壁のない《オープン》間取り《プラン》の小さな家だった。そこがバイオハッカーの緩い集団で共有されていることがわかってきた。そこに誰が住んでいて、誰が住んでいないかは明らかではなかったが、トランスヒューマニストのコミューン、あるいは未来主義者の社交クラブの家のように見えた。この種の催しのためとはいえ、集まったのは圧倒的に男ばかりだった。

一段低くなったリビング部分に入るとき、野球帽をかぶってぴっちりのTシャツを着た背の高い丈夫そうな体格の男の横を身を縮めて通った。その男はビールを飲んでいて、それより背の低い、ピンクの縞に髪を染め、顔にいくつもピアスをつけた男と話していた。背の高い方はゆっくりとした話し方で、牧童がフェンスにもたれて休憩するような気楽さで、ドアの枠にもたれかかっていた。

「あのな、あいつはコードにほんとに夢中だから、GitHub《ギットハブ》〔同名のソフトウェア開発用の環境を提供する会社〕に入れてやるんだよ」と男は言っていた。

細かい刺繡《ししゅう》の入ったインド風のシャツを着た長髪の青年が、バイオハック・オースティンというグループを主宰していると自己紹介した。本人は温かくマックと呼んでくださいと言っていたが、名前をマキアヴェリ・デーヴィスと言った。生まれはシンガポールで、テキサス大学の生物学の大学院生だった。

イシュトヴァンがその夜の演説の細かい部分をおさらいする間、私はテーブルの方へ行くと、サンダル履きで、サングラスをかけたビールの漫画風イラストのTシャツを着た男が、複雑そうな装置をいじくりまわしていた。装置は小さなアルミのスーツケースでできていて、何本ものワイヤや電磁リレーが見えていて、マグネシウムの不定形な塊や、水の入ったプラスチックのコップもあった。男の名はジェイソンと言い、私にこの仕掛けが今開発中のヘリオパッチという製品の試作品だと言った。「機能的な生命延長ポッド」だと教えてくれた。この装置は使用者の体と組み合わさって、バッテリーとして機能するのだという。マグネシウムのパッチが陽極として動作し、使用者の体が陰極となる。パッチが付着すると、マグネシウムが溶けて、電子と陽イオンを体内に放出し、それによって、細胞に有害な活性酸素を解毒し、老化の作用を抑える。少し前、自分で小さなマグネシウムパッチを左の頰の中に埋め込み、一か月入れておいたとジェイソンは言った。そうして何人かの友人に、頭のどちら側の方が白髪が少ないかと尋ねた。「みんな断然左側だって」とジェイソンは言った。「みんなですよ」

リビングは混雑してきた。マキアヴェリ・デーヴィスが演説を始めていて、タイの仏教の修道院で何か月か過ごしたことについて、よく聞き取れないことを話していた。それから話が転じて、われわれが暮らしているこの時代には人類史上有数の大規模な変化が見られるというようなことを言っていた。すべてが「崩壊する態勢が整えられ、今にも崩れそうだ」と。バイオハッキング運動が高まり、人々が遺伝子を編集して自分の体を増強する能力が高まれば、今の世代にも今後何世代もの人々にも明瞭な影響を及ぼすだろうとデーヴィスは言った。これから二週間はバイオハック・オースティンの人々と砂漠へ出かける予定だという。その計画では全員が視力を増強する目薬――クロリンE6という名の、一部の深海魚の眼に見つかった分子から作った特殊な薬で、脳に送る光の信号を二倍に増幅する――を差し、超人的視力で星を見つめることになっていた。この実験はラットを使った実験では成果を挙げていて、本人と同行するバイオハッカーは、この薬を試す最初の人類になる。

「人類が行なうのは、人類自身に対する実験です。それをするのは生まれ持った権利です。私にとってはそれが自由の意味です。自身の体と心で自由を実践することです」

イシュトヴァンが話を引き継いで、すらすらと、どうやら原稿もなしで、自分のすべき話をした。歴史はこの運動によって、この選挙戦によって生み出されるという。この選挙戦は、票を得ようというのではなく、将来のシンギュラリティの実現についての意識を高め、それを経験できるまで長生きすることの重要性を高めようということだと。イシュトヴァンは、自分は形態的自由《モルフォロジック・フリーダム》――人々が自分の体に望むことを何でもして人間以上になるという、奪うことのできない絶対の権利――を信じていると言った。

「私は技術を使って自分がもっとマシンのようになれる日が来るのを期待しています」

私たちはその後一時間ほどその場にいて、イシュトヴァンはトランスヒューマニズムのドキュメンタリーを作っている人々や、イシュトヴァンのインタビューに来た雑誌の女性記者と話をしていた。そこでローエン・ホーンが即興の話を始めた。その口上は、黒縁眼鏡をかけ、少しこわばった訳知り顔の笑顔を浮かべた、よくある今風の「キャラで」行なわれた。これは自身が選挙期間中にフェイスブックの「永遠の命ファンクラブ」のページにアップロードしていた動画であれこれ手を加えていたキャラクターだった。

ホーンが相手にしていた会場のバイオハッカーの面々は、ほとんどがその演技にとまどっていた。「みなさんは主流ではありません。まだ子どもっぽい想像をしている。みなさんが主流ではないところを次のレベルに進めたいなら、永遠に生きなければならなくなります。これまでで最も主流のこととはいったい何か、ご存じでしょうか。それは死ぬことです。死ぬことが主流です。地中で死んでいることが主流です。永遠に生きたいなら、イシュトヴァンに投票しましょう」

私はこのホーンのスピーチを前にも見ていて、今風のキャラクターの描き方が少々ぼやけていると意見を言ったことがあった――現実の人を表しているというより、戯画化されたものの戯画に見えるし、さらにスピーチに演出上のアイロニーを注入したせいで、言いたいことが本気だということが見えにくくなっているというふうに。しかし今は、飲んでいた異様に強い自家醸造ビールのせいかもしれないが、大いに楽しめて、ホーンに対する奇妙な優しい気持ちが胸の中で膨らむのを感じていた。ほとんど兄弟愛のような保護本能で、ちゃんとしたジャーナリストとしての規範とはまったく相反していた。

私は二人と過ごした時間ずっと、ホーンの口から出て来たことには事実上まったく何も同意していなかった。ホーンは私がこれまで会った人々に劣らず変わっていたし、変わった人々と言えば私はそれまでの一年半で大勢と会っていた。そんな私が、ホーンが幻滅せずに、生きているかぎり、死から救われるという感覚を維持してくれればいいと願っていた。その生存が死によって無意味にされるという信念そのものが、まさしく本人の生に目的の感覚、方向の感覚を与えているように見えると私は思った。それは結局、人間がいつも意味を求める理由であり、様々な宗教にそれを見いだす理由でもある。この先、ここにいることの奇妙さとともに、できることをするのだ。

マスコミの人々がよそへ行ってしまったとたん、イシュトヴァンは出発したがった。パーティはまだたけなわだったが、翌朝はマイアミへ飛んで、企業で話す契約があった。そのため、デーヴィスの会社を通じて、マイアミから戻って来てまた出発するまでワンダーロッジを駐車しておく手配をしてもらっていたのだが、そこまで車を移動させなければならなかったのだ。イシュトヴァンは人々と別れの握手をすませると、私たちはまた不死バスに乗った。

一時間ほどして、私たちは市街地から遠く離れた郊外の空き家の庭に着いて、それぞれのホテルへ行くためのタクシーを待っていた。イシュトヴァンと私は不死バスの酒のストックの最後を飲んでいた。その元気が出るほど強いウォトカの瓶には輝くデジタルのディスプレイがあしらわれていて、ウォトカ瓶を『宇宙家族ジェットソン』風の未来にしたようだった。私は酒で、また、パーティで葉っぱを吸うのは嫌いだと思い出すまもなく吸っていたわずかな葉っぱのせいで、少しもうろうとしていたので、一息つきにふらふらと庭に降りて行った。その夜は暖かく花の香りがして、コオロギの穏やかな鳴き声で活気があった。星を見上げると、自分が場違いな感じが心地よくなった。戸外に出て、この世界の中にいて、生きた動物であることが心地よかった。

耳を傾けているとコオロギの鳴き声が迫って来るように思えた。そこで私は二週間ほど前に、アメリカ南西部諸州の平原がコオロギに襲われているという記事を読んだことを思い出した。とくにオースティン周辺がひどかったという。コオロギの数が増えるのは、その夏が異常に低温で、しかも異常に雨が多かったことと関係していた。コオロギは、空気が冷えると、本能のレベルで自分の死が近いという警告と受けとめ、交配を急ぐよう促される。私が聞いていた鳴き声は、何万という雄が、自分の死が近いことを本能的に察知して、生殖の欲求を表している音だということに私は気づいた。鳴き声は強くなっているようで、どこからともなく届く音は、夜そのものが生み出しているようだった。

庭の反対側でイシュトヴァンの携帯が音を立てるのが聞こえた。おそらくタクシーの運転手が電話してきたのだろう。私は深呼吸して、温かい濃密な空気を、このかぐわしい夜を吸い込んだ。ほろ酔い状態では、こうしたことのすべてがいつか自分の手の届かないところへ行ってしまうというのは、まったくありそうにないように見えた。いつか私が死んで、この空気を吸ったり、こうした音――コオロギ、車、言葉、携帯の音――を聞いたり、血液中に希望に満ちたアルコールが流入して世界がその不確かな約束を押し込んでくるのを感じたりすることがなくなるなんて。それが一度きりのことで、二度とないと考えるのは馬鹿げているように見えた。

不死バスのドアがぱたんと閉められるうつろな音が聞こえ、イシュトヴァンが私を呼んだ。タクシーが道路脇に止まっていた。私はのしかかるような姿のバスを、アメリカの高速道路を走る巨大な茶色の棺を最後に見た。生命そのものを表す比喩、つまり、棺のようなキャンピングカーで、どこからともなく現れ、どこへともなく去っていく、理解しがたい、仮そめの旅の比喩として立つその姿の軽い魅力に一瞬心奪われた。私は街路のイシュトヴァンとホーンの方へ歩いて行き、二人にこの棺としての生というアイデアについてひとこと言ってやり、何かの意味があろうとなかろうと、しばらく一緒にこの旅ができてうれしかったと言ってやろうと思った。しかし私がタクシーまで行ってホーンの横に滑り込む頃には、イシュトヴァンはもう助手席に座って、運転手にポストヒューマンの未来の様子について熱心に解説していて、そんなことを言う機会は過ぎ去ってしまった。

終わりと始まりについてひとこと

私がトランスヒューマニストたちのところにいた時期からそうまもない頃、私は病院のストレッチャーの上で、大型のコンピュータ画面に自分の体の内部が表示されているのを見ていた。見ていたのは大腸の肉の襞《ひだ》で、ちょっと他人事のように、それがきれいであることに喜んでいた。二四時間の絶食と、処方されていた下剤の野蛮な効果で、私の内側の表面は生中継の準備が整っていた。私はそうしたことを、恐怖するというよりも他人事のように見る立場にあった。私はきわめて強力な鎮痛剤を与えられていたからだ。

「横向きになってもらえますか？　画面の方に向かって、そうです。ひざを胸の方に引き上げてください。それでは始めます」

この薬は大腸内視鏡検査の間じゅう眠らせると言われていたが、そうはならなかった。望むなら、眼をつぶって、眠りに落ちるに任せていたら眠れたのだろうが、目覚めたままでいるのも悪くないと思っていた。私は画面に映る自分の内部を見ていて、その何週間かで初めて平穏な気持ちになった——最初に便器に血があるのを見て以来、医者から内視鏡検査が必要だと聞いて以来、大腸がんの——人生の旅路の半ばにもならないのに、実は終わりが近いかもしれないという——可能性に直面して以来、初めてのことだった。

それまで、暗い、締めつけられるような状態にあった。夜明けに息詰まるような夢で目覚める。トイレで白い便器に血を見て、死の不安を感じる。車のラジオが生命保険のCMを始めると手を伸ばしてスイッチを切るし、妻と私は、子どもがしつこく死について質問してくるのにも、いつものようにおかしそうには笑えなかった。

冷凍保存や全脳エミュレーションや徹底的生命延長の魅力が高まったとは思わなかった。マシンになりたいという欲求は高まらなかった。しかし自分の動物としての死を前にして、まったくぶれなかったわけでもない。絶えず揺れていた。自分の生命がそれにかかっているかのようにぐらついていた。私はこの自分の死の問題について、不死バスにいたときよりもはるかに自信がなくなっていた。ローエン・ホーンはもちろん正しかった。私も「死自然主義《デスイズム》」のかどで有罪だった。

しかしストレッチャーの上で、そのいっさいから一時的に釈放されて、そのすべては抽象的なことになった。私は物理的な身体でありつつ、同時に自らを画面で見ていた。私はまったく身体ではなく、意識、あるいは意識の感覚だった。画面では、私が自分のものだと理解している私の体の内部に、密着してきて意地悪そうな、鉤がついた小型の金属の道具が見えた。わずかな動きで肉を切りとる。少し血が出て、装置は後退する。これが生検というやつかと理解した。

「肉のマシン」という言い回しがどこからともなく、ちょっと検討してみてと言うかのように浮かんで来た。それについて考えるというより、一瞬保持しただけで、すぐに消えた。

私は自分の考えの他人事のようなところを他人事のように考えた。私は初めて明瞭に考えていた。ただそのとき転がっていた私の状況は、とても考えていたとは言えない。私は最後には、文字どおり、尻を上にした〔原語は up on one's arse で、これは日常的には「死んでいる」という意味で使われる〕。麻酔を選んだのは、不快な侵入感を恐れたからだが、目は覚めていて、この自己と技術の融合、境界の解消を見ているのが、今はうれしかった。このときの侵入の逆説的な効果として、私は、何物も自分に手出しはできないかのような、不可侵の身になったような気がしていた。自分はやっとポストヒューマンになることの意味を理解したように思った。後から思えばそれはもちろん薬のせいなのだが、そのときはそれを技術のなせるわざのように感じていた。

何分か何時間か後――よくわからないがどちらでもよい――処置を行なった消化器科の医師が私の横手に現れた。そのときは、先ほど腕の内側に静脈注射の針を入れた部屋に戻っていたが、そこへ連れて来られたという記憶はなかった。変わった炎症ですが、悪性のものではありません、憩室《けいしつ》性大腸炎の可能性が高いですね、と医師は言った。するとがんではないんですか。がんではありませんよ。

医師はさらに何かを、要するに私は死ぬわけではない――少なくともすぐには死ぬわけではない――といったようなことを言って、部屋を出て行った。

私は目を閉じて、もう一度画面に映った内側の空間、柔らかくてきれいに洗浄された体の内部を思い浮かべた。苦痛もなく、鎮痛剤の静脈注射針が抜かれた。そこではしばらく私は自分の外に、時間の外にいた。そこではしばらく、技術と一体になっていた。

私はストレッチャーに仰向けに寝ていて、一方の腕に残っている注射針を見ていた。科学が私の体に侵入した二つの回路の一つだ。私はゆっくり手を握ったり広げたりして、手首の骨と靭帯が柔らかくぽきぽき言う、曲げたりひねったりするためのよくわからない技術の音に耳を傾けた。息子が何日か前、自分の手を見ながら私たちに尋ねたことを考えた。

「どうして皮があるの」という。長年の不条理に初めて思い当たったかのように。

「骨を隠しておくためよ」と妻が答えた。

横向きになって目を閉じると、穏やかな安堵《あんど》感があふれるのを感じた。私の内部で起きていることは何であれ私を殺すものではなかった――私の骨はさしあたり覆われたままでいて、この機械仕掛や基板は、これから先は少し効率が落ちるかもしれなくても、機能はし続けるのだと思った。私は自分と体の区別が解消するのを感じた。ありえない一時停止になっている夢のように。私は自分に戻りつつあった。それがどういうことであれ。死の問題――この特定の動物にとっての、この特定の事例での――は解決されていた。


これを書いている段階で、イシュトヴァンの選挙戦はまだ続いている。ホーンはまだ撮影をしていて、人々に「永遠に生きたいですか」と尋ねている。そうでないとしたらその方がおかしい。

これを書いている時点では、心《マインド》の内容はまだアップロードされていないし、冷凍保存から目覚めて復活した患者もいない。人工知能の爆発的成長もまだ起きていないし、シンギュラリティにも達していない。

これを書いている段階では、残念ながら、私たちはみんな、やはりいつか死ぬことになる。

トランスヒューマニストの人々の中にいて、その概念、恐怖、欲求に囲まれて、私はときどき、そんな未来が来るとしたら、それは当のトランスヒューマニズムを忘れることによって、それが正しかったことを示すのだろうと思うことがあった。つまり、われわれ人類の状況はこれからの何十年何百年ですっかり変わってしまい、もはや人間と技術の融合などと言う——言い換えれば、そのような区別が存在するかのように言う——必要もなくなるのではないかということだ。そしてトランスヒューマニストは、ともかくも記憶されるとしても、歴史上の珍しい例であり、後に現実になることを、時代を違えて、熱心に語った人々の集団と思われるのだろうと。

私はこんな未来を見た、われわれを待ち受ける融合、あるいは区別の解消の知らせを持って来た、と言うこともできるかもしれない。しかし結局、私は現在を見たということでしかないのであり、その現在は見慣れぬもので、つきあいにくい。変わった人々、変わった考え、変わったマシンに満ちている。この現在でさえ、わかりにくく、把握しにくい——しかし少なくとも目撃はされたし、消える前に、ちらちらとでも垣間見えた。その現在とは、過去によく似た未来主義的な場所だ。あるいは少なくとも、私が遭遇したのはそういう時間、すでに忘却と記憶の中に後退しつつある時間だった。

私が思い至ることになったのは、未来というようなものはない、あるいは未来は現在に似た幻覚のようなものとして存在するということだ。自分が今暮らしている世界、自分の身のまわりでこうなっている世界——判断力は向上しても、やはり自分の欲求からできている世界——を正当化したり非難したりするために自分に言い聞かせる心地よいおとぎ話か恐ろしい怪談として存在するということだ。

私は今、トランスヒューマニストではないし、そうだったこともない。私は確かにトランスヒューマニストの未来に生きたくはない。しかし自分がトランスヒューマニストの現在に生きていないといつも確信しているわけではない。

私が言いたいのは、私はマシンの一部だということだ。世界の中でコード化され、暗号化されて、その奇妙で抵抗できない信号になっている。キーボードを打っていれば、骨や肉でできた手というハードウェアが見える。そこで打っている言葉の像が、画面、つまり私の画面に映るのが見える。それは入力と出力のフィードバック、アルゴリズムに沿った信号と伝送のパターンだ。データ、コード、通信。

私は今、ピッツバーグでの最後の夜にあのキャラメルの蒸気と汗と焼けたシリコンの匂いが入り交じった地下室でマーロー・ウェバーが私にした質問を思い出している。

ウェバーは言った。「僕らがもうシンギュラリティの時代に生きているとしたらどうでしょう」。そう言いながらウェバーは、自分のスマホを取り上げ、それを曰くありげに手で重さを量り、ぽんと放り上げてキャッチしていたのを思い出す。もちろん、ウェバーが言っていたのはスマホのことだが、それがつながっているすべてのことでもあった——マシン、システム、情報。はかりしれない広大な人間の世界。

「もう始まっているとしたらどうです？」とウェバーは言った。

それは良い質問ですね、と私は言った。それについて考えなければならないんでしょうと。

謝辞

妻エイミーの支えと励ましがなかったら、本書に手をつけることもできなかったし、もちろん完成もしなかっただろう。エイミーの愛情と知恵に対する感謝は表せる言葉の持ち合わせを超えている。もともと、この仕事の背後にある見えざる手は、私のエージェント、アメリア・「モリー」・アトラスの手だった。このエージェントと、私を気にかけてくれたＩＣＭの方々を得られたことはこの上ない幸運だ。ロンドンのカーティス・ブラウン社のカロリナ・サットンと、ロクサーヌ・エドゥアールにも深甚の感謝をしなければならない。ダブルデイ社のヤニフ・ソーハは本書を書いている間、ずっとぬかりなく支えてくれた。その熱意と絶妙な編集上の導きは貴重だった。この仕事についての作業を手伝ってくれたマーゴ・シックマンターにも感謝する。当初から、グランタ社のマックス・ポーターは豊富な見識と元気の素であり、それでなくても私のいる世界では得がたい人物だった。

以下の方々にも、様々な便宜、親切、職業上あるいは個人的にしていただいたことについて終生感謝する。父母であるマイケル・オコネルとディアドラ・オコネル、キャスリーン・シーハンとエリザベス・シーハン、スーザン・スミス、コルム・ボドキンとアレクサ・ボドキン、リディア・キースリング、ディラン・コリンズ、ローナン・パーシヴァル、マイク・フリーマン、サム・バンギー、ユセフ・エルディン、ダニエル・カフリー、ポール・マレー、ジョナサン・ダイクス、ライザ・コーエン、ケイティ・レイシアン、クリス・ラッセル、ミシェル・ディーン、サム・アンダーソン、ダン・コイス、ニコルソン・ベイカー、ブレンダン・バリントン、C・マックス・マギー。

本書は以下の方々の協力と支援がなかったら書けなかった。ゾルタン・イシュトヴァン、ローエン・ホーン、マックス・モア、ナターシャ・ヴィータ＝モア、アンダース・サンドバーグ、ニック・ボストロム、デーヴィッド・ウッド、ハンク・ペリシャー、マリア・コノヴァアレンコ、ローラ・デミング、オーブリー・デ・グレイ、マイク・ラトーラ、ランダル・クーネ、トッド・ハフマン、ミゲル・ニコレリス、エドワード・ボイデン、ネイト・ソアレス、デーヴィッド・ドイチュ、ヴィクトリア・クラコフナ、ヤノシュ・クラマー、スチュアート・ラッセル、ティム・キャノン、マーロー・ウェバー、ライアン・オーシェイ、ショーン・サーヴァー、ダニエル・グリーヴス、ジャスティン・ワースト、オリヴィア・ウェッブ。

訳者あとがき

本書はMark O'Connell, *To Be a Machine. Adventures Among Cyborgs, Utopians, Hackers, and the Futurists Solving the Modest Problem of Death.* (Doubleday, 2017/ Granta Books, 2017)を翻訳したものです(文中〔 〕で括ったところは訳者による補足です。また、参照されている文献に邦訳がある場合には適宜その旨を補足しましたが、本書で参照されている部分の訳文は、とくに断りのないかぎり、私訳です)。

著者のオコネルはダブリン在住の、書評を中心として活動するライターで、オンライン誌『スレート』の書評欄、書評サイトの「ミリオンズ」や『ニューヨーカー』誌の書評ブログサイトに定期的に寄稿するほか、『ニューヨーク・タイムズ・マガジン』、『ニューヨーク・タイムズ・ブック・レビュー』、『ダブリン・レビュー』などにも記事を提供しています。著書としては本書が第一作ですが、二〇一八年にはこの本でWellcome財団という医療保健研究を支援する団体の「Wellcome Book Prize」を受賞するなど、さっそくに高い評価を得ているようです。

当のこの本は、著者が何となく抱いていた思い、あるいは願望（人間の置かれている境遇——原罪に象徴される——は根源的なものではなく、変更や修正ができるのではないか）と共通するところを「トランスヒューマニズム」（技術によって超人類《トランスヒューマン》になることを目指す一連の思想や運動）に見た（あるいはそれによって自覚させられた）ことに発します。それによって芽生えた関心と、それに伴う疑問に触発され、著者は、この分野で（主にアメリカで）活動する主要な人々の活動の場を訪れ、直接に話を聞き、トランスヒューマニストと名乗る／呼ばれる人々の考え方を拾い上げ、検討することになります。本書はその取材をまとめたルポルタージュです。

取材する相手の中には、著者と同じアイルランドやイギリスが出身の人々もいますが、そうした人々もアメリカ（とくにシリコンバレーを中心とする西海岸地域）に活動の本拠を置くことになるということからして象徴的なことかもしれません。トランスヒューマニズムは、著者（とくに科学技術の分野を専門にしているわけではありません）がそれと出会ったときには、困惑が先立つような、ある意味で変わった、どこかいかがわしさも伴う思想に見えていましたが、それだけに、本書で何度か触れられるように、まずはシリコンバレーのスタートアップ文化の中でこそ受け入れられもし、資金源も得られて研究もできるようなことだったと言えます。

原題をそのまま訳すと「マシンになるために——死という控えめな問題を解こうとする、サイボーグ、ユートピア論者、ハッカー、未来論者の許への旅」といったところになります。まずは、人類を超えるという思想は、ただ生物学的な意味でのヒトとしての未来ではなく、バイオテクノロジーも情報工学も含む現代技術を通じた、文字どおりにマシンとなることを目指すことであることがうかがえます。そうしたことが、シリコンバレーの技術だけでなく、思想や空気との相性も良く、そこで醸成されていったということでもあるでしょう。さらに原題は、それが「不死」をめぐる未来の描き方であることも示しており、それが本書のもう一方の柱となります。

医療等の技術の開発により老化の問題を「治療」し、余命が伸びる速さの方が、毎年一歳の実年齢での年の取り方より速くなるという「寿命脱出速度」を超えることを目指す人々。マインド・アップローディングという、とくに脳に収まっている情報を引き出し、それをプログラムとデータによるソフトウェアにして、何らかの基板にアップロードして仮想世界で、あるいは機械の身体を得て現実世界で生きられるようにしようとする人々。そんな技術、あるいは現在では治療不可能な病気が治せるような技術が生まれた後の未来を待って、身体（遺体）や切断した頭部を冷凍保存する人々。あるいは限界のある身体を機械的装置で補完／代替して、最終的には文字どおりマシン（サイボーグ）になろうとする人々……というような、超人類、あるいは文字どおりマシンになるための技術を求める人々を、著者は訪ね、その活動をまのあたりにし、話を聞くうちに、マシンと生物、心と身、物と心の区別が曖昧になるのを感じます。

他方、トランスヒューマニズムの理想を技術として開発しようとする人々だけでなく、それをめぐる思想から出発して、社会運動や政治運動にしようとする人々のところへも行きますし、そうした人々の思想の由来や土台や原動力となる考え方（チャペック、モラヴェック、カーツワイル等々）もたどり、トランスヒューマニストたちが目指すところと現状を生《なま》で観察し、思いを巡らせます。

先にも触れたように原題の副題に「死という控えめな問題を解こうとする」ともありますし、トランスヒューマニズムの思想では、マシンになることは、不死になることと一体になっています。トランスヒューマンは、単に人類の末裔なのではなく、ただの死すべき人ではなくなるということでした。

著者はトランスヒューマニズムと直接に触れることで、理解できる部分も得ますが、拭いきれない違和感、不安をあらためて抱きます。著者が感じる主な「揺れ」の一つとして、「心《マインド》」という概念が、心身や物と心というふうに、対立する別個の存在の一方として捉えられてきたところから、技術の発達で何らかの「基板」で実行できるソフトウェアとしてビット化、あるいは仮想化されるというトランスヒューマニズムの極致に至る幅の間での揺れがあります。著者は直観的に「心と物は別」と思っていたのですが、トランスヒューマニストたちの活動を通じてつきつめてみると、そもそもビット化など不可能だと頭から否定できないところも感じざるをえない。先に区別が曖昧になると書きましたが、その区別の根拠が不確かだったことにも気づくようになります（それでも著者は、トランスヒューマニズムでは枷《かせ》ともされる身体の生の感覚は捨てられないとも思うのですが）。

逆にこの運動が、技術の極致を目指し、人間を改良し、人間の後を継ぐトランスヒューマンに進化させるという思想からすると、心をソフトウェアとして把握することで肉体とは切り離せることになり、不死と組み合わされることでかえって、言わば不滅の魂のような存在にもなるところにも注目します。それは新しいどころか、古くからある宗教そのものではないか、ただ宗教的な希望を（合理主義的）技術に見ているということではないかと。かと思えば、代表的なトランスヒューマニストの何人かが、永遠の命を目指しながら、足下では平気で命取りになりかねない危険な行為をしたりする（生命に無頓着）という奇妙な齟《そ》齬《ご》に気づいたりもします。

最初からきちんと整理された思想などあるはずもなく、アイデアも実体もまだまだ混沌としていて、それぞれが目指す未来の姿に幅もある中、そうした未来像を受け取る人々の受け止め方や、実現するための技術の現実など、社会的状況との相互作用で具体的な形が生まれては、ダーウィンの言う「変化を伴う継承」を経て、何かの形が定まっていく。訳者は著者の目を通して、そういうトランスヒューマニズムの「進化」の現場が著者の目を通して見えてくるように思います。

本書の翻訳は作品社編集部の渡辺和貴氏のご尽力により形をなすことになりました。出版にあたっての実務、原稿の整理、必要な調査や助言など、各方面で氏のお世話になりました。記して感謝します。また装幀は岡孝治氏に担当していただきました。併せてお礼申します。

二〇一八年一一月

訳者識

索引

あ行

アイゼンスタット、エリック　Eric Eisenstadt　182
アシモフ、アイザック　Isaac Asimov　125
アダム　Adam　211–212
アップル　Apple　141, 154
アドルノ、テオドール　Theodor Adorno　269
アマゾン　Amazon　150–151
アルコー生命延長財団　Alcor Life Extension Foundation　031, 034–046, 049, 053, 055–056, 059, 070, 251–252
アルダ、アラン　Alan Alda　102
アルベルトゥス・マグヌス　Albertus Magnus　155–156
アーレント、ハンナ　Hannah Arendt　010
アンドロイド　android　156, 158
イェイツ、W・B　W. B. Yeats　068, 200
イシュトヴァン、ゾルタン　Zoltan Istvan　243–285, 290
イツコフ、ドミトリー　Dmitry Itskov　065
イモータリティ（不死）バス　Immortality Bus　243–244, 253–255, 260–261, 271, 284–285
インプラント　implant　017, 021, 070, 187, 194–195
ヴィータ゠モア、ナターシャ　Natasha Vita-More　047, 051–056, 060, 067, 137, 226, 272
ウィーナー、ノーバート　Norbert Wiener　122, 179, 181
ウィリアムズ、テッド　Ted Williams　040
ウィルソン、ロバート・アントン　Robert Anton Wilson　049
ウィルチェク、フランク　Frank Wilczek　122
ヴィンジ、ヴァーナー　Vernor Vinge　092
ウェットウェア　wetware　031, 084, 170–171
ウェバー、マーロー　Marlo Webber　171–172, 175–177, 188–189, 191, 195–196, 292
ヴォカンソン、ジャック・ド　Jacques de Vaucanson　158–159
ウォズニアック、スティーヴ　Steve Wozniak　154
ウォーホル、アンディ　Andy Warhol　184–185
ウッド、デーヴィッド　David Wood　020
ウーバー　Uber　128, 138, 152–153, 166, 201, 223

ウラム、スタニスワフ　Stanislaw Ulam　091
エクストロピアン運動　Extropian movement　046–047
エクストロピー協会　Extropy Institute　051
エターナル・ライフ（永遠の命）ファンクラブ　Eternal Life Fan Club　256, 282
エントロピー　entropy　046, 271
オーシェイ、ライアン　Ryan O'Shea　171, 194
オッペンハイマー、ロバート　Robert Oppenheimer　259
オートマトン　automaton　155–159, 161
オーブリー、ジョン　John Aubrey　213
オモアンドロ、スティーヴン　Stephen Omohundro　124–125

か行

カース、レオン　Leon Kass　050
カーツワイル、レイ　Ray Kurzweil　017, 027–028, 058–060, 073, 092–097, 109, 216–217, 227, 234, 269
カーツワイル・ミュージック・システムズ　Kurzweil Music Systems　092
カトリック　Catholic　043, 109, 155, 261
カーボンコピーズ　Carboncopies　060, 064–065
カラニック、トラヴィス　Travis Kalanick　153
カルヴァン派　Calvinist　258, 261
ガーンズバック、ヒューゴー　Hugo Gernsback　165
機械論　mechanism　014, 029, 094, 166, 172, 175, 180, 278
キャノン、ティム　Tim Cannon　171–178, 182–183, 185–200, 268
キャリコ　Calico　017, 214, 234–235
キリスト教　Christianity　010, 082, 202–203, 205–206, 211–212, 260, 267
グーグル　Google　017, 027, 093, 109, 119, 121, 127, 129, 141, 148, 152, 162, 214, 225, 233
グッド、I・J　I. J. Good　114–115
クーネ、ランダル　Randal Koene　059–069, 072, 074, 076, 079–081, 084–086, 137, 186, 227, 272
グノーシス派　Gnosticism　082–083, 199
クライスト、ハインリヒ・フォン　Heinrich von Kleist　213
クライン、ネーサン　Nathan Kline　180, 183
クラインズ、マンフレッド　Manfred Clynes　180, 183
グラインドハウス・ウェットウェア　Grindhouse Wetware　170–171, 193
クラーク、アーサー・C　Arthur C. Clarke　063
クラコフナ、ヴィクトリア　Victoria Krakovna　120–122
グランヴィル、ジョセフ　Joseph Glanvill　211

クレア、ディック　Dick Clair　040
グロスマン、テリー　Terry Grossman　227
ゲイツ、ビル　Bill Gates　017, 100–101
ケニオン、シンシア　Cynthia Kenyon　235
効果的利他主義　Effective Altruism　119–121
ゴールドブラット、マイケル　Michael Goldblatt　181

さ行

サイバネティクス　cybernetics　122, 179, 181–182
サイボーグ　cyborg　179–184, 200
サーヴァー、ショーン　Shawn Sarver　191–192
サーカディア（インプラント）　Circadia　172–173
サブストレート・インディペンデント（基板非依存）　substrate-independent　060, 064, 067
サンドバーグ、アンダース　Anders Sandberg　018, 019–025, 027–031, 060, 068
シェイ、ロバート　Robert Shea　049
ジェイコブセン、アニー　Annie Jacobsen　181
自動運転車両　self-driving car　125, 152, 162, 276
シャナハン、マレー　Murray Shanahan　072
シャマユー、グレゴワール　Grégoire Chamayou　166
シュー、ジェイソン　Jason Xu　214–223, 225
シュミット、エリック　Eric Schmidt　017
寿命脱出速度　longevity escape velocity　042, 227, 231, 264
ジョンソン、ブライアン　Bryan Johnson　065–066
シリコンバレー　Silicon Valley　016, 062, 065, 071, 093, 119, 132, 162–163, 214, 225, 228, 233
シンギュラリティ　Singularity　017, 028–029, 068, 070, 091–093, 095, 099, 101–102, 112, 114–116, 162, 205–206, 262, 281, 290, 292
『シンギュラリティは近い』（カーツワイル）　*The Singularity Is Near*　058, 060, 093
人工知能　→　AI
人類未来研究所（オックスフォード）　Future of Humanity Institute　020, 101, 103, 120
スカイプ　Skype　120, 141
ステラーク　Stelarc　183
『スーパーインテリジェンス』（ボストロム）　*Superintelligence*　103, 109
スノーデン、エドワード　Edward Snowden　141
スミス、ウェスリー・J　Wesley J. Smith　205–206
生存リスク　Existential Risk　101–102, 108, 114, 119–121, 125, 129, 259
生命未来研究所（ボストン）　Future of Life Institute　102, 120–121

世界トランスヒューマニスト協会　World Transhumanist Association　103
セファロン　cephalon　038–040, 045
全脳エミュレーション　whole brain emulation　028, 064, 066, 068, 070–071, 073, 076, 079–081, 083, 288
ソアレス、ネイト　Nate Soares　108–114, 116–118, 130, 137, 187
ソフトバンクロボティクス　SoftBank Robotics　149
ソラナス、ヴァレリー　Valerie Solanas　184–185
ソルニット、レベッカ　Rebecca Solnit　163
ソルブ（解く）　solve　077, 214, 225–226

た行

ダイダロス　Daedalus　009, 134, 155
『ターミネーター』　*Terminator*　100, 102, 106, 131
タリン、ヤン　Jann Tallinn　120
タルボー、ロバート　Robert Talbor　212
知能爆発　intelligence explosion　114–115
チャーチ、ジョージ　George Church　102
チャペック、カレル　Karel Čapek　131–134, 151, 278
チューリング、アラン　Alan Turing　073
テイス、フランク　Frank Theys　017
ディープマインド　DeepMind　127, 129
ティプラー、フランク・J　Frank J. Tipler　029
ティール、ピーター　Peter Thiel　017, 064, 069, 100–102, 119–120, 226, 228, 235, 257
ティール財団奨励金　Thiel Foundation Fellowship　235
デーヴィス、マキアヴェリ　Machiavelli Davis　280–281
デカルト、ルネ　René Descartes　156–158, 160
テクノ進歩主義　techno-progressivism　062, 132
テクノ資本主義　techno-capitalism　017, 137, 151, 225
テクノユートピア論者　techno-utopian　040, 043
テグマーク、マックス　Max Tegmark　120, 122
デ・グレイ、オーブリー　Aubrey de Grey　042, 226–235, 252, 256, 272
デスイズム（死自然主義）　deathism　053, 272, 288
テスラ、ニコラ　Nikola Tesla　159–161
テスラ・モーターズ　Tesla Motors　161
デミング、ローラ　Laura Deming　235–239, 256–257
デュワー瓶　dewar　039, 042, 045, 055, 059
テラセム　Terasem　214–219
テレオートマティックス　teleautomatics　160–161

ドゥガン、レジーナ　Regina Dugan　162
道具主義　instrumentalism　014, 022, 094, 112, 249
ドーグマン、ジョン・G　John G. Daugman　083
トマス・アクィナス　Thomas Aquinas　156, 164
トランスヒューマニスト党　Transhumanist Party　251–252, 259, 266–267
トランスヒューマニズム　transhumanism　011, 014–018, 020, 050–051, 053, 055, 059, 073, 082, 103–104, 110, 139, 181, 183, 199–200, 203, 205–206, 210–211, 214, 218, 225, 244–245, 248–249, 251, 262, 268, 291

な行

ニコレリス、ミゲル　Miguel Nicolelis　074–075, 079
『2001 年宇宙の旅』　*2001: A Space Odyssey*　102, 114
ニーチェ、フリードリヒ・ヴィルヘルム　Friedrich Wilhelm Nietzsche　047, 086
『人間論』（デカルト）　*Treatise on Man*　156–157
ノーヴィグ、ピーター　Peter Norvig　121
ノーススター（インプラント）　Northstar　188–189

は行

バイオハッカー　biohacker　170, 278–281
馬鹿以下からアインシュタイン以上までの飛躍　the quantum leap “from infra-idiot to ultra-Einstein”　105, 109
パッカード、デーヴィッド　David Packard　163
「母なる自然への手紙」（モア）　“A Letter to Mother Nature”　013–014, 031
ハフマン、トッド　Todd Huffman　069–071
ハラウェイ、ダナ　Donna Haraway　180, 182
バロウ、ジョン・D　John D. Barrow　029
ハンコック、デーヴィッド・ボイド　David Boyd Haycock　212
ヒューマン・ブレイン・プロジェクト　Human Brain Project　074–075
ファットマン　Fat Man　258–259
フィードバックループ　feedback loop　073, 114, 175, 180, 292
フェイスブック　Facebook　017, 141
フォアマン、サイモン　Simon Forman　211
フォン・ノイマン、ジョン　John von Neumann　091
仏教　Buddhism　083, 210–211, 215
プラバカー、アラティ　Arati Prabhakar　141–142
フランケンシュタイン　Frankenstein　132, 134
フリーマン、モーガン　Morgan Freeman　102
プリモ・ポストヒューマン　Primo Posthuman　054, 067

ブリン、セルゲイ　Sergey Brin　233–234
ペイジ、ラリー　Larry Page　162, 233–234
ペイパル　PayPal　017, 065
ヘイルズ、N・キャサリン　N. Katherine Hayles　084
ベーコン、フランシス　Francis Bacon　212–213
ベッカー、アーネスト　Ernest Becker　263
ペッパー（ソフトバンクロボティクス）　Pepper　149–150, 153
ベドフォード、ジェームズ・H　James H. Bedford　042
ベネク、クリストファー　Christopher Benek　267
ペーパークリップの筋書き　the paper-clip scenario　103, 106
ペリシャー、ハンク　Hank Pellissier　202, 204, 207, 214, 244, 266–267
ベルクソン、アンリ　Henri Bergson　146
ヘンドリクス、マイケル　Michael Hendricks　036
ボイデン、エド　Ed Boyden　076–079, 088, 226
『方法序説』（デカルト）　*Discourse on Method*　157
ホーキング、スティーヴン　Stephen Hawking　017, 100, 102, 122
ポストヒューマン　posthuman　017, 047, 179
ボストロム、ニック　Nick Bostrom　068, 102–106, 109, 119
ボストン・ダイナミクス　Boston Dynamics　148, 162–163
ホッブズ、トマス　Thomas Hobbes　073, 147, 165
ホルクハイマー、マックス　Max Horkheimer　269
ホーン、ローエン　Roen Horn　252–254, 256–266, 271–272, 274–276, 279, 282–283, 288, 290

ま行

マイクロソフト　Microsoft　141
マインド・アップローディング　Mind Uploading　015–016, 027–028, 035, 054, 058, 062–065, 068–070, 075, 111, 137, 214
マークラム、ヘンリー　Henry Markram　074
マークル、ラルフ　Ralph Merkle　045
マスク、イーロン　Elon Musk　017, 100–103, 119–120, 161–162
マーティン、ジェームズ　James Martin　020
マリス、ビル　Bill Maris　234
マンフォード、ルイス　Lewis Mumford　151
ミダス　Midas　123
ミンスキー、マーヴィン　Marvin Minsky　094, 107, 112, 115
無神論　atheism　190, 207, 245, 258, 261, 267
モア、マックス　Max More　014, 017, 031, 034–043, 046–056, 060, 226–227, 251

モラヴェック、ハンス　Hans Moravec　058, 145, 153–154, 162–163
モルフォロジック・フリーダム（形態的自由）　morphological freedom　067, 281

や・ら・わ行

ユドコフスキー、エリーザー　Eliezer Yudkowsky　105–106, 109
ラッセル、スチュアート　Stuart Russell　121–123, 126–128
ラディカル・ライフ・エクステンション（徹底的生命延長）　radical life extension　017, 214, 229, 253, 262
ラトーラ、マイク　Mike LaTorra　205, 208–211, 215, 218, 220
ラ・メトリ、ジュリアン・オフレ・ド　Julien Offray de La Mettrie　159–160
リアリー、ティモシー　Timothy Leary　051, 053
リバタリアン　libertarian　049, 051, 244, 267
リンチ、ブライス　Bryce Lynch　203–204, 215, 220
冷凍保存　cryonics　031, 034–046, 049–050, 052–053, 055–056, 213, 227, 249, 262
レイバート、マーク　Marc Raibert　162
レオナルド・ダ・ヴィンチ　Leonardo da Vinci　156
レフト・アノニム　Lepht Anonym　191
錬金術　alchemy　155
ロスブラット、マーティーン　Martine Rothblatt　217–218, 252
ロンジェビティ・ファンド　Longevity Fund　236
ワンダーロッジ　Wanderlodge　→　不死バス

アルファベット

AI（人工知能）　artificial intelligence (AI)　025–027, 074, 096, 099–108, 111, 114, 116–129, 155, 267
AIの冬　AI winters　108
AlphaGo　AlphaGo　129
BINA48　Bina48　217
DARPA（国防高度研究計画局）　Defense Advanced Research Projects Agency (DARPA)　138–143, 147–148, 152, 162, 180–182
DARPAロボット工学チャレンジ　DARPA Robotics Challenge　138, 166, 182
DSO（防衛科学研究室）　Defense Sciences Office (DSO)　180–182
FM-2030　FM-2030　040, 052
MIRI（機械知能研究所）　Machine Intelligence Research Institute (MIRI)　109, 112, 116, 118–119, 121, 124
『R. U. R.』（チャペック）　*R.U.R.*　131
SENS　Strategies for Engineered Negligible Senescence (SENS)　226, 228–231, 233, 256

参考資料抄録

Adorno, Theodor W., and Max Horkheimer. *Dialectic of Enlightenment: Philosophical Fragments*. Stanford: Stanford University Press, 2002.〔ホルクハイマー、アドルノ『啓蒙の弁証法——哲学的断想』徳永恂訳、岩波文庫（2007）〕

Arendt, Hannah. *The Human Condition*. Chicago: University of Chicago Press, 1989.〔ハンナ・アレント『人間の条件』志水速雄訳、ちくま学芸文庫（1994）〕

Armstrong, Stuart. *Smarter than Us: The Rise of Machine Intelligence*. Berkeley: MIRI, 2014.

Barrow, John D., and Frank J. Tipler. *The Anthropic Cosmological Principle*. Oxford: Oxford University Press, 1986.

Becker, Ernest. *The Denial of Death*. New York: Free Press, 1973.〔アーネスト・ベッカー『死の拒絶』今防人訳、平凡社（1989）〕

Blackford, Russell, and Damien Broderick. *Intelligence Unbound: The Future of Uploaded and Machine Minds*. Chichester: John Wiley & Sons, 2014.

Bostrom, Nick. *Superintelligence: Paths, Dangers, Strategies*. Oxford: Oxford University Press, 2014.〔ニック・ボストロム『スーパーインテリジェンス——超絶 AI と人類の命運』倉骨彰訳、日本経済新聞出版社（2017）〕

Čapek, Karel. *R.U.R. (Rossum's Universal Robots): A Fantastic Melodrama*. Trans. Claudia Novack. London: Penguin, 2004.〔チャペック『ロボット（R. U. R.）』千野栄一訳、岩波文庫（1989）など〕

Chamayou, Grégoire. *Drone Theory*. London: Penguin, 2015.〔グレゴワール・シャマユー『ドローンの哲学——遠隔テクノロジーと〈無人化〉する戦争』渡名喜庸哲訳、明石書店（2018）〕

Cicurel, Ronald, and Miguel Nicolelis. *The Relativistic Brain: How It Works and Why It Cannot Be Simulated by a Turing Machine*. Montreux: Kios Press, 2015.

Clarke, Arthur C. *The City and the Stars*. New York: Harcourt, Brace, 1956.〔アーサー・C・クラーク『都市と星』酒井昭伸訳、ハヤカワ文庫（2009、新訳版）など〕

Descartes, René. *Discourse on Method and Meditations on First Philosophy*. Trans. Donald A. Cress. Indianapolis: Hackett Classics, 1998.〔ルネ・デカルト『方法序説』、『省察』三宅徳嘉ほか訳、白水社（デカルト著作集第 1 巻、第 2 巻、2007）など〕

———. *Treatise of Man*. Trans. Thomas Steele Hall. Amherst, NY: Prometheus, 2003.〔デカルト「人間論」、同上第 4 巻など〕

Dick, Philip K. *Do Androids Dream of Electric Sheep?* New York: Doubleday, 1968.〔フィリ

ップ・K・ディック『アンドロイドは電気羊の夢を見るか？』浅倉久志訳、ハヤカワ文庫 SF（1977）〕

Dyson, George. *Darwin Among the Machines: The Evolution of Global Intelligence*. London: Penguin, 1999.

Ellis, Warren. *Doktor Sleepless*. Rantoul, IL: Avatar Press, 2008.

Emerson, Ralph Waldo. *Nature and Selected Essays*. New York: Penguin, 2003.〔エマソン「自然」、酒本雅之訳、『エマソン論文集』上巻、岩波文庫（1972）所収〕

Esfandiary, F. M. *Up-wingers*. New York: John Day, 1973.

Ettinger, Robert C. W. *The Prospect of Immortality*. Garden City, NY: Doubleday, 1964.

Foucault, Michel. *The Order of Things: An Archaeology of the Human Sciences*. New York: Pantheon, 1971.〔ミシェル・フーコー『言葉と物——人文科学の考古学』渡辺一民、佐々木明訳、新潮社（1974）〕

Gibson, William. *Neuromancer*. New York: Ace, 1984.〔ウィリアム・ギブスン『ニューロマンサー』黒丸尚訳、ハヤカワ文庫 SF（1986）〕

Gray, John. *The Soul of the Marionette: A Short Inquiry into Human Freedom*. London: Penguin, 2015.

———. *Straw Dogs: Thoughts on Humans and Other Animals*. London: Granta, 2002.〔ジョン・グレイ『わらの犬——地球に君臨する人間』池央耿訳、みすず書房（2009）〕

Habermas, Jürgen. *The Future of Human Nature*. Cambridge: Polity Press, 2003.〔ユルゲン・ハーバーマス『人間の将来とバイオエシックス』三島憲一訳、法政大学出版局（2012、新装版）〕

Haraway, Donna. *Simians, Cyborgs and Women: The Reinvention of Nature*. New York: Routledge, 1991.〔ダナ・ハラウェイ『猿と女とサイボーグ——自然の再発明』高橋さきの訳、青土社（2017、新装版）〕

Hayles, Katherine. *How We Became Posthuman: Virtual Bodies in Cybernetics, Literature, and Informatics*. Chicago: University of Chicago Press, 1999.

Hobbes, Thomas. *Leviathan*. Cambridge: Cambridge University Press, 1991.〔ホッブズ『リヴァイアサン』水田洋訳、岩波文庫（全4巻、1982–1992）など〕

Jacobsen, Annie. *The Pentagon's Brain: An Uncensored History of DARPA, America's Top-Secret Military Research Agency*. New York: Little, Brown, 2015.〔アニー・ジェイコブセン『ペンタゴンの頭脳——世界を動かす軍事科学機関DARPA』加藤万里子訳、太田出版（2017）〕

Jennings, Humphrey, MaryLou Jennings, and Charles Madge. *Pandaemonium: The Coming of the Machine as Seen by Contemporary Observers, 1660–1886*. New York: Free Press, 1985.〔ハンフリー・ジェニングズ『パンディモニアム——汎機械的制覇の時代（1660–1886年）』浜口稔訳、パピルス（1998）〕

Kurzweil, Ray. *The Singularity Is Near: When Humans Transcend Biology*. New York: Viking, 2005.〔レイ・カーツワイル『ポスト・ヒューマン誕生——コンピュータが人類の知性

を超えるとき』井上健監訳、小野木明恵、野中香方子、福田実訳、日本放送出版協会（2007）〕
Lem, Stanislaw. *Summa Technologiae*. Trans. Joanna Zylinska. Minneapolis: University of Minnesota Press, 2013.
Ligotti, Thomas. *The Conspiracy Against the Human Race: A Contrivance of Horror*. New York: Hippocampus Press, 2012.
Midgley, Mary. *The Myths We Live By*. London: Routledge, 2003.
———. *Science as Salvation: A Modern Myth and Its Meaning*. London: Routledge, 1992.
Moravec, Hans P. *Mind Children: The Future of Robot and Human Intelligence*. Cambridge, MA: Harvard University Press, 1988.〔H. モラベック『電脳生物たち――超 AI による文明の乗っ取り』野崎昭弘訳、岩波書店（1991）〕
———. *Robot: Mere Machine to Transcendent Mind*. New York: Oxford University Press, 1999.〔モラベック『シェーキーの子どもたち――人間の知性を超えるロボット誕生はあるのか』夏目大訳、翔泳社（2001）〕
More, Max, and Natasha VitaMore, eds. *The Transhumanist Reader: Classical and Contemporary Essays on the Science, Technology, and Philosophy of the Human Future*. West Sussex: WileyBlackwell, 2013.
Noble, David F. *The Religion of Technology: The Divinity of Man and the Spirit of Invention*. New York: Alfred A. Knopf, 1997.
Pagels, Elaine. *The Gnostic Gospels*. New York: Random House, 1979.〔エレーヌ・ペイゲルス『ナグ・ハマディ写本――初期キリスト教の正統と異端』荒井献、湯本和子訳、白水社（1996）〕
Rothblatt, Martine. *Virtually Human: The Promise and the Peril of Digital Immortality*. New York: St. Martin's, 2014.
Searle, John. *Minds, Brains and Science: The 1984 Reith Lectures*. London: Penguin, 1989.〔ジョン・サール『心・脳・科学』土屋俊訳、岩波書店（2015）〕
Seung, Sebastian. *Connectome: How the Brain's Wiring Makes Us Who We Are*. London: Penguin, 2013.〔セバスチャン・スン『コネクトーム――脳の配線はどのように「わたし」をつくり出すのか』青木薫訳、草思社（2015）〕
Shanahan, Murray. *The Technological Singularity*. Cambridge, MA: MIT Press, 2015.〔マレー・シャナハン『シンギュラリティ――人工知能から超知能へ』ドミニク・チェン監訳、ヨーズン・チェン、パトリック・チェン訳、NTT 出版（2016）〕
Shelley, Mary. *Frankenstein*. London: Penguin, 2007.〔メアリー・シェリー『フランケンシュタイン』各種文庫に収録〕
Solnit, Rebecca. *The Encyclopedia of Trouble and Spaciousness*. San Antonio: Trinity University Press, 2014.
Teilhard de Chardin, Pierre. *The Phenomenon of Man*. New York: Harper Perennial, 2008.〔ピエール・テイヤール・ド・シャルダン『現象としての人間』美田稔訳、みすず書房

(2011、新版)〕

Wiener, Norbert. *Cybernetics; Or, Control and Communication in the Animal and the Machine*. Cambridge, MA: MIT Press, 1961.〔ウィーナー『サイバネティックス――動物と機械における制御と通信』池原止戈夫ほか訳、岩波文庫 (2011)〕

———. *The Human Use of Human Beings: Cybernetics and Society*. Boston: Da Capo, 1954.〔ウィーナー『人間機械論――人間の人間的な利用』鎮目恭夫、池原止戈夫訳、みすず書房 (2014、新装版)〕

© Rich Gilligan

著者＝**マーク・オコネル**（Mark O'Connell）
ジャーナリスト、エッセイスト、文芸批評家。『スレート』紙で書評を書き、『ミリオンズ』誌の記者を務め、『ニューヨーカー』誌のブログ「読み出したらやめられない《ページターナー》」に定期寄稿している。『ニューヨーク・タイムズ・マガジン』、『ニューヨーク・タイムズ・ブックレビュー』、『ダブリン・レビュー』各誌にも書いている。ダブリン在住。

訳者＝**松浦俊輔**（まつうら・しゅんすけ）
翻訳家。名古屋学芸大学非常勤講師。おもな訳書に、S・ジョンソン『イノベーションのアイデアを生み出す七つの法則』（日経 BP 社）、S・ウェッブ『広い宇宙に地球人しか見当たらない 75 の理由』（青土社）、T・リッド『サイバネティクス全史』（作品社）ほか多数。

To Be a Machine:
Adventures Among Cyborgs, Utopians, Hackers, and the Futurists Solving the Modest Problem of Death
by
Mark O'Connell

トランスヒューマニズム
人間強化の欲望から不死の夢まで

2018年11月25日　初版第1刷印刷
2018年11月30日　初版第1刷発行

著者 マーク・オコネル
訳者 松浦俊輔

発行者 和田 肇
発行所 株式会社作品社
〒102-0072　東京都千代田区飯田橋 2-7-4
電話 03-3262-9753
ファクス 03-3262-9757
振替口座 00160-3-27183
ウェブサイト http://www.sakuhinsha.com

装幀 岡 孝治
カバー写真 © HQuality / Shutterstock.com
© sdecoret / Shutterstock.com
本文組版 大友哲郎
印刷・製本 シナノ印刷株式会社

ISBN978-4-86182-721-1　C0040　Printed in Japan